林下经济学

江机生 李 林 孟繁志 彭玉泉 贺 超 编著

中国林业出版社
China Forestry Publishing House

图书在版编目(CIP)数据

林下经济学 / 江机生等编著. — 北京：中国林业出版社，2024.12(2025.4重印). — ISBN 978-7-5219-2867-9

Ⅰ.F307.2

中国国家版本馆 CIP 数据核字第 2024Z1X765 号

书名题写：厉以宁
责任编辑：刘香瑞　何　鹏

出版发行　中国林业出版社
　　　　　（100009，北京市西城区刘海胡同7号，电话010-83143545）
电子邮箱　36132881@qq.com
网　　址　https://www.cfph.net
印　　刷　河北鑫汇壹印刷有限公司
版　　次　2024年12月第1版
印　　次　2025年4月第2次印刷
开　　本　787毫米×1092毫米　1/16
印　　张　13.25
字　　数　298千字
定　　价　80.00元

前 言

随着全球气候变化和资源短缺问题日益严重，绿色发展、循环经济成为全球关注的焦点。在中国，林下经济作为一种新型的经济形态，以其独特的生态优势和经济价值，成为推动乡村振兴和绿色发展的重要力量。通过发展林下经济，不仅可以提高农民的收入水平，还可以改善生态环境，推动地方经济的可持续发展。同时，林下经济还可以为当地居民提供更多的就业机会和创业机会，促进社会和谐稳定。因此，深入研究林下经济的理论基础和实践模式，推动林下经济的健康发展，对于实现绿色发展、乡村振兴和可持续发展具有重要意义。

以林下种植、林下养殖、相关产品采集加工和森林景观利用等为主要内容的林下经济，是林草产业体系的重要组成部分。林下经济多次被写入中央一号文件，国务院办公厅专门印发了《关于加快林下经济发展的意见》，高位推动林下经济持续健康发展。国家林草局及各有关部门切实加强宏观指导，狠抓落实，着力完善政策措施。国家发展改革委、国家林草局等10个部门联合印发了《关于科学利用林地资源 促进木本粮油和林下经济高质量发展的意见》，从金融、科技、林地利用等多方面强化对林下经济的政策支持；国家林草局、国家发展改革委联合印发了《"十四五"林业草原保护发展规划纲要》，将林下经济列入林草产业新业态重点项目。各地党委、政府和各级林草主管部门高度重视发展林下经济，贵州、广东、广西、江西、云南、山西、辽宁等20多个省（自治区、直辖市）出台了专门的指导性文件和扶持政策。多年来，我国林下经济发展呈现稳中有进的良好态势，为助推生态文明建设，巩固拓展脱贫攻坚成果同乡村振兴有效衔接作出了重要贡献。林下经济规模稳步扩大，目前，全国林下经济经营和利用林地面积超过6亿亩，总产值约1万亿元，各类经营主体超过95万个，从业人数达3400万人。林下经济示范基地建设成绩斐然，各地创建了一批规模大、效益好、带动力强的示范基地，国家林下经济示范基地达649个，总产值近1300亿元，吸纳就业人数超过720万人，从业农民年均收入达1.33万元。扶贫富民成效充分显现，大量建档立卡贫困户通过发展林下经济成功脱贫解困，林下经济已成为山区林区农民增收致富的重要途径。依托优势特色林业资源，各地林下经济发展取得了累累硕果，对"绿水青山就是金山银山"作出了最生动的诠释。

前言

　　林下经济活动自古有之，但林下经济词汇的出现是随着中国集体林权制度改革，农民获得林地承包经营权后，探索"不砍树，能致富"之路的伟大实践和创造，是山区、林区、沙区、老少边穷地区乡村振兴的核心抓手，是践行"绿水青山就是金山银山"理念的重要方面。林下经济是一个新词，如何规范林下经济的发展，走绿色、环保、低碳、可持续发展之路至关重要。当下建立林下经济学科体系，加快对林下经济学的研究，将林下经济实践上升为理论，用林下经济学理论指导实践显得非常重要。

　　随着全球对可持续发展和绿色经济的日益关注，林下经济作为一种新型的经济形态，正逐渐展现出巨大的潜力和价值。林下经济结合了林业和农业的优势，通过合理利用林下资源，实现了生态、经济和社会效益的有机结合，为我国的生态文明建设和经济发展注入了新的活力。

　　《林下经济学》旨在深入探讨林下经济的理论基础、发展现状、实践模式及其社会影响，以期为我国林下经济的健康发展提供理论支撑和实践指导。《林下经济学》对林下经济的基本理论、研究对象、研究方法、研究范畴和规律、概念和原理等进行了研究，回顾总结了林下经济学的形成与发展、国内外林下经济发展历史和现状，阐述了林下经济产品的供求、定价、市场规范、标准化建设和营销等市场行为，以及林下经济的效益评价，论述了林下经济发展的主要任务和保障措施，列举了林下经济发展典型案例。全书比较系统地涵盖了有关林下经济的各方面知识，具有较强的理论性、政策性和实用性。

　　林下经济学作为一门新兴的交叉学科，其研究内容涵盖了林学、经济学、生态学等多个领域。本书在系统梳理林下经济基本理论的基础上，深入分析了林下经济的发展模式、运行机制和政策体系，为林下经济学的学科建设提供了有益的参考。同时，我们也期望通过本书的出版，能够引发更多学者和从业者对林下经济的关注和研究，共同推动林下经济的繁荣发展。

编著者
2024 年 4 月

目 录

第1章 林下经济学概述 ·················· 1
  1.1 林下经济学的形成与发展 ·················· 1
    1.1.1 早期的林下经济思想 ·················· 1
    1.1.2 中世纪的林下经济活动 ·················· 3
    1.1.3 工业革命时期的林下经济发展 ·················· 4
    1.1.4 20世纪中叶以来的林下经济发展 ·················· 5
    1.1.5 21世纪初以来的林下经济发展 ·················· 6
  1.2 林下经济学的研究对象 ·················· 7
    1.2.1 林下资源 ·················· 7
    1.2.2 林下经济的经营管理 ·················· 9
    1.2.3 林下经济的政策法规 ·················· 10
  1.3 林下经济学的研究方法 ·················· 11
    1.3.1 定性和定量研究方法 ·················· 11
    1.3.2 生态学研究方法 ·················· 12
    1.3.3 系统研究方法 ·················· 13
    1.3.4 多目标综合评价研究方法 ·················· 14
  1.4 林下经济学的范畴和规律 ·················· 15
    1.4.1 林下经济学的范畴 ·················· 15
    1.4.2 林下经济学的规律 ·················· 18

第2章 国内外林下经济发展历史与现状 ·················· 22
  2.1 林下经济的发展阶段 ·················· 22
    2.1.1 初级阶段 ·················· 22
    2.1.2 起步阶段 ·················· 23
    2.1.3 发展阶段 ·················· 23
    2.1.4 创新阶段 ·················· 24
    2.1.5 未来趋势 ·················· 24

2.2 国内林下经济发展 ·· 25
   2.2.1 国内林下经济的发展历程 ·· 25
   2.2.2 国内林下经济发展面临的问题和挑战 ······································ 26
2.3 国外林下经济活动发展 ·· 27
   2.3.1 国外林下经济活动的兴起 ·· 27
   2.3.2 国外林下经济活动的实践 ·· 28
   2.3.3 国外林下经济活动发展的趋势 ··· 29

第3章 林下经济的概念、原理和地位作用 ·· 30

3.1 林下经济的概念、内涵、特征和要求 ·· 30
   3.1.1 林下经济的概念 ·· 30
   3.1.2 林下经济的内涵 ·· 31
   3.1.3 林下经济的特点和要求 ·· 32
   3.1.4 传统林下经济与现代林下经济的区别 ···································· 33
3.2 林下经济发展的原理、原则和方法 ·· 34
   3.2.1 林下经济发展的原理 ··· 34
   3.2.2 林下经济发展的原则 ··· 36
   3.2.3 林下经济发展的方法 ··· 37
3.3 林下经济在农业与农村发展中的地位与作用 ··································· 38

第4章 林下经济学的理论基础 ··· 40

4.1 生态学理论 ·· 40
   4.1.1 林下经济系统的生态学定义 ··· 40
   4.1.2 林下经济系统的能量流动 ·· 42
   4.1.3 林下经济系统的物质循环 ·· 44
   4.1.4 林下经济系统的生物多样性 ··· 45
4.2 经济学理论 ·· 46
   4.2.1 经济学的定义 ··· 46
   4.2.2 经济学理论的分类 ·· 47
   4.2.3 经济学理论的发展历程 ·· 48
   4.2.4 经济学理论对林下经济发展的重要性 ···································· 49
   4.2.5 经济学理论在林下经济中的运用 ··· 50
4.3 社会学理论 ·· 51
   4.3.1 社会结构理论及其在林下经济中的运用 ································ 52
   4.3.2 社会行动理论及其在林下经济中的运用 ································ 53
   4.3.3 社会制度理论及其在林下经济中的运用 ································ 53
   4.3.4 社会问题理论及其在林下经济中的运用 ································ 53

4.4 现代林业理论 ··· 54
　4.4.1 现代林业理论的基本原则 ··· 54
　4.4.2 现代林业理论的重要实践 ··· 55
　4.4.3 现代林业理论的运用前景 ··· 56

第5章 林下经济发展类型及其组织形式 58

5.1 林下经济发展类型及功能定位 ··· 58
　5.1.1 林下经济的发展类型 ··· 58
　5.1.2 林下经济的功能定位 ··· 61
5.2 林下种植 ··· 62
　5.2.1 林下种植的特点 ··· 62
　5.2.2 林下种植的分类 ··· 63
　5.2.3 林下种植的意义 ··· 64
　5.2.4 林下种植需要注意的问题 ··· 64
5.3 林下养殖 ··· 65
　5.3.1 林下养殖的特点 ··· 65
　5.3.2 林下养殖的分类 ··· 66
　5.3.3 林下养殖的意义 ··· 66
　5.3.4 林下养殖需要注意的问题 ··· 67
5.4 相关产品采集加工 ·· 68
　5.4.1 相关产品采集加工的特点 ··· 68
　5.4.2 相关产品采集加工的分类 ··· 69
　5.4.3 相关产品采集加工的意义 ··· 70
　5.4.4 相关产品采集加工需要注意的问题 ··································· 70
5.5 森林景观利用 ·· 71
　5.5.1 森林景观利用的特点 ··· 71
　5.5.2 森林景观利用的分类 ··· 72
　5.5.3 森林景观利用的意义 ··· 73
　5.5.4 森林景观利用需要注意的问题 ··· 74
5.6 多种模式综合发展 ·· 75
　5.6.1 林下经济多种模式综合发展的特点 ··································· 75
　5.6.2 林下经济多种模式综合发展的意义 ··································· 75
　5.6.3 林下经济多种模式综合发展需要注意的问题 ······················· 76
5.7 林下经济发展组织形式 ·· 77
　5.7.1 林业专业合作组织 ·· 77
　5.7.2 林业产业化联合体 ·· 78
　5.7.3 林业产业化基地 ··· 79

5.7.4　农民互助合作组织 ……………………………………………… 79
　　5.7.5　与科研机构和高校合作 …………………………………………… 79

第6章　林下经济的市场行为 ……………………………………………… 81
6.1　林下经济产品的供求 …………………………………………………… 81
　　6.1.1　林下经济产品的定义与分类 ……………………………………… 81
　　6.1.2　林下经济产品的需求特点 ………………………………………… 82
　　6.1.3　林下经济产品的市场供给分析 …………………………………… 84
　　6.1.4　林下经济产品的市场需求分析 …………………………………… 86
6.2　林下经济产品的定价 …………………………………………………… 88
　　6.2.1　林下经济产品的特点 ……………………………………………… 88
　　6.2.2　林下经济产品的定价策略 ………………………………………… 88
　　6.2.3　林下经济产品的定价风险 ………………………………………… 89
6.3　林下经济产品的市场规范 ……………………………………………… 90
　　6.3.1　林下经济产品的市场现状 ………………………………………… 90
　　6.3.2　林下经济产品市场规范的重要性 ………………………………… 90
　　6.3.3　林下经济产品市场规范的主要措施 ……………………………… 91
6.4　林下经济产品的标准化建设 …………………………………………… 91
　　6.4.1　林下经济产品标准化建设的重要性 ……………………………… 91
　　6.4.2　林下经济产品标准化建设的基本原则 …………………………… 92
　　6.4.3　林下经济产品标准化建设的具体措施 …………………………… 93
6.5　林下经济产品的营销 …………………………………………………… 95
　　6.5.1　林下经济产品营销策略 …………………………………………… 95
　　6.5.2　林下经济产品营销渠道 …………………………………………… 97
　　6.5.3　林下经济产品面临的挑战与对策 ………………………………… 98

第7章　林下经济的效益评价 ……………………………………………… 101
7.1　林下经济效益评价概述 ………………………………………………… 101
7.2　构建林下经济效益评价指标体系 ……………………………………… 101
　　7.2.1　构建原则 …………………………………………………………… 101
　　7.2.2　设计思路 …………………………………………………………… 102
　　7.2.3　具体指标 …………………………………………………………… 102
7.3　林下经济效益评价方法 ………………………………………………… 103
　　7.3.1　灰色关联度分析法 ………………………………………………… 103
　　7.3.2　系统工程法 ………………………………………………………… 104
　　7.3.3　统计学方法 ………………………………………………………… 105
　　7.3.4　模糊数学方法 ……………………………………………………… 105

7.4 林下经济的效益分析 …… 106
　7.4.1 经济效益分析 …… 106
　7.4.2 生态效益分析 …… 107
　7.4.3 社会效益分析 …… 108

第8章 林下经济发展的主要任务 …… 110

8.1 科学规划林下经济发展 …… 110
　8.1.1 科学规划的原则 …… 110
　8.1.2 科学规划的步骤 …… 113
8.2 推进示范基地建设 …… 117
　8.2.1 推进示范基地建设的意义与重要性 …… 117
　8.2.2 推进示范基地建设的措施 …… 119
8.3 提高科技支撑水平 …… 122
　8.3.1 科技支撑水平对林下经济发展的重要性 …… 122
　8.3.2 提高科技支撑水平的具体措施 …… 124
8.4 健全社会化服务体系 …… 127
　8.4.1 社会化服务体系建设的意义 …… 127
　8.4.2 现状与问题 …… 127
　8.4.3 总体思路 …… 129
　8.4.4 重点任务 …… 130
8.5 加强市场流通体系建设 …… 131
　8.5.1 市场流通体系的概念 …… 131
　8.5.2 市场流通体系现状分析 …… 131
　8.5.3 市场流通体系建设的意义和目标 …… 132
　8.5.4 市场流通体系建设措施 …… 134
8.6 强化日常监督管理 …… 135
　8.6.1 日常监督管理的内容 …… 135
　8.6.2 日常监督管理的方法 …… 136
8.7 提高林下经济发展水平 …… 137
　8.7.1 提高林下经济发展水平的重要性 …… 137
　8.7.2 提高林下经济发展水平的措施 …… 138

第9章 促进林下经济发展的保障措施 …… 141

9.1 资金投入 …… 141
　9.1.1 资金投入的来源 …… 141
　9.1.2 投入资金的分配 …… 142
　9.1.3 投入资金的用途 …… 142

目录

9.1.4 投入资金的管理	143
9.2 政策扶持	144
9.2.1 财政资金支持	144
9.2.2 税收优惠政策	144
9.2.3 科技支撑政策	145
9.2.4 市场开拓政策	145
9.3 金融支持	145
9.3.1 林下经济对金融支持的需求	145
9.3.2 金融支持林下经济的方式	148
9.4 基础建设	149
9.4.1 政策法规建设	149
9.4.2 产业链建设	151
9.4.3 道路、水利建设	151
9.4.4 电力、通信建设	152
9.5 组织保障	153
9.5.1 地方各级人民政府的重视与政策支持	153
9.5.2 领导负责制与激励机制的建立	153
9.5.3 基层组织的积极参与与村级集体经济的发展	154
9.5.4 各有关部门的协同合作与支持	154

第10章 林下经济发展典型案例 ... 155

10.1 高位推进，科学布局	155
10.1.1 贵州省黔东南州高位推进林下经济典型案例	155
10.1.2 贵州省兴仁市"八个一机制"发展林下菌药典型案例	157
10.1.3 广东省广宁县发展林下经济典型案例	159
10.1.4 广西融水苗族自治县发展林下经济典型案例	160
10.1.5 江苏省新曹农场有限公司发展林下经济典型案例	162
10.2 生态优先，绿色发展	164
10.2.1 内蒙古自治区阿拉善盟发展肉苁蓉产业典型案例	164
10.2.2 天津市静海区忠涛蚯蚓养殖专业合作社发展林下经济典型案例	165
10.2.3 北京市大兴区北臧村镇发展林下经济典型案例	167
10.3 立体经营，释放潜能	168
10.3.1 广西国有七坡林场发展林下经济典型案例	168
10.3.2 江苏省东台市新街镇发展林下经济典型案例	170
10.3.3 贵州省锦屏县"五林经济"模式发展林下经济典型案例	171
10.4 拓展链条，提升价值	173

  10.4.1 安徽省池州市九华府金莲智慧农业有限公司发展林下黄精产业典型
案例 ··· 173
  10.4.2 广西中港高科国宝金花茶产业有限公司发展林下经济典型案例 ····· 174
10.5 融合发展，综合收益 ··· 175
  10.5.1 安徽省滁州市南谯区发展"枫叶+"典型案例 ······························ 175
  10.5.2 湖南省湘潭盘龙生态农业示范园有限公司发展林下经济典型案例 ··· 177
  10.5.3 黑龙江省伊春市九峰山养心谷发展林下经济典型案例 ················ 178
10.6 定产定销，宣传推介 ··· 180
  10.6.1 湖北资丘飞鸡生态农业有限公司发展林下经济案例 ···················· 180
  10.6.2 大兴安岭林业集团公司加格达奇林业局那都里林场发展森林养殖
典型案例 ··· 181
  10.6.3 大兴安岭林业集团公司阿木尔林业局红旗林场党建引领林下经济
典型案例 ··· 183
10.7 标准生产，打造品牌 ··· 184
  10.7.1 黑龙江省伊春宝宇农业科技有限公司"伊春森林猪"林下养殖典型
案例 ··· 184
  10.7.2 湖北宜昌众赢药材种植专业合作社发展林草中药材典型案例 ······· 186
  10.7.3 浙江省松阳县发展林下经济典型案例 ······································ 188
  10.7.4 海南卓津蜂业有限公司发展林下养蜂典型案例 ·························· 189
10.8 利益联结，助农增收 ··· 190
  10.8.1 陕西秦脉农业发展有限公司发展林下养殖典型案例 ···················· 190
  10.8.2 浙江省庆元县乾宁道地药材有限公司发展林下经济典型案例 ······· 192
  10.8.3 福建省三明市宁化县水茜镇发展林下经济典型案例 ···················· 193
  10.8.4 江西省元宝山农业发展有限公司发展林下种植典型案例 ············· 195

后 记 ·· 197

第1章 林下经济学概述

林下经济是随着集体林权制度改革，农民获得林地承包经营权后，探索"不砍树，能致富"之路的伟大实践和创造；是山区、林区、沙区、老少边穷地区乡村振兴的核心抓手；是践行"绿水青山就是金山银山"理念的重要方面。林下经济是一个新词，如何规范林下经济的发展，走绿色、环保、低碳、可持续发展之路至关重要。当下建立林下经济学科体系，加快对林下经济学的研究，将林下经济实践上升为理论，用林下经济学理论指导实践显得非常重要。

1.1 林下经济学的形成与发展

林下经济学是着眼于完整的、现代的森林资源概念，以森林生态经济系统为研究对象，以非木质林产品和森林生态产品产出为目标，以多学科融合理论技术为手段，系统研究林下经济资源的特点和功能，以及对它开展生态保护培育、经营开发和科学合理利用所形成的基础理论、基本方法和科学技术体系。

林下经济学研究的基础理论来源于生态学、经济学、生态经济学、农（林）学等多门学科，主体由林下经济资源学、林下生态学、农林复合经营学、林下经济产业管理学等构成。基于自然的解决方案和自然受益型经济增长，未来林下经济学将关注林下经济生物资源保护、培育和精深加工利用，结构优化、功能协调、健康稳定的森林生态系统供给服务，以及农林复合系统的优化调整和效益提升，着力建立高效、高产、优质和可持续的产业体系。林下经济学的形成与发展经历了多个历史阶段。

1.1.1 早期的林下经济思想

早期林下经济思想的起源可以追溯到古代人类对森林资源的依赖和利用。在原始社会，人类已经开始利用森林中的野兽、植物等资源，以满足生存需求。随着人类文明的发展，林业和林下经济逐渐成为社会经济的重要组成部分。在古代农业和林业的交错发展中，人们逐渐认识到森林对农业和人类生存的重要性。在欧洲中世纪，随着城市化和工业化的加速发展，木材需求量不断增加，森林资源逐渐成为社会关注的焦点。同时，人们也开始关注森林生态系统的保护和可持续发展。

早期林下经济思想的形成与发展受到多方面因素的影响。首先，人们对森林生态系统的认识逐渐加深。在古代，森林被视为一种神秘而神圣的存在，具有祭祀、崇拜等宗教意义。随着科学技术的进步，人们开始从生态学、生物学等角度研究森林生态系统，认识到森林在维持生态平衡、保护生物多样性等方面的重要作用。其次，早期林下经济思想的形成受到社会经济发展的影响。在封建社会和资本主义社会初期，林业和林下经济的发展主要服务于皇室、贵族和商业资本家的利益。这些阶层的人士认识到森林资源的经济价值，同时也关注其对环境和生态的影响。在这种情况下，早期林下经济思想开始形成，逐渐产生了保护森林生态环境、合理利用森林资源、维持森林生态平衡等观点。此外，早期林下经济思想的形成还受到当时哲学思想的影响。在古代，许多哲学家和思想家都关注自然与人类的关系。一些哲学家主张顺应自然、尊重自然规律，这些观点对早期林下经济思想的形成产生了积极的影响。例如，中国古代儒家的"天人合一"思想，认为人与自然是和谐共生的关系，这种思想对后来的林业发展和林下经济思想产生了深远的影响。

早期林下经济思想对后来的林业和林下经济发展，以及当时的社会经济和生态环境产生了深远的影响。首先，早期林下经济思想对后来的林业发展产生了重要的影响。在古代，林业的发展往往缺乏科学性和可持续性，导致资源浪费和环境破坏。早期林下经济思想主张采取科学的方法进行资源调查和评估，并根据资源状况制订合理的利用计划，以确保森林资源的长期稳定和持续利用。这种思想对后来的林业发展产生了重要的影响，成为现代林业发展的重要指导思想之一。其次，早期林下经济思想对后来的林下经济发展产生了重要的影响。在古代，林下经济的发展往往缺乏规划和管理，导致资源浪费和环境破坏。早期林下经济思想主张制订长远的发展战略和管理措施，以确保林下经济的可持续发展。这种思想对后来的林下经济发展产生了重要的影响，成为现代林下经济管理的重要指导思想之一。再次，早期林下经济思想对当时的社会经济和生态环境产生了重要的影响。在古代，由于森林资源遭受破坏和过度开发，生态环境逐渐恶化，对社会经济和生活造成了很大的影响。早期林下经济思想不仅强调对森林资源的保护和合理利用，同时也强调对生态环境的保护和恢复。这种思想对当时的社会经济和生态环境产生了积极的影响，为后来的生态文明建设提供了重要的启示。最后，早期林下经济思想为现代林业和生态文明建设提供了重要的启示。在现代社会中，随着环境保护意识的提高和生态文明建设的推进，人们更加关注森林资源的保护和可持续利用。早期林下经济思想中的保护森林生态环境、合理利用森林资源、维持森林生态平衡等观点成为现代林业和生态文明建设的重要指导思想之一。通过采取科学的方法和措施来保护和管理森林资源，可以实现林业和林下经济的可持续发展，同时为人类带来长期的经济效益和生态效益。

早期林下经济思想在当时的社会背景下具有重要的意义，并对后来的林业和林下经济发展产生了深远的影响。然而，随着时间的推移和社会环境的变化，早期林下经济思想也暴露出一些局限性。首先，早期林下经济思想过于强调保护和利用森林资源，而忽略了其他生态系统的保护和平衡。在古代，人们对森林资源的依赖程度不断增加，因此早期林下经济思想主要关注如何保护和利用森林资源。然而，随着人类对其他生态系统的利用和破坏，现代社会开始面临一系列生态环境问题，如气候变化、生物多样性丧失等。其次，早期林下经济思想缺乏对现代科技和创新的考虑。在古代，人们对森林资源的利用主要依赖于传统的技术和方法，而随着现代科技和创新的不断发展，人们对森林资源的利用方式和方法也发生了很大的变化。最后，早期林下经济思想对林下经济的认识存在一定的局限性。在古代，林下经济的发展主要依赖于自然条件和传统经验，因此早期林下经济思想主要关注如何利用和保护森林资源来发展林下经济。然而，随着现代科技和创新的发展，人们开始探索更加高效、可持续的林下经济发展模式。

1.1.2 中世纪的林下经济活动

在中世纪，欧洲的森林被广泛用于采集燃料、木材和获取猎物等资源。随着城市的发展和人口的增加，人们对林下资源的需求不断增加。在这种情况下，人们开始在森林中种植农作物和养殖家禽，以充分利用林下资源。同时，一些统治者也开始实行森林管理政策，限制对森林的破坏和采伐。在这个时期，林下经济活动主要是为了满足当地居民的生存需要。中世纪的欧洲，林下养殖已经逐渐普及，当地居民在森林中放养一些家禽家畜，如鸡、鸭、鹅、牛、羊等。这些家禽家畜在森林中觅食，不仅节省了饲料成本，而且能提高肉和蛋的品质。除了养殖，野生动物仍然是当时人们主要的食物来源之一，在中世纪的森林中，有许多野生动物，如鹿、狐狸、野猪等，除了食用外，它们身上的皮毛还可以用来制作衣服和鞋子。森林中的蘑菇、野果、草药等林下产品，也是当地居民可以利用的重要物资。此外，森林中还有许多木材和煤炭资源，可以用来作为建筑材料和燃料。

中世纪时期，日本、韩国、印度都曾积极开展林下经济活动，充分利用森林资源，发挥森林优势，形成一种生态循环的农林业模式。在明治维新结束后，日本开始了一系列现代化改革，其中包括制定现代化的土地政策和林业政策。由于当时森林占有大部分国土面积，因此森林所有制、权属、经营和利用问题自然受到相应的重视。在多次国内动乱和对外战争期间，日本林业建设受到影响，但林业现代化始终被看作既定国策而受到高度重视。日本经历了薪炭、采运粗放经营、林业全面发展和综合集约经营四个阶段，目前已成为林业先进国家之一。韩国的林下经济活动包括在林地种植优质牧草，如紫花苜蓿、黑麦草等，为畜牧业提供丰富的饲料资源。在印度，人们会在林下种植豆类、花生、油料作物等，利用森林空地和适宜的气候条件，为这些作物提供良好的生长环境。此外，印度还利用林下资源发展了畜牧业，包括在林下放养家禽、饲养蜜蜂等。这些活动不仅为人们提供了丰富的食物来源，还促进了当地经济的发展。在印度，森林被认为是自然资源的宝库，为人们提供了许多重要的生产和生活资料。中世纪印度的林下经济活动发展较为丰富多样，为当地经济发展作出了重要贡献。

中世纪林下经济活动对当时的社会产生了深远的影响，不仅推动了社会经济的发展，还对生态环境和人们的生活方式产生了重要的影响。首先，中世纪林下经济活动对社会经济发展起到重要的推动作用。林下经济活动是一种基于森林资源的经济活动，包括采集、狩猎、农耕、贸易等活动。这些活动为当时的社会提供了重要的物质财富和资源，满足了人们的基本生活需求。同时，随着手工业和商业的发展，木材、林产品等也成为重要的贸易品，促进了地区间的经济交流和合作，推动了社会经济的发展和繁荣。其次，中世纪林下经济活动对生态环境产生了重要的影响。森林是一种重要的生态系统，具有维护生态平衡、保护水源、防止土壤侵蚀等重要作用。在封建制度的控制下，森林资源得到了管理和保护，维护了生态平衡和自然景观。同时，人们在采集、狩猎等活动中也注重保护自然环境，避免过度开发和破坏。再次，中世纪林下经济活动对人们的生活方式产生了重要的影响。森林提供了各种资源，如木材、燃料、食品等，成为城市居民生活和生产中不可或缺的一部分。人们通过采集、狩猎等活动获取森林资源，满足了基本的生活需求。同时，森林也成为人们休闲和娱乐的场所，对当时的社会产生了重要的影响。最后，中世纪林下经济活动对当地社区的发展产生了重要的影响。森林资源是一种重要的自然资源，当地社区的人们通过管理和利用森林资源，获得了重要的经济利益和生活支持。同时，森林经济活动也带动了当地商业和手工业的发展，为当地社区提供了更多的就业机会和经济支持。这些影响有助于促进当地社区的发展和繁荣，维护社会的稳定和和谐。

1.1.3 工业革命时期的林下经济发展

工业革命是欧洲历史上的一个重要转折点，带来了巨大的社会变革和经济繁荣。在这个时期，林下经济活动成为欧洲经济的重要组成部分，对社会经济发展起到重要的作用。随着人们对森林资源的需求大量增加，森林采伐和木材加工成为重要的产业。同时，一些学者开始关注森林资源的保护和管理，提出了一些有益的观点和理论，其中森林分类经营、森林可持续经营等理论在中世纪得到应用和发展。

森林分类经营是森林经营者根据生态环境、社会和经济发展的需要，把森林按其树种组成、结构特征及所处的位置、主导功能划分林种，以森林的经营目的为分类标准，将森林进行分类和空间定位，并按各自的重点目标采用相应的高度发展的科学、经济、行政和法律手段，依据生物学和生态系统的规律对森林进行全方位培育、经营管理和开发利用，最大限度地取得综合效益的森林经营管理方法。

森林可持续经营是指以可持续发展为原则，在满足当前社会、经济和环境需求的同时，保护和维持森林生态系统的健康和生产力，确保未来世代能够享有森林带来的各种利益。它是一种综合性的、系统性的方法，旨在实现多重目标，包括水土保持、森林物种的保存与恢复、生物多样性的保护、环境与气候变化减缓以及提供物质资源和生态服务。

在工业革命时期，林下经济活动不仅为地区提供了重要的经济利益和生活支持，还促进了手工业和商业的繁荣，并维护了生态平衡和自然景观。第一，林下经济活动是一种基于森林资源的经济活动，为当地社区提供了重要的经济利益和生活支持。在工业革命时期，林下经济活动成为当地社区的重要产业之一，为当地居民提供了就业机会和经济支持。这些经济利益有助于促进地区经济的发展和繁荣。第二，林下经济活动的发展促进了手工业和商业的繁荣。在采集和狩猎活动中，人们需要使用各种工具和器具来完成任务。这些工具和器具的生产和销售成为当时手工业和商业发展的重要领域。同时，森林资源的贸易也成为当时商业贸易的重要组成部分，推动了商业的繁荣和发展。第三，维护生态平衡和自然景观。森林是一种重要的生态系统，具有维护生态平衡、保护水源、防止土壤侵蚀等重要作用。在工业革命时期，森林资源得到了大规模的开发和利用，但是这种开发必须是可持续的。人们通过管理和保护森林资源，维护了生态平衡和自然景观，保持了自然资源的可持续利用。第四，改善居民生活质量。林下经济活动为人们提供了各种资源，如木材、燃料、食品等，成为城市居民生活和生产中不可或缺的一部分。人们通过采集、狩猎等活动获取森林中的资源，改善了生活质量和生活条件，提高了生活水平。狩猎和采集活动为当地居民提供了丰富的食物来源，满足了其基本的生活需求。同时，这些活动还为当地居民提供了就业机会，提高了他们的收入水平。第五，森林成为人们休闲和娱乐的场所，为当时的社会提供了重要的文化娱乐活动。人们可以享受大自然的美景和宁静，进行各种户外运动和娱乐活动，丰富了文化生活和精神世界。这些户外活动为人们提供了放松身心、亲近大自然的机会，增强了他们对自然环境的认识和尊重。同时，这些文化娱乐活动也促进了社会交流和社区凝聚力的增强。

1.1.4　20世纪中叶以来的林下经济发展

20世纪中叶，随着全球经济逐渐从大萧条和"二战"的阴影中走出来，各国开始重新审视自己的经济发展模式。在这个过程中，林下经济发展逐渐得到了重视。随着全球环境保护意识逐渐兴起，人们开始认识到自然环境的价值和生态平衡的重要性。在这样的背景下，各国政府开始重视森林资源的保护和可持续利用。通过制定相关政策和法规，加强对森林资源的管理和保护，防止过度开发和破坏生态环境。同时，也鼓励林下经济的可持续发展，以实现生态、经济和社会的协调发展。

在这个时期，许多国家的农村产业结构发生了重大变化，传统的林业模式已经不能适应现代社会的发展需要，因此需要调整林业产业结构，推动实现林业现代化。在这个过程中，林下经济活动逐渐成为一种重要的林业发展方向。通过利用森林资源，发展林下种植、林下养殖等产业，可以增加林业生产的多样性，提高林业生产效率，同时也能够带动相关产业的发展，促进农村经济的繁荣。

在20世纪中叶，科技创新和新技术应用成为推动经济发展的重要力量。许多新技术开始应用于林下经济活动，如新技术林业、精准林业等。这些新技术的应用，既提高了林业生产的效率和品质，也为林下经济的发展提供了新的机遇。例如，精准林业可以通过精确测量和监测森林资源，为林下经济活动提供更加准确的数据支持和技术指导。随着全球经济一体化进程的加速，国际合作与贸易的增加也成为推动林下经济发展的重要因素之一。在这个时期，许多国家开始加强林业领域的国际合作，推动林业贸易的发展。通过参与国际林业贸易，可以引进国外先进的林业技术和经验，也可以将本国的林业产品推向国际市场，增强国际竞争力。同时，也促进了不同国家和地区之间的文化交流和合作共赢。

20世纪90年代末，我国确立了以生态建设为主的林业发展战略，因此发展新型林业产业，尤其是发展林下经济就成为支撑国家生态建设，促进林区经济发展，推动林业可持续发展的重要途径和选择。

林下经济是林业产业的重要内容，国家林业局一直非常重视发展林下经济。在2007年全国林业产业大会暨中国林业产业协会成立大会上提出要在发展林下经济上取得突破，要探索高效合理的林地复合经营模式，扶持林下产品加工业，以加工业的大发展带动种植养殖业的大发展，全面提高林下经济效益。

这个时期的林下经济理论在充分利用林下土地资源和林荫优势，从事林下种植、林下养殖等立体复合生产经营，从而使农林牧各产业实现资源共享、优势互补、循环利用、协调发展的生态模式的思想指导下，确立了林下经济在林业产业发展中的重要地位。首先，林下经济是林业产业的重要内容，是实现林业经济可持续发展的重要补充，是促进农民增收致富的重要途径。其次，林下经济能充分利用有限的空间和林地资源，对缩短林业经济周期、增加林业附加值、促进林业可持续发展、开辟农民增收渠道、巩固生态建设成果等，都具有重要意义。最后，林下经济已成为山区林区绿水青山转化为金山银山的重要途径，为助推生态文明建设、巩固拓展脱贫攻坚成果同乡村振兴有效衔接作出了重要贡献。

1.1.5　21世纪初以来的林下经济发展

21世纪初以来，随着全球经济的快速发展，人们对林下资源的需求不断增加。在这种情况下，林下经济学的研究和应用逐渐受到重视。各国政府和学者开始重视林下资源的开发和利用，制定了许多有益的政策，提出了许多可行的建议，推动了林下经济学的快速发展。同时，一些国际组织和机构（如联合国粮食及农业组织、世界银行、国际热带木材组织等）开展了林下经济学的研究和合作。

21世纪初，随着全球经济的快速发展和变化，林下经济呈现出一些新的发展趋势：

（1）多元化发展模式。21世纪初，林下经济的发展模式趋于多元化。在许多国家和地区，林下经济已经不再仅仅是林业或农业的附属产业，而是成为一个涵盖生态旅游、森林康养、药材种植等多个领域的综合性产业。例如，一些地方利用森林资源开展生态旅游，吸引游客前来参观和度假；另外，林下药材种植逐渐成为一些地方的重要产业。这种多元化的林下经济发展模式不仅为当地农民提供了更多的就业机会和收入来源，也为消费者提供了更加丰富的产品选择。

（2）技术创新和智能化发展。随着科学技术的不断进步和创新，林下经济逐渐朝着智能化和高效化的方向发展。例如，无人机、卫星遥感等新技术的应用，使林业生产和森林资源监测更加高效和精确；同时，智能化林业系统的应用也使林业生产和经营更加精细化和科学化。这些技术创新不仅提高了林下经济的生产效率和产品质量，也为林下经济的发展带来了更多的机遇和挑战。

(3)绿色发展和环保意识提升。21世纪初，随着全球环保意识的不断提升，林下经济逐渐朝着绿色发展和可持续发展的方向迈进。许多国家和地区开始重视森林资源的保护和生态环境的建设，积极推动森林碳汇、生态修复等项目的开展。同时，消费者对绿色、有机、环保等产品的需求不断增加，这为林下经济的发展提供了更多的市场机会和空间。

(4)农业和林业的融合发展。21世纪初，农业和林业的融合成为林下经济发展的一个重要趋势。许多地方开始探索农林复合经营模式，将林业和农业的生产经营有机结合起来，实现林地资源的充分利用和生态环境的改善。例如，在一些地方，农民在林地里种植药材、花卉等植物，同时开展森林旅游等业务，实现了农业和林业的协同发展。这种融合发展的模式不仅提高了林地资源的利用效率，也为农民带来了更多的收益和就业机会。

(5)政策和市场的双重驱动。21世纪初，政策和市场的双重驱动成为林下经济发展的重要推动力量。许多国家和地区开始出台一系列支持林下经济发展的政策和措施，包括财政补贴、税收优惠、金融支持等，以鼓励农民和企业参与林下经济的发展。同时，市场对绿色、有机、环保等产品的需求也在不断增加，这为林下经济的发展提供了更多的机遇和空间。政策和市场的双重驱动不仅为林下经济的发展提供了更多的支持和保障，也为消费者带来了更多高质量的产品和服务。

随着全球环保意识的日益增强和科学技术的不断进步，林下经济将逐步实现从单一林业或农业模式向多元化、跨领域的综合性产业模式转变。其中，技术创新和智能化发展将发挥关键作用，为林下经济带来更高的生产效率和产品质量。未来，林下经济将更加注重绿色发展，森林资源保护和生态环境建设将成为重要的发展目标，推动森林碳汇、生态修复等项目的实施。同时，消费者对绿色、有机、环保等产品的需求将持续增长，这不仅为林下经济的发展提供了更广阔的市场空间，也将促进绿色消费市场的繁荣。

1.2 林下经济学的研究对象

林下经济学是研究林下资源利用与管理的学科，其研究对象包括林下资源、林下经济的规律和特点(1.4.2节和3.1.3节)、林下经济的经营管理、林下经济的政策法规等方面。

1.2.1 林下资源

林下资源是指森林生态系统中除树木以外的所有生物体和无机环境，包括植物、动物、微生物、水、土壤等。林下经济学的研究对象包括各种林下资源的类型、分布、数量、质量、生长规律、生态关系、资源利用等方面。

1.2.1.1　植物资源

（1）树木类。包括乔木、灌木、木质藤本植物等。这些植物不仅是森林的主要构成部分，也是木材、家具、纸浆等工业产品的原材料。

（2）草药类。包括各种中草药，如人参、黄芪、枸杞子等。这些草药具有药用价值，是中医药学的重要研究对象。

（3）野菜类。包括各种野生蔬菜，如蕨菜、蘑菇、竹笋等。这些野菜不仅营养丰富，而且味道鲜美，是人们健康饮食的重要来源。

（4）水果类。包括各种野生水果，如山梨、山桃、猕猴桃等。这些水果不仅味道鲜美，而且营养丰富，是人们夏季消暑的良好选择。

1.2.1.2　动物资源

（1）野生动物类。包括各种野生动物，如野猪、鹿、黑熊等。这些动物是森林生态系统的重要组成部分。

（2）昆虫类。包括各种昆虫，如蝴蝶、蜜蜂、蚂蚁等。这些昆虫在森林生态系统中具有重要的作用，同时也是人们研究和观赏的对象。

1.2.1.3　微生物资源

（1）细菌类。包括各种细菌，如厌氧菌、益生菌等。这些细菌在森林生态系统中具有重要的作用，同时也是工业生产、医药研发等方面的重要对象。

（2）真菌类。包括各种真菌，如蘑菇、木耳、灵芝等。这些真菌具有营养和药用价值，是食品和医药领域的重要研究对象。

1.2.1.4　水资源

森林具有涵养水源的重要作用，在林下经济的发展中，水是一种重要的资源。

林下水资源主要来源于降水、地下水、地表水等。在山区或丘陵地区，降水较为丰富，是林下种植和养殖的主要水源。而在干旱地区，地下水和水库等水源则更为重要。林下水量取决于降水量、地形、土壤等自然因素，以及林下种植和养殖的种类和规模。

为了有效利用林下水资源，需要进行合理的水管理。这包括修建水利设施、合理安排用水、防止水污染等措施。通过科学的水管理，可以保证林下经济的可持续发展，同时也有助于保护生态环境。

1.2.1.5　旅游资源

森林具有丰富的自然景观和生态环境，是旅游产业的重要组成部分。林下经济旅游资源是一种集生产、生活、生态为一体的现代特色林业模式，具有广阔的发展前景和较大的市场潜力，通过开发森林旅游资源，可以推动地方经济的发展，提升人们的生活品质。

利用林下经济模式可以通过多种途径创造出具有旅游价值的资源，比如林下种植，可以种植一些具有观赏和药用价值的植物，如人参、黄芪、灵芝等，这些植物的种植不仅有一定的经济效益，还可以为游客提供了解和学习中医药文化的机会；比如林下养殖，可以养殖竹鼠、梅花鹿等特色动物，为游客提供观赏和了解特色动物的机会，增加旅游的趣味性和互动性；再比如森林景观，开发一些具有观赏和休闲价值的项目，如森林公园、风景区等，为游客提供休闲、度假和观光的机会。

1.2.2 林下经济的经营管理

林下经济的经营管理是指对林下经济活动进行组织、指挥、监督和调节的一系列管理活动，为了实现林下经济的可持续发展，需要采取科学的经营管理策略，主要措施如下：

1.2.2.1 制定经营计划和目标

在开展林下经济经营活动之前，需要制订详细的经营计划和目标。经营计划包括林下空间的规划、种植和养殖品种的选择、投资预算、经营期限等方面的具体安排。经营目标则是在经营计划的基础上，明确经营林下经济的具体目标，如经济效益、社会效益和生态效益等。

1.2.2.2 加强资源管理

林下经济需要充分利用林下空间和自然资源，因此加强资源管理非常重要。具体措施包括：合理规划林下空间，避免对生态环境造成破坏；有效利用水资源，保障种植和养殖的需求；保护林地资源，避免土壤污染和过度开发。

1.2.2.3 推广先进的种植和养殖技术

林下经济在推广先进的种植和养殖技术方面，主要是研究并推广那些既能提高产量和效益，又能保护生态环境的技术。这些技术包括精准施肥、节水灌溉、生态养殖等。同时，研究如何向农民普及这些技术，提高他们的生产技能和环保意识。通过这些研究，旨在推动林下经济向高效、环保、可持续的方向发展。

1.2.2.4 加强产品质量控制

林下经济在加强产品质量控制方面的研究对象主要包括：建立标准化生产流程，确保产品质量的稳定性和可靠性；制定和完善质量标准和规范，提高产品的品质和安全性；优化加工和包装工艺，保持产品的品质和附加值；加强品牌建设和市场营销，提高产品的知名度和美誉度；实施安全监管和风险评估，保障产品的安全性和可靠性。这些研究旨在全面提升林下经济产品的质量，增强市场竞争力，推动林下经济的可持续发展。

1.2.2.5 加强市场营销和宣传

林下经济的产品种类繁多，需要加强市场营销和宣传，提高产品知名度和美誉度。林下经济在加强市场营销和宣传方面的研究对象主要包括市场分析和定位、品牌建设和传播、营销策略和手段、宣传和广告策略等。通过这些研究，旨在提高林下经济的市场竞争力，推动其可持续发展。

1.2.2.6 加强多方合作

林下经济在加强多方合作方面的研究对象主要聚焦于与政府、企业、科研机构和社会组织的合作。通过与政府合作，争取政策支持和资金投入，为林下经济的发展提供有力保障；与其他企业合作，形成产业链和产业集群，实现资源共享和优势互补；与科研机构合作，引进先进技术和管理经验，提高产品的科技含量和市场竞争力；与社会组织合作，共同推动可持续发展，实现经济、社会和生态效益的共赢。这些研究旨在加强多方合作，为林下经济的繁荣发展注入强大动力。

1.2.2.7 注重生态环保

林下经济在注重生态环保方面的研究对象主要集中于实现经济与生态的和谐发展。具体包括：研究林下经济的生态种植、养殖技术，以提高资源利用效率和减少对环境的负面影响；研究林下经济的生态补偿机制，以平衡经济发展与生态保护的关系；研究林下经济的生态旅游开发模式，以推动绿色产业的发展；研究林下经济的环保政策和技术创新，以推动林下经济的可持续发展。这些研究旨在实现经济发展与生态保护的双赢，为林下经济的可持续发展提供有力支撑。

1.2.3 林下经济的政策法规

林下经济的政策法规是指政府制定和实施的相关政策和法规。林下经济学的研究对象包括林下经济的政策法规，如财政政策、金融政策、土地政策、产业政策等。

1.2.3.1 财政政策

财政政策是政府促进林下经济发展的重要手段之一。政府可以通过财政补贴、税收减免等方式，鼓励企业和农民积极参与林下经济活动。例如，对从事林下种植和养殖的企业和农民给予一定的补贴，对林下经济产品实行税收减免等。

1.2.3.2 金融政策

金融政策可以为林下经济发展提供资金支持。政府可以引导金融机构为林下经济提供贷款、担保等金融服务，同时可以通过风险补偿、保费补贴等方式降低企业和农民的风险。此外，政府还可以设立专项基金，为林下经济提供更多的资金支持。

1.2.3.3 土地政策

土地政策可以解决林下经济发展中的土地问题。政府可以出台相关政策，合理规划林下空间，明确土地用途，避免对生态环境造成破坏。同时，政府还可以通过林地承包、林权流转等政策，解决林地资源不足的问题，促进林下经济与林业、农业的融合发展。

1.2.3.4 产业政策

产业政策可以引导和规范林下经济的发展。政府可以制定相关政策，明确林下经济的产业定位和发展方向，鼓励企业进行技术创新和品牌建设。同时，政府还可以通过市场监管、质量检测等措施，保障林下经济产品的质量和安全。政府还应出台相关政策，加强生态保护和修复工作，保障生态系统的稳定和可持续发展。例如，禁止在生态脆弱区域进行林下种植和养殖，对环境污染严重的企业进行处罚等。

综上，林下经济学的研究对象涵盖了林下资源的利用和管理、林下经济的规律和特点、林下经济的经营管理、林下经济的政策法规等方面。通过对这些研究对象的深入研究，可以更好地指导林下经济的实践，促进林业的可持续发展。

1.3　林下经济学的研究方法

林下经济学是一门涉及多个领域的学科，其研究方法具有多样性和综合性。通过运用不同的研究方法和工具，可以更全面、深入地了解林下经济活动的规律和特点，为林下经济的可持续发展提供科学依据和支持。

1.3.1　定性和定量研究方法

林下经济学的研究需要同时采用定性和定量两种研究方法。定性研究方法主要用于研究林下资源的特性、分布、分类等方面，通过调查、观察及查阅文献资料等方式获取信息，了解林下资源的本质和规律。常用的定性研究方法如下。

(1) 文献资料法。通过对相关文献的查阅和分析，了解林下经济活动的历史、现状和发展趋势，同时也可以了解其他国家和地区的发展经验。

(2) 专家访谈法。通过对专家学者的访谈，了解林下经济活动的内在机制、影响因素和发展策略。

(3) 案例研究法。通过对具体案例的深入研究和剖析，了解林下经济活动的实践经验和存在问题，为政策的制定提供参考。

(4) 参与式评估法。通过与当地居民的深入交流，及参与林下经济相关活动，了解人们对林下经济活动的看法和建议，从而对林下经济活动进行评估和改进。

定量研究方法通过对数据和信息的量化分析，研究林下资源的利用和管理模式，探索如何实现林业的可持续发展。常用的定量研究方法如下：

(1) 回归分析法。通过对因变量和自变量之间的关系进行回归分析，预测因变量的变化趋势，为政策的制定提供依据。

(2) 时间序列分析法。通过对时间序列数据的分析和预测，了解林下经济活动的变化趋势和规律，为政策的制定提供依据。

(3) 因子分析法。通过找出影响林下经济活动的关键因素，了解其内在机制和影响路径，为政策的制定提供依据。

(4) 决策树分析法。通过构建决策树模型，对林下经济活动进行分类和预测，为政策的制定提供依据。

(5) 随机前沿面分析法。通过对随机前沿面模型的构建和分析，了解林下经济活动的技术效率和技术进步，为政策的制定提供依据。

1.3.2　生态学研究方法

生态学研究方法是林下经济学中重要的研究方法之一。生态学研究方法主要基于生态学的原理和理论，运用生态学的方法和技术，研究森林生态系统中生物与环境之间的关系，以及它们对林下经济活动的影响。这种方法还用于研究不同林下资源的生态学特性，了解其对环境的影响和作用，为制定林下资源的管理策略提供依据。

1.3.2.1　生态系统研究

生态系统研究是林下经济学中常用的生态学研究方法。该方法主要是将森林生态系统作为一个整体，分析系统中各要素之间的相互作用和关系，以及它们对林下经济活动的影响。以下是生态系统研究的几个重要方面：

（1）生物多样性。研究森林生态系统中生物种类的丰富程度和分布特点及其对林下经济活动的影响。

（2）生态过程。研究森林生态系统中物质循环、能量流动和信息传递等生态过程及其对林下经济活动的影响。

（3）环境因素。研究森林生态系统中气候、土壤、水文等环境因素及其对林下经济活动的影响。

（4）系统平衡。研究森林生态系统的平衡和稳定性，以及林下经济活动对系统平衡的影响。

1.3.2.2　生态环境影响评价

生态环境影响评价是林下经济学中重要的生态学研究方法之一。该方法主要是对林下经济活动对生态环境的影响进行评估和预测，从而为政策的制定和调整提供科学依据。以下是生态环境影响评价的几个重要方面：

（1）影响预测。通过对林下经济活动的特点和环境因素的评估，预测其对生态环境的影响趋势。

（2）环境监测。通过设置监测站点，对林下经济活动对生态环境的影响进行实时监测。

（3）生物多样性评估。通过对生物多样性进行评估，了解林下经济活动对生物多样性的影响程度。

（4）生态补偿措施。根据生态环境影响评价的结果，提出相应的生态补偿措施，以减少林下经济活动对生态环境的影响。

1.3.2.3　生态环境保护与恢复

生态环境保护与恢复是林下经济学中重要的生态学研究方法之一。该方法主要是通过采取相应的保护和恢复措施，促进森林生态系统的可持续发展，同时保障林下经济活动的效益。以下是生态环境保护与恢复的几个重要方面：

（1）生态保护规划。根据森林生态系统的特点和保护要求，制订相应的生态保护规划，规范林下经济活动的发展。

(2)生态恢复技术。研究和实践适合于不同森林生态系统的生态恢复技术，促进生态系统的恢复和重建。

(3)可持续经营。通过采取可持续的经营措施，保障森林生态系统的健康和稳定，同时满足林下经济活动的需求。

(4)环保宣传和教育。通过环保宣传和教育，提高公众的环保意识和参与度，推动森林生态系统的保护和恢复。

1.3.3 系统研究方法

林下经济是一个复杂的生态系统，包括森林、林木、林地等不同的生态系统和经济活动。因此，林下经济的系统研究方法需要综合考虑生态和经济的各个方面，以实现生态和经济的协调发展。通过系统研究方法，可以更好地了解林下资源的整体特性和规律，为制定合理的利用和管理策略提供支持。林下经济系统研究方法要点如下：

1.3.3.1 系统边界确定

系统边界是指生态系统和经济系统之间的分界线，确定系统边界需要考虑生态系统和经济系统的相互作用关系。例如，在林下经济系统中，森林生态系统是主体，但同时也存在其他生态系统，如农田、河流等，这些系统与森林生态系统之间存在相互作用关系。

1.3.3.2 系统要素研究

系统要素是指构成生态系统和经济系统的各部分，包括生物、环境、资源、人口、政策等。在系统要素研究中，需要分析各个要素的特点、作用和关系，以及它们对林下经济活动的影响。例如，在森林生态系统中，生物要素包括各种植物、动物和微生物，它们之间相互作用，构成了一个复杂的生态系统。同时，环境要素如气候、土壤、水文等也会对生态系统产生影响。

1.3.3.3 系统结构研究

系统结构是指系统中各个要素之间的相互作用关系，以及它们形成的整体结构。在林下经济系统中，生态系统和经济系统之间存在相互作用关系，形成了复杂的生态系统。在系统结构研究中，需要分析生态系统和经济系统之间的相互作用关系，以及它们形成的整体结构。例如，在林下经济系统中，森林生态系统为经济活动提供了资源和服务，同时经济活动也会对森林生态系统产生影响。

1.3.3.4 系统功能研究

系统功能是指系统中各个要素在相互作用过程中所发挥的功能和作用。在林下经济系统中，生态系统的功能主要是提供资源和环境服务，而经济系统的功能主要是生产和消费。在系统功能研究中，需要分析生态系统和经济系统各自的功能和作用，以及它们之间的相互影响和作用。例如，在林下经济系统中，森林生态系统可以提供木材、食品、药材等资源，同时也可以提供净化空气、调节气候等环境服务。经济活动主要是通过利用森林资源进行生产和消费，同时也会对森林生态系统产生影响。

1.3.3.5 系统平衡与稳定性研究

系统平衡是指系统中各个要素之间的相对稳定状态，而稳定性是指系统对外界干扰的抵抗能力。在林下经济系统中，如果生态系统和经济系统之间的平衡被打破，就会导致整个系统的失衡和不稳定。因此，在系统平衡与稳定性研究中，需要分析生态系统和经济系统之间的平衡和稳定性，以及它们对外界干扰的抵抗能力。例如，在林下经济系统中，如果过度利用森林资源会导致森林生态系统的破坏，进而影响整个林下经济系统的平衡和稳定性。

1.3.4 多目标综合评价研究方法

多目标综合评价研究方法是林下经济学中常用的一种研究方法。这种研究方法将林下资源的利用和管理目标转化为多个指标，分别进行评价，然后进行综合评价，得出最优方案。多目标综合评价研究方法可以综合考虑多种因素，避免单一指标的片面性，为制定科学合理的林下资源利用和管理策略提供依据。多目标综合评价研究方法要点如下：

1.3.4.1 确定评价目标

评价目标是指评价对象期望达到的状态或效果，以及评价所关注的主要方面。在林下经济多目标综合评价中，评价目标应该包括生态、经济、社会等方面的多个目标。

(1)生态目标。保护森林资源、提高森林覆盖率、维护生物多样性、保障生态安全等。

(2)经济目标。提高林下经济产出、增加农民收入、促进产业结构调整、推动经济发展等。

(3)社会目标。提高农民生活质量、促进社会和谐稳定、推动农村可持续发展等。

根据评价目标的选择，可以将评价对象分为不同的方面，以便于对评价对象进行全面、客观的评价。

1.3.4.2 收集数据和信息

数据和信息是进行评价的基础，需要收集与评价目标相关的数据和信息。在林下经济多目标综合评价研究中，需要收集森林资源、生态环境、经济活动等方面的数据和信息。例如，需要收集森林资源的面积、蓄积量、覆盖率等数据，同时还需要收集与经济活动相关的数据，如产量、产值、就业人数等。在收集数据和信息时，需要保证其真实性、可靠性和可比性。

1.3.4.3 建立评价指标体系

评价指标体系是指由多个相互关联的评价指标组成的整体结构，用于描述和衡量评价对象的各个方面。在林下经济多目标综合评价研究中，需要建立生态、经济、社会等各方面的评价指标体系。例如，在林下经济多目标综合评价研究中，可以建立生态效益、经济效益、社会效益等三个方面的评价指标体系。其中，生态效益可以包括森林覆盖率、蓄积量、生物多样性等指标，经济效益可以包括林下经济总产值、农民人均收入等指标，社会效益可以包括农民就业率、社会保障覆盖率等指标。

1.3.4.4　确定权重

权重是指每个评价指标在评价指标体系中的相对重要程度。在多目标综合评价研究中，不同目标的重要程度可能不同，因此需要确定每个目标的权重。在确定权重时，可以采用专家打分法、层次分析法等方法。例如，在林下经济多目标综合评价研究中，可以根据专家经验和实际情况，确定生态效益、经济效益、社会效益等各部分的权重。

1.3.4.5　综合评价

综合评价是指将各个评价指标的实测值与标准值进行比较，得出每个指标的评分，然后根据权重对评分进行加权平均，得出综合评分。在综合评价中，可以采用线性加权法、TOPSIS法等方法进行计算。

1.3.4.6　制订优化方案

根据综合评分的结果，可以找出林下经济系统存在的问题和矛盾，制订相应的优化方案和发展策略。在制订优化方案时，需要考虑如何平衡多个目标之间的关系，以实现生态、经济和社会效益的协调发展。例如，在林下经济多目标综合评价研究中，如果生态效益评分较低，可以采取保护森林资源、提高森林覆盖率等措施；如果经济效益评分较低，可以采取提高林下经济产出、增加农民收入等措施；如果社会效益评分较低，可以采取提高农民生活质量、促进社会和谐稳定等措施。

1.4　林下经济学的范畴和规律

林下经济学涵盖了生态学、林业经济学、森林资源学、植物学等，是一门研究林下资源利用与管理的学科，其范畴和规律涉及多个领域和方面。

1.4.1　林下经济学的范畴

林下经济学的范畴包括以下几个方面。

1.4.1.1　林下资源的分类与分布

林下资源是指森林中的各种植物、动物和微生物资源，这些资源具有很高的经济和生态价值。林下资源的分类与分布是林下经济学的重要研究内容之一。根据资源的特点和利用方式，林下资源可以分为以下几种：

（1）植物资源。包括林木、草药、菌类、野生蔬菜等。这些资源的分布与气候、土壤、海拔等自然条件密切相关，不同地区的植物资源种类和数量都有所不同。

（2）动物资源。包括野生动物和昆虫等。这些资源的分布也与环境密切相关，不同地区的动物资源种类和数量有所不同。

（3）微生物资源。包括细菌、真菌等。这些资源具有很大的开发潜力，如真菌的发酵生产、细菌的生物肥料等。

（4）景观资源。包括山、水、林、田、湖、草、沙等自然和人文景观。这些资源具有很高的旅游和美学价值，可以促进森林旅游、森林康养的发展。

林下资源的分布受多种因素的影响，如气候、土壤、海拔、植被等。不同地区的林下资源种类和数量都有所不同。一般来说，热带和亚热带地区的森林资源较为丰富，而温带和寒带地区的森林资源相对较少。此外，不同的植被类型也会影响资源的分布，如山地森林、湿地森林等。

在中国，林下资源的分布非常广泛。南方地区的热带雨林、西南地区的山地森林、东北地区的针阔叶混交林等都含有丰富的林下资源。北方地区虽然森林覆盖率较低，但也有一些独特的林下资源，如草原森林、荒漠森林等。

1.4.1.2　林下资源的生态学关系

林下资源的生态学关系研究森林生态系统和林下资源之间的相互作用，了解不同资源对环境的影响和作用，为制定资源的管理策略提供依据。

（1）林下资源是森林生态系统的组成部分。森林生态系统是一个复杂的生态系统，包括森林植被、林下植被、动物、微生物、土壤等组成部分。林下资源是森林植被下的各种植物、动物和微生物资源，它们在森林生态系统中扮演着重要的角色。

（2）林下资源与森林植被有着密切的关系。森林植被和林下资源相互作用和影响。林下资源可以为森林植被提供养分和水分，促进森林植被的生长和发育。同时，森林植被也可以为林下资源提供光照和林荫，影响林下资源的分布和生长。

（3）林下资源与动物、微生物有着密切的关系。林下资源可以为动物提供食物和栖息地，动物的生长和繁殖也可以促进林下资源的更新和再生。同时，林下资源中还含有大量的微生物，这些微生物可以分解和转化林下资源中的有机物质，促进森林生态系统的物质循环和能量流动。

（4）林下资源可以影响土壤的形成和性质。林下资源的种类和分布可以影响土壤的质地、结构和肥力等性质，进而影响森林生态系统的生产和分解等过程。

（5）林下资源的生态学关系还涉及生态平衡和生态保护等方面。林下资源的过度开发和不合理利用会破坏森林生态系统的平衡，导致生态环境的恶化和资源枯竭。因此，需要采取合理的管理措施，保护和恢复林下资源的生态学关系，实现森林生态系统的可持续发展。

1.4.1.3　林下资源的利用与管理

林下资源的利用与管理主要研究如何合理利用和管理林下资源，包括种植、养殖、采摘、采伐等方面，实现森林资源的可持续利用和生态保护，促进地方经济的发展和民生的改善。

（1），林下资源的利用方式多种多样，包括种植、养殖、采摘、狩猎等。种植是指在森林中种植中药材、经济作物、林木等；养殖是指在森林中养殖禽畜、蜜蜂等；采摘是指采集森林中的植物药材、野菜、菌类等资源；狩猎是指捕捉森林中的野生动物。这些利用方式可以根据不同地区的特点和需求进行选择和组合。

（2）林下资源的管理涉及多个方面，包括资源调查、规划、开发、保护等。资源调查是指对林下资源的种类、分布、数量等进行调查和评估,为管理提供基础数据;规划是指根据资源调查的结果,制订合理的利用和管理规划;开发是指根据规划,进行养殖、种植、采摘、狩猎等活动;保护是指采取措施保护林下资源,防止过度开发和破坏。

(3)林下资源的利用和管理需要遵守一系列法律法规和规范。例如,国家有关法律法规对森林资源的管理和保护作出了明确的规定,包括森林采伐限额、野生动物保护、森林防火等。此外,一些行业协会和组织也制定了相关规范和标准,如野生动物狩猎规范、药材采集规范等。遵守这些法律法规和规范是林下资源可持续利用和管理的重要保障。

(4)林下资源的利用和管理需要考虑生态平衡和环境保护。过度开发和不合理利用会破坏森林生态系统的平衡,导致生态环境恶化和资源枯竭。因此,需要采取合理的利用和管理措施,保护和恢复森林生态系统,实现可持续发展。

(5)林下资源的利用和管理需要加强宣传教育和科学普及工作。通过宣传教育和科学普及,提高公众对林下资源重要性的认知度,增强其野生动植物保护意识,引导公众合理利用和管理林下资源,促进地方经济的发展和民生的改善。

1.4.1.4 林下经济的政策与市场

林下经济的政策与市场主要研究林下经济的政策、法规、标准等方面内容,了解市场需求和产业链结构,为制定合理的产业政策和市场营销策略提供支持。为了促进林下经济的发展,各级政府制定了一系列政策,以充分发挥市场机制。

(1)政府在林下经济发展中扮演着重要的角色。各级政府通过制定政策和规划,引导和促进林下经济的发展。例如,政府出台一系列扶持政策,如财政补贴、税收减免等,鼓励企业和农民利用和发展林下资源。同时,政府还会制定林下经济发展规划,明确发展目标、重点领域和措施,为林下经济的发展提供指导和保障。

(2)市场机制是促进林下经济发展的重要力量。林下资源具有很高的经济价值,市场需求也日益增长。通过市场机制的引导和调节,可以实现林下资源的优化配置和合理利用。例如,通过市场价格的调节,可以引导企业和农民合理利用林下资源,避免过度开发和浪费。

(3)林下经济的发展需要依托一定的产业基础和资源条件。林下经济在发展过程中,需要与林业、农业、旅游业等相关产业相结合,形成优势互补、相互促进的产业格局。同时,不同地区的资源条件也会影响林下经济的发展方向和重点。例如,山区可以发展药材种植、林下养殖等产业,而平原地区则可以发展林下旅游、森林康养、采摘等产业。

(4)林下经济的发展需要加强品牌建设和市场推广。通过打造特色品牌和加强市场推广,可以提高林下产品的知名度和市场份额,增强市场竞争力。例如,可以通过注册商标、申请专利等方式,加强林下产品的品牌建设和知识产权保护;同时,可以通过举办展览、推介会等方式,加强林下产品的市场推广和宣传。

(5)林下经济的发展需要加强监管。在林下经济发展过程中,需要加强对林下资源的监管,保障林下产品的质量和安全,防止不规范的行为对生态环境和资源造成损害。同时,还需要加强对林下经济活动的监管,保障林下经济活动规范和有序进行。

1.4.2 林下经济学的规律

林下经济学的规律是林下经济现象的内在联系和规律性,对于指导林下经济的发展和决策具有重要的意义。林下经济学的规律可以总结概况如下:

1.4.2.1 林下资源的稀缺性和价值的多样性规律

林下资源是有限的,而人类对林下资源的需求却不断增加,因此,合理利用和保护林下资源显得尤为重要。同时,林下资源的价值是多样的,包括生态、经济、社会等多个方面,需要在全面评估林下资源价值的基础上,制订合理的利用和保护措施。

林下资源的稀缺性主要表现在以下几个方面。

(1)林下土地资源的稀缺性。林下土地资源是有限的,而人类对土地的需求不断增加,因此,在林下经济的发展过程中,需要合理利用土地资源,避免过度开发和破坏生态环境。

(2)林下生物资源的稀缺性。林下的生物种类和数量都是有限的,因此,在林下经济的发展过程中,需要保护和利用好林下生物资源,实现生物多样性的保护和经济的可持续发展。

(3)林下水资源的稀缺性。林下水资源是有限的,随着人类对水资源的需求不断增加,水资源变得越来越紧张,因此,在林下经济的发展过程中,需要合理利用和保护水资源,避免过度开发和浪费水资源。

林下资源的价值多样性主要表现在以下几个方面:

(1)生态价值。林下资源的生态价值主要包括保持水土、涵养水源、维护生物多样性等生态服务功能。这些生态服务功能对于维护生态平衡和保护生态环境具有重要作用。

(2)经济价值。林下资源的经济价值主要包括林下产品的生产和销售带来的经济效益。例如,药材种植、林下养殖等产业可以带来一定的经济效益,同时,林下经济活动也可以促进林下产品加工业、旅游业、服务业等相关第二、三产业的发展。

(3)社会价值。林下资源的社会价值主要包括社会文化、社会福利等方面。例如,在林下经济的发展过程中,可以促进农村产业结构调整和农民增收,提高农村居民的生活水平和质量。

1.4.2.2 自然再生产和经济再生产的统一规律

林下经济既是一个自然再生产过程,又是一个经济再生产过程。在林下经济的发展过程中,需要实现自然再生产与经济再生产的有机结合,既要保证森林资源的可持续利用,又要实现林下经济的可持续发展。

(1)自然再生产。自然再生产是林下经济发展的基础,是指林木在自然环境下的生长和繁殖过程。这个过程受到自然环境的影响,如气候、土壤、地形等,同时也受到人为活动的影响,如采伐、种植、抚育等。在自然再生产的过程中,林木通过光合作用、吸收养分等过程,将自然环境中的能量和物质转化为自身的生物量,实现自我更新和繁衍。

(2)经济再生产。经济再生产是指在自然再生产的基础上,通过人为干预和经营管理,实现林下经济的增值和发展的过程。这个过程涉及林下产品的生产和销售,以及市场需求和经济效益等方面。在经济再生产的过程中,人们通过合理利用和开发林下资源,实现林下经济的增值和发展,同时也为社会经济的发展作出贡献。

(3)自然再生产和经济再生产的统一。在林下经济的发展过程中,自然再生产和经济再生产是相互统一、相互促进的。自然再生产是经济再生产的基础,为经济再生产提供必要的物质和能量基础;而经济再生产则是自然再生产的延续和深化,通过人为干预和经营管理,实现林下资源的优化配置和合理利用。

具体来说,在林下经济的发展过程中,人们需要通过合理的采伐和抚育等人为干预措施,促进林木的生长和繁殖,同时也需要开展林下养殖、药材种植等经济活动,实现林下经济的增值和发展。这些经济活动需要遵循自然再生产的规律和原则,实现经济再生产和自然再生产的统一协调发展。

1.4.2.3 规模经济和范围经济的协调规律

在林下经济的发展过程中,通过规模化和多元化经营,可以实现规模经济和范围经济,降低生产成本,提高经济效益和社会效益。例如,在林下养殖、药材种植等产业中,通过规模化经营,可以实现规模经济;同时,在林下经济活动中,通过多元化经营,如森林旅游、采摘等,可以实现范围经济。

(1)规模经济。规模经济的规律在林下经济学中主要体现在以下几个方面:一是通过实现生产规模化,可提高生产效率,降低生产成本。例如,在森林养殖中,通过集中养殖,可以实现饲料采购、饲养管理等方面的规模经济效应。二是通过共享资源,实现规模效应。例如,在林下种植中,可以共享土地、水、设施等资源,降低成本。三是通过实现专业化和分工化,提高生产效率,降低生产成本。例如,在林下产品加工中,可以通过分工合作,实现生产流程的专业化和分工化,提高生产效率,降低生产成本。

(2)范围经济。范围经济的规律在林下经济学中主要体现在以下几个方面:一是通过多元化经营,实现资源共享和效益提升。例如,在林下产品加工中,可以通过多元化经营,实现原材料、设备、劳动力等资源的共享和效益提升。二是通过多元化经营,实现技能和知识的共享和效益提升。三是通过多元化经营,实现市场共享和效益提升。例如,在林下产品加工中,可以通过多元化经营,实现产品的差异化、多样化和市场拓展,提高经济效益。

1.4.2.4 市场供求规律和价格传导机制

在林下经济的发展过程中,市场供求关系和价格传导机制对林下资源的开发和利用具有重要影响。例如，当市场需求增加时，价格上升，会刺激林下资源的开发和利用；而当市场供给过剩时，价格下跌，会抑制林下资源的开发和利用。

(1)市场供求规律。市场供求规律是林下经济学的基本规律之一，是指在林下经济市场中，供给和需求相互作用，决定着林下产品的价格和交易量。具体来说，当市场需求增加时，价格上升，会刺激供给的增加；而当市场供给过剩时，价格下跌，会抑制需求的增加。因此，市场供求关系是林下经济决策的重要依据。

在林下经济的发展过程中，市场供求关系对林下经济的发展具有重要影响。例如，当林下产品的市场需求增加时，价格上升，会刺激企业和农民增加林下产品的供给，从而扩大产业规模；而当市场供给过剩时，价格下跌，会抑制需求的增加，产业规模可能会缩小。因此，在林下经济的发展过程中，需要根据市场需求和供给状况，制定合理的产业规划和政策。

(2)价格传导机制。价格传导机制是指林下产品价格在产业链上的传导过程。具体来说，当林下产品的价格上涨时，上游产业(如种植、养殖等)的价格也会上涨，而下游产业(如加工、销售等)的价格会随之上涨；当林下产品的价格下跌时，上游和下游产业的价格会随之下跌。因此，价格传导机制是林下经济决策的重要依据之一。

1.4.2.5 技术创新和制度创新的规律

在林下经济的发展过程中，技术创新和制度创新对于提高生产效率和实现林业可持续发展具有重要作用。例如，通过引进新品种、新技术等手段，可以提高林下资源的产量和品质；同时，通过制定新的政策和制度，可以优化资源配置和提高经济效益。

技术创新是指在林下经济的发展过程中，通过技术进步和创新，提高生产效率和产品质量，实现经济价值的提升。技术创新规律在林下经济学中主要体现在以下几个方面：

(1)技术进步。在林下经济的发展过程中，可以通过引进先进的生产技术和设备，提高生产效率和产品质量。例如，在林下产品加工中，引进现代化的加工技术和设备。

(2)创新驱动。在林下经济的发展过程中，可以通过鼓励企业和技术人员开展创新活动，推动技术进步和创新。

(3)适应性。在林下经济的发展过程中，技术创新需要适应自然环境和市场需求的变化，不断提高生产效率和产品质量。例如，在林下养殖中，需要根据气候、土壤、地形等自然环境因素的特点，开发适合的养殖技术和模式。

制度创新是指在林下经济的发展过程中，通过改革和完善制度，优化资源配置，提高经济效益和社会效益。制度创新规律在林下经济学中主要体现在以下几个方面：

(1)产权制度。在林下经济的发展过程中，通过集体林权制度改革，明晰产权关系，实行农村集体林地家庭承包经营，做到"山定权、树定根、人定心"，实现资源的有效配置和利用。

(2)市场化机制。在林下经济的发展过程中，可以通过建立市场化机制，实现资源的优化配置和合理利用。

(3) 政策支持。在林下经济的发展过程中，政府可以通过制定和实施相应的政策和措施，支持林下经济的发展。例如，可以通过提供财政资金、税收优惠等政策支持，鼓励企业和个人开展林下经济活动。

1.4.2.6　生态平衡和环境保护规律

在林下经济的发展过程中，需要保持生态平衡和开展环境保护，防止过度开发和破坏生态资源。例如，在林下养殖、药材种植等产业中，需要采取科学合理的养殖和种植技术，避免对生态环境造成损害；同时，在林下经济活动中，需要加强对森林资源的保护和管理，防止乱砍滥伐等行为对生态环境造成破坏。

生态平衡是指在林下经济的发展过程中，通过维护森林生态系统的平衡和稳定，实现林业的可持续发展。生态平衡规律在林下经济学中主要体现在以下几个方面：

(1) 生物多样性。在林下经济的发展过程中，需要保护森林生态系统的生物多样性，包括植物、动物和微生物等。例如，在林下种植中，可以通过多样化的种植模式和品种搭配，提高生物多样性和生态平衡。

(2) 生态协同。在林下经济的发展过程中，需要实现森林生态系统中不同生物之间的协同作用。例如，在森林养殖中，可以通过合理搭配不同动物种类和数量，实现生态协同和效益提升。

(3) 生态维护。在林下经济的发展过程中，需要采取措施保护森林生态环境，防止其遭受污染和破坏。例如，在林下产品加工中，需要采取环保措施，减少废弃物和污染物的排放。

环境保护是指在林下经济的发展过程中，通过采取环保措施、提高人们的环保意识来减少对环境的负面影响，实现经济和环境的协调发展。环境保护规律在林下经济学中主要体现在以下几个方面：

(1) 环保措施。在林下经济的发展过程中，需要采取措施减少对环境的负面影响。例如，在林下种植中使用有机肥料，不使用或者尽量少使用化肥等措施，保护生态环境。

(2) 环保意识。在林下经济的发展过程中，可以通过宣传和教育，提高人们的环保意识和责任感。

(3) 环保政策。在林下经济的发展过程中，政府可以制定相应的环保政策和措施，鼓励企业和个人开展环保活动。

第 2 章　国内外林下经济发展历史与现状

2.1　林下经济的发展阶段

林下经济的发展历史可以追溯到古代农业社会，不同时期的经济模式和发展重点各有不同。在古代，人们已经开始在林下种植一些作物，如大豆、玉米等。到了中世纪，欧洲的林业开始发展，人们在森林中养殖家禽、家畜等。而在中国，唐朝时期已经开始在林下种植桑树、枸杞、乌梅等树种，明清时期则出现了许多林下经济的新型经营模式，如"林下种植+林下养殖"的综合模式。进入20世纪后，随着人们对森林资源认识的不断深入，林下经济逐渐得到了重视。70年代，美国开始大力发展林下经济，主要集中在林下种植和林下养殖方面。而中国在80年代开始进行集体林权制度改革后，林下经济也得到了快速发展。

在国内，林下经济已经成为促进农村经济发展、提高农民收入、改善农村生态环境的重要产业之一。2012年，国务院办公厅印发了《关于加快林下经济发展的意见》，提出了发展林下经济的主要任务和政策措施。随后，各地纷纷出台相关政策，积极推动林下经济的发展。目前，国内外林下经济的发展已经形成了一定的规模和效益。其中，中国的林下经济总产值已经超过了1万亿元，主要集中在东北、华东和华南等地区。

2.1.1　初级阶段

初级阶段的林下经济主要是在个体经营和小规模生产模式下发展起来的。这个阶段的林下经济生产活动规模较小，经营模式较为简单，技术含量较低，主要依靠人力和手工完成生产过程。这个阶段的生产主要是为了满足当地人民自给自足的需求，尚未形成产业规模。林下经济发展的初级阶段时间很长，可以从古代算起，延续至改革开放初期。

林下种植的起源可以追溯到古代农业社会，随着社会的发展和林业的兴起，林下种植逐渐成为一种重要的农业经济形式。在林下种植的初期，人们主要种植一些农作物，如大豆、玉米等。这些农作物对土壤和气候的要求较低，生长周期短，产量较高，适合在林下种植。随着林业的发展和人们对森林资源认识的深入，林下种植开始逐渐发展起来。到了中世纪，欧洲的林业开始发展，人们开始在森林中种植一些树木，如橡树、松树等。

除了林下种植，在林下经济的初级阶段，人们也开始在林下养殖家禽、家畜等。在古代，人们已经开始在林下养殖鸡、鸭等家禽。这些家禽主要以林下的昆虫、草本植物等为食，同时也可以为人们提供肉蛋等食品。随着林业的发展和人们对森林资源认识的深入，林下养殖开始逐渐发展起来。在林下经济的初级阶段，人们开始采集和加工林下的野生动植物资源。在古代，人们已经开始采集林下的草药、蘑菇等资源。这些资源不仅可以为人们提供食品和药品，还可以为人们提供工业原料和装饰品等。

2.1.2 起步阶段

随着社会经济的发展和人们生态环境保护意识的提高，林下经济逐渐受到重视，进入起步阶段。这个阶段开始出现规模化的生产和经营模式，有一部分企业开始关注林下经济，尝试利用林下空间进行种植、养殖等生产活动。由于注重技术的引进和研发，生产效率和产品质量得以提高。林下经济发展的起步阶段为改革开放以来到20世纪90年代。

林下经济在起步阶段就开始聚焦林下空间的利用，但受制于发展理论不完善，缺乏成熟经验等因素，处于起步阶段的林下经济具有以下几个特征：

（1）经营规模较小。在起步阶段的林下经济，经营规模普遍较小。由于缺乏资金和技术等资源，大部分经营者是以家庭为单位进行小规模经营。这些小规模的经营者主要依靠自己的劳动力和当地的资源来开展经营活动。

（2）经营方式多样化。在林下经济的起步阶段，经营方式呈现出多样化的特点。不同的地区、不同的经营者都有自己独特的经营方式。例如，有的经营者采用"林下种植+林下养殖"的综合模式，将种植和养殖结合起来，形成一种综合性的林下经济模式；有的经营者则利用当地的资源开展采集和加工活动。

（3）经济效益较低。在林下经济的起步阶段，经济效益普遍较低。由于经营规模较小，经营者获得的经济收益也比较有限。同时，由于技术和管理水平的限制，经营成本较高，进一步降低了经济效益。

（4）对于环境的影响较小。由于经营规模较小，经营活动对森林资源的破坏较小。同时，由于当时的技术和管理水平有限，人们的环境保护意识还不足。

2.1.3 发展阶段

随着林下经济的逐步发展和市场需求的不断增加，林下经济进入发展阶段。这个阶段林下经济已经成为一种新型的产业，生产规模不断扩大，产业链条不断完善，产品种类不断增加。这个阶段开始注重品牌建设和市场推广，以提高产品的市场竞争力。

林下经济快速发展阶段主要是指20世纪90年代到21世纪初期这段时间。在这个阶段，林下经济得到了政府和社会的广泛关注和支持，资金和技术等资源开始逐步流入该领域，为林下经济的快速发展提供了有力保障。首先，政府开始加大对林下经济的支持力度。各级政府出台了一系列扶持政策，如财政补贴、税收减免等，鼓励林下经济的经营者在扩大经营规模、引进新技术和管理方法等方面进行探索和创新。这些政策的实施，为林下经济的快速发展提供了重要的政策保障。其次，社会对林下经济的关注度大幅提高。媒体开始广泛报道林下经济的相关信息，宣传林下经济的优势和潜力。同时，各类林下经济的示范基地和产业协会相继成立，为经营者提供了交流和合作的平台，进一步推动了林下经济的发展。

在这个阶段，林下经济的形式趋于多样化。除了传统的林下种植和林下养殖外，还出现了林下旅游、林下采集等新兴产业。这些新兴产业的出现，不仅丰富了林下经济的内涵，也为当地经济发展带来了新的增长点。在技术和管理方面，林下经济也逐步实现现代化。经营者开始引进现代化的种植和养殖技术，提高生产效率和产品质量。同时，现代化的企业管理方法开始逐步应用于林下经济的管理中，为企业的长期发展提供了重要支撑。

2.1.4 创新阶段

林下经济的创新阶段是在技术和管理的基础上，对林下经济进行全面的创新和升级。通过技术创新和经营模式的创新，林下经济可以实现更加高效、精准的管理和预测，提高生产效率和产品质量，满足市场需求。同时，通过产业结构的调整和创新，林下经济可以实现更加多元化的发展，为当地经济发展注入新的动力。林下经济发展的创新阶段可以从21世纪初算起，延续至今。

首先，技术创新是林下经济创新阶段的重要推动力。随着科技的不断发展，越来越多的新技术开始应用于林下经济中，如物联网、大数据、人工智能等。这些新技术的应用使得林下经济可以实现更加精准的管理和预测，提高生产效率和产品质量。例如，通过物联网技术，可以对林下种植和养殖的环境进行实时监测和调控，保证动植物的生长环境最佳。通过大数据和人工智能技术，可以对林下经济的数据进行分析和预测，为经营者的决策提供科学依据。其次，经营模式的创新也是林下经济创新阶段的重要内容。随着市场需求的不断变化，林下经济开始探索新的经营模式，以满足市场需求。例如，林下旅游作为一种新兴产业，其经营模式不断创新，出现了多种形式，如森林康养、森林研学、森林公园、民俗文化村、农家乐、林家乐等。这些新经营模式的出现，不仅丰富了林下经济的内涵，也为当地经济发展带来了新的增长点。

2.1.5 未来趋势

林下经济作为绿色发展、生态扶贫增收的重要产业，在未来发展中将会面临一系列的机会和挑战。随着社会经济的不断发展和科技进步的加速，林下经济未来将向更加高端化、智能化、绿色化、融合化的方向发展。

(1)面对全球气候变化的加剧，绿色发展成为未来主流。林下经济作为绿色产业的重要组成部分，将会得到更多的关注和支持。未来，林下经济将更加注重生态环境保护和可持续发展，通过推广环保技术和生态管理模式，提高林下产品的品质和附加值，实现经济发展和环境保护的双赢。

（2）林下经济将向多元化方向发展，除了传统的林下种植和林下养殖外，还将涉及林下旅游、森林康养、森林研学、林下采集、林下产品深加工等多个领域。这些新兴产业的出现，将为当地经济发展注入新的活力，同时也将促进林下经济的转型升级。

（3）在全球气候变化的大背景下，林下经济的碳汇发展趋势日益显现。通过植树造林、森林管理等方式，林下经济不仅可以促进环保，还能创造经济价值。未来，林下经济将更加注重碳汇交易，以此推动经济发展和环境保护的双重目标实现。同时，林下种植和林下养殖也将注重环保和节能，采用有机肥料和生物防治等措施来降低碳排放。森林旅游将倡导绿色出行和低碳旅游，以减少对环境的影响。总体来说，林下经济领域的碳汇发展趋势将助力环境保护与经济发展取得更好的平衡。

（4）随着科技的不断进步，智能化和数字化成为未来发展的新方向。林下经济将引入物联网、大数据、人工智能等新技术，实现更加精准的管理和预测，提高生产效率和产品质量。同时，数字化也将为林下产品的营销和推广提供新的手段和渠道。

（5）林下经济的发展将更加注重合作共赢。政府、企业、科研机构等各方将加强合作，共同推动林下经济的发展。同时，企业之间也将加强合作，实现资源共享和优势互补，共同打造林下经济产业链。

（6）政府和企业将加强人才培养，吸引更多的专业人才投身于林下经济的发展。同时，也将加强对农民的培训和指导，提高他们的技术和管理水平，为林下经济的发展提供更加坚实的人才基础。

2.2 国内林下经济发展

2.2.1 国内林下经济的发展历程

中国林下经济的发展可以追溯到古代，自改革开放以来，其发展速度加快。经过多年的探索和实践，中国已经逐渐形成了以林下种植、林下养殖、相关产品采集加工、森林景观利用为主要内容的林下经济发展格局。在生态文明建设和乡村振兴战略的推动下，林下经济得到了越来越多的关注和支持，成为山区林区绿色发展的重要途径。

在初期，林下经济主要是在一些适宜的林地开展初步的种植和养殖活动。例如，在林下种植一些中药材、食用菌等，在林下养殖一些鸡、鸭、鹅等家禽。这些活动规模较小，技术水平较低，市场前景也不够广阔。随着市场需求的不断增加和技术水平的不断提高，林下经济逐渐向多元化方向发展。除了传统的林下种植和养殖外，还涉及林下旅游、森林康养、森林研学、林下采集、林下产品深加工等多个领域。这些新兴产业的出现，为当地经济发展注入了新的活力，同时也促进了林下经济的转型升级。为了推动林下经济的发展，政府加强了对林下经济的支持和引导，出台了一系列政策措施，加大对林下经济的投入力度，加强对林下经济的研究和探索，积极推广先进的林下种植和养殖技术，提高林下产品的品质和附加值。同时，政府还加强了对林下经济的监管，确保林下经济的健康有序发展。在政府的引导和支持下，企业加强了对林下产品的研发和推广，开发出更多的林下产品，拓展更广泛的市场领域；农民则积极参与林下种植和养殖，提高了收入水平和生活质量。

经过多年的发展，中国林下经济已经取得了一定的成效。据统计，截至2021年，全国林下经济经营和利用林地面积超过6亿亩，产值1万亿元，各类经营主体95万个，从业人数达3400万人，国家林下经济示范基地总数达649个。林下经济已成为山区林区绿水青山转化为金山银山的重要途径，为助推生态文明建设、巩固拓展脱贫攻坚成果同乡村振兴有效衔接作出了重要贡献。《全国林下经济发展指南（2021—2030年）》提出，到2030年，全国林下经济经营和利用林地总面积达7亿亩，实现林下经济总产值1.3万亿元；从林地利用范围、发展方向、发展模式、区域布局等方面明确了全国林下经济的发展布局；提出了积极推广林下中药材产业、大力发展林下食用菌产业、科学引导林下养殖产业、有序发展林下采集产业、加快发展森林康养产业等重点领域；确定了加强林下经济品牌建设、加快经营主体培育、加快市场营销流通体系构建、深化林下经济示范基地建设等主要任务。

2.2.2 国内林下经济发展面临的问题和挑战

中国林下经济发展面临的问题和挑战可以归纳为以下几个方面：

（1）资源有限。中国林下资源的有限性是林下经济发展面临的一个重要问题。林下经济主要在山区林区开展，这些地区的林下资源虽然丰富，但适合于林下种植和林下养殖的面积有限。这限制了林下经济的发展规模，也影响了林下经济产品的产量和质量。

（2）技术瓶颈。林下经济的发展需要先进的林下种植和养殖技术，但目前中国在这方面的技术水平还有待提高。例如，林下种植作物的品种选择、种植密度、施肥管理等都需要科学技术的支持，而林下养殖家禽的品种选择、疫病防控、饲养管理等也需要技术的进步。然而，目前一些地区的林下经济技术水平较低，难以满足市场需求。

（3）市场风险。林下经济产品的市场需求不稳定，价格波动较大，这给林下经济的发展带来了市场风险。例如，中药材市场、食用菌市场等都有较大的波动性，价格忽高忽低，难以预测。这给企业和农民的生产和销售带来了一定的困难，也影响了林下经济的稳定发展。

（4）环境污染。林下经济的发展会对环境造成一定的影响，如农药的使用、家禽的养殖等都会对环境产生污染。如果管理不当，林下经济甚至会对生态环境造成破坏。因此，如何保护环境，实现林下经济的可持续发展，是林下经济发展面临的一个重要挑战。

（5）经营成本。林下经济的发展需要投入大量的人力、物力和财力。如，需要投入资金购买种苗、饲料、农药等生产资料，需要投入人力进行种植、养殖、采摘等生产活动。这些经营成本的提高，给企业和农民带来了较大的经济压力，也影响了林下经济的可持续发展。

针对以上问题，我国陆续出台了一系列措施加以解决。第一，进行资源整合，为了充分利用有限的林下资源，可以采取资源整合的措施。例如，可以将多个经营主体的林地资源进行整合，实现规模化经营，提高林下资源的利用效率。同时，也可以引入先进的林下种植和养殖技术，提高林下产品的产量和质量。第二，进行技术创新，为了提高林下技术水平，可以加强技术创新和研发。例如，可以引进国外先进的林下种植和养殖技术，进行消化吸收再创新；可以与科研机构合作，开展林下技术研究和推广；可以开展技术培训和交流活动，提高企业和农民的技能水平。第三，加快市场拓展，为了扩大林下经济产品的市场需求，可以加强市场拓展和营销。例如，可以加强品牌建设和宣传，提高林下产品的知名度和美誉度；可以开拓新的市场领域，如国际市场；可以与相关产业合作，开发新的林下产品和应用场景。第四，坚持环保优先，为了保护环境，实现林下经济的可持续发展，可以采取环保优先的措施。例如，可以严格控制农药的使用量和残留量，保障生态环境的安全；可以推广环保养殖技术，减少家禽养殖对环境的影响；可以加强环保宣传和教育，提高企业和农民的环保意识和责任感。第五，加强政策扶持，为了降低林下经济的经营成本，可以采取政策扶持的措施。例如，可以给予财政资金补贴、减免税收等优惠政策，减轻企业和农民的经济负担；可以提供技术支持和服务，帮助企业和农民提高生产效率和质量。

中国林下经济发展面临的问题和挑战复杂而多样，需要政府、企业、科研机构和农民共同努力加以解决。只有克服了这些困难和挑战，才能实现林下经济的可持续发展，为经济和环境的可持续发展作出更大的贡献。

2.3 国外林下经济活动发展

国外没有"林下经济"的概念，与之相近的概念有农林业、农林复合系统、多功能林业、非木质林产品等。国外的林下经济活动起源于欧洲，工业革命以后，欧洲森林资源急剧减少，自然灾害加剧，环境污染加重，以森林培育利用与生态保护为核心的林业问题日益凸显，使欧洲森林经营理论得以创立发展，并对世界林业的发展产生了重大影响。

2.3.1 国外林下经济活动的兴起

国外林下经济活动的发展理念旨在通过林业的多元化发展，促进森林资源的可持续利用和生态环境的保护，同时提高农民的收入和生活水平。在20世纪中叶以前，由于人类对森林资源的过度开发和破坏，全球范围内的森林面积急剧下降，生态功能整体退化。同时，由于林业生产的单一经济功能，许多地方的林区经济发展也面临困境。在这种情况下，人们开始意识到林业的多元化功能，并探索多功能林业的发展模式。20世纪后期，随着全球环保意识的增强和可持续发展理念的普及，多功能林业开始受到广泛关注。各国政府和国际组织开始推广多功能林业的理念,并制定相应的政策和行动计划。1992年,联合国环境与发展大会通过了《关于森林问题的原则声明》,强调了森林的多功能性和可持续性,提出了森林的多元化发展目标。随后,各国开始制定自己的多功能林业发展政策。

2.3.2 国外林下经济活动的实践

自20世纪90年代以来,林下经济发展理念在许多国家和地区得到了实践。其中以德国、瑞典、加拿大、日本、韩国等国的发展尤为典型。

德国是多功能林业的起源地之一,其发展始于20世纪30年代。当时,德国为了解决森林资源急剧减少、自然灾害频发、环境污染严重等问题,提出了"近自然林业"的经营理念,强调森林经营应该回归自然,注重森林的多功能利用。这一理念的核心是尊重自然、保护自然,通过科学的经营管理和合理的森林利用,实现森林资源的可持续利用和生态、经济、社会的协调发展。在德国,多功能林业的发展得到了政府的大力支持和推广。政府制定了一系列法规和政策,保障了森林的生态和社会功能,鼓励农民参与森林经营,推动了林业的多元化发展。同时,德国还注重科技研究和人才培养,为多功能林业的发展提供了强有力的支撑。

瑞典是一个典型的北欧国家,其林业发展注重生态、经济和社会功能的综合实现。瑞典政府制定了一系列政策,包括对私有林主的补贴、提供技术指导和培训、建立合作组织等,以促进林业的多元化发展。瑞典的林业发展模式被许多国家和地区借鉴。

加拿大拥有广袤的森林资源,其林业发展注重生态、经济和文化功能的综合实现。加拿大政府制定了一系列政策,包括对私有林主的补贴、提供技术指导和培训、支持森林旅游业发展等,以促进林业的多元化发展。加拿大的林下经济活动充分利用了其丰富的森林资源,涵盖了采摘、种植和养殖、旅游休闲以及产品加工等多个领域。森林中的野生蘑菇、草药、水果等资源为采摘业提供了丰富的资源,同时也为食品、药品和化妆品等行业提供了原材料。林下种植和养殖则利用了林地和森林中的各种资源,降低了成本,提高了经济效益。此外,加拿大的森林还为徒步旅行、露营、钓鱼等户外活动提供了场所,促进了旅游休闲产业的发展。而利用本地森林资源生产的木材、纸浆、纸张等高质量林产品则出口到世界各地,为加拿大带来了丰厚的经济收益。

日本是一个岛国,其林业发展受到土地资源的限制。为了充分利用森林资源,提高林业的经济效益,日本政府制定了一系列政策,包括对私有林主的补贴、提供技术指导和培训、支持森林旅游业发展等,以促进林业的多元化发展。日本的林下经济活动主要集中在森林食品、森林旅游和森林养生等方面。日本拥有丰富的森林资源,森林覆盖率高,林下生长着各类繁多的食用菌、野菜等森林食品。这些食品天然、健康,受到消费者欢迎。此外,日本还充分利用森林资源开展森林旅游和养生服务。游客可以在森林中体验徒步、露营、观景等活动,享受大自然的美妙。同时,森林中清新的空气、安静的环境和丰富的植物有助于缓解压力、提高身体素质,因此森林养生也受到广泛欢迎。

韩国是一个半岛国家，其林业发展注重生态、经济和社会功能的综合实现。韩国政府制定了一系列政策，同样包括对私有林主的补贴、提供技术指导和培训、支持森林旅游业发展等，以促进林业的多元化发展。韩国的林下经济活动主要包括林下种植、林下养殖和森林旅游等。韩国政府大力支持林下经济的发展，通过提供资金和技术支持，鼓励农民利用林下空间进行种植和养殖。例如，在林下种植草药、蔬菜等，利用森林资源养殖蜜蜂、蚕等。这些活动不仅提高了农林产品的附加值，还增加了农民的收入。此外，韩国还充分利用森林资源发展森林旅游，为游客提供徒步、露营、观景等休闲活动，不仅促进了旅游业的发展，还有助于保护森林资源和生态环境。

2.3.3 国外林下经济活动发展的趋势

随着全球环境问题的日益严重和人们对生态保护的重视，林下经济活动的发展前景广阔。未来，林下经济活动将在以下几个方面得到进一步发展。

(1) 生态功能的提升。随着全球气候变化和生物多样性保护的呼声日益高涨，多功能林业将更加注重森林的生态功能，包括碳汇功能、生物多样性保护等。

(2) 社会功能的强化。多功能林业将更加注重林区社区的发展和农民的利益。通过加强林区社区的基础设施建设、提供就业机会和增加农民收入，促进林区社会的稳定和繁荣。

(3) 经济功能的拓展。多功能林业将更加注重林业经济的多元化发展，包括森林产品的多样化、森林旅游的开发等，为林区经济注入新的活力。

(4) 文化功能的弘扬。多功能林业将更加注重森林文化的传承和弘扬，通过森林旅游、森林文化活动等方式，让更多的人了解和体验森林的美妙和价值。

林下经济是一种综合性的林业发展模式，旨在实现森林资源的生态、经济、社会等多种功能。随着全球环保意识的增强和可持续发展理念的普及，林下经济将在全球林业发展中发挥出越来越重要的作用。

第3章 林下经济的概念、原理和地位作用

3.1 林下经济的概念、内涵、特征和要求

林下经济是指利用林下空间进行林下种植、林下养殖、相关产品采集加工、森林景观利用等多种生产活动的生态林业模式。林下经济是一种高效的生态林业模式，能够提高林地利用率和林业生产效率，同时保护森林生态系统和生物多样性，是可持续发展的林业模式。

3.1.1 林下经济的概念

什么是林下经济？国外没有林下经济的说法，林下经济是随着集体林权制度改革，中国农民探索将"绿水青山"转化为"金山银山"的伟大发明和具体实践。林下经济以前是中国民间叫法，但是在2012年《国务院办公厅关于加快林下经济发展的意见》文件出台之后，林下经济成为被政府认可的正式词汇。此外，2019年修订的《中华人民共和国森林法》也将林下经济写入其中，明确了林下经济对森林资源的利用范围和发展空间，通过保护合法权益，进一步调动了广大林业经营主体，特别是林农及新型林业经营主体发展林下经济的积极性，对发展林下经济具有里程碑的意义。

学术上下定义和法律行政上下定义表述方式是不一样的，学术上可以将林下经济表述为：依托森林、林木、林地的生态环境，利用森林、林木、林地资源，遵循绿色、环保、低碳、可持续原则，开展的林下生产经营活动。

行政上对什么是林下经济表述得非常清楚，即林下经济包括四个方面：林下种植、林下养殖、相关产品采集加工、森林景观利用。行政上的林下经济概念没有"业"字，不是林下种植业、林下养殖业，因为种植业、养殖业归农业部门管，不用"业"字就避免了农林两个部门的矛盾。不是森林旅游业而是森林景观利用，因为森林旅游业涉及旅游部门，旅游业的范围也太大。

要区分林下经济与林地经济、非木质利用的概念：林下经济、林地经济、非木质利用都是近些年各地在发展实践中提出的新概念，它们相同的一面是都蕴含着不砍树能致富的新的价值取向，强调通过保护与合理开发利用林地中非木质资源，实现生态经济发展。但是林下经济、林地经济、非木质利用是有区别的，不能等同。其区别主要表现为：一是发展的重点不同，林下经济的发展重点是林下种植、林下养殖、相关

产品采集加工和森林景观利用等林下开发利用，而林地经济和非木质利用可以是林下开发，也可以是林上开发。二是发展的经营模式不同，林下经济发展是复合经营模式，能够提供两种或两种以上的产品，而林地经济和非木质利用既可以是复合经营模式，也可以是单一模式，只提供一种产品。三是发展的要求不同，林下经济要求发展中继续保持该森林原有的生态、经济和社会效益；林地经济和非木质利用虽然也强调保护，但并不要求继续保持原有森林。四是产品的形式不同，林下经济一般以林下产品为主，以长远提供林木产品为辅；林地经济则林木和林下产品都可作为其主要产品；非木质利用则全部为非木质产品。五是发展的地点不同，林下经济和林地经济只能在林地上，而非木质利用可以在林地上，也可以在非林地上。

从上述经济类型的不同点可以看出，林下经济较之林地经济、非木质利用，既保护了森林资源，又有利于林地尽快产生效益，还可以兼顾经济社会发展对林木产品的基本需求，尤其适应集体林权制度改革中的"明晰产权、承包到户"，为农民找到了一条"不砍树，能致富"的发展之路。

虽然林地经济及非木质利用中发展的单一种植的经济作物，如油茶、茶叶、柑橘、雷竹、苗木花卉等对林区和山区经济发展也具有重要作用，但尚不能视为林下经济，如要将其列入林下经济的范畴，应当着眼于当地实际情况，保护好现有森林资源，因地制宜地予以丰富、完善，以形成复合经营，才能较好地争取林下经济的项目资金或政策，带动整个林区、林业的发展。

此外，林下经济与林下产业虽同为林下，但也有区别，从根本上来说，林下经济带有社会性和公益性，而林下产业带有个别性和营利性。林下经济需要政府主导，引导大众形成正确的发展导向，林下产业则由市场主导，根据市场需求谋求产业的发展。林下产业首要追求目标是经济利益最大化，而林下经济追求目标是"不砍树，能致富"，强调农民职工的发展问题，解决农民职工的收入问题。

"林下经济"通俗易懂，最能体现中国特色，最能体现农民职工心声，最能被广大农民职工所接受。

3.1.2 林下经济的内涵

林下经济的内涵主要表现在以下几方面：

(1)林下经济是一种经济发展模式。其要求利用更多林下的产出减少山区林区对木质林产品的经济依赖，减少森林资源的消耗，实现人类的可持续发展。这就需要进行相应的产业结构调整，限制、缩减木质利用产业的规模。林下经济与普通的林业经济有所不同，它更加注重生态环境的保护和资源的可持续利用。在林下经济的发展过程中，需要引进先进的种植、养殖技术和设备，提高生产效率和产品质量，同时也需要科学合理地规划和管理森林资源，保护森林生态系统的稳定性和良性循环。

(2)林下经济实质就是生态经济，是当前林业发展变革的方向。林下经济是一种依托森林、林地及其生态环境，遵循可持续经营原则，以开展复合经营为主要特征的生态友好型经济。它包括林下种植、林下养殖、相关产品采集加工和森林景观利用等多个方面。林下经济能够充分利用林地资源和林荫空间，提高林业经济效益，促进农民增收，同时也有助于保护生态环境，实现经济与环境的协调发展。

(3) 林下经济是人们意识形态的转变。基于经济社会发展对林产品需求不断增长，环境保护和社会对森林的需求也日益增长的局面，林下经济有生态和经济的综合优势，是综合考虑生态和民生两大主题的最佳结合点，既能帮助农民延伸产业链，获取社会平均利润，又有助于减轻林业产业的压力，优化环境，具有广泛的应用价值和广阔的发展前景。随着人们环保意识的增强和可持续发展观念的深入人心，林下经济逐渐成为人们关注的焦点。林下经济实现了生态、经济和社会效益的协调统一，符合当前绿色、环保、低碳、可持续的经济发展趋势，也符合人民群众对生态环境和健康生活的追求。

林下经济的发展需要政府、企业、农民和社会的共同努力。政府需要出台相关政策，提供资金和技术支持，引导和鼓励农民参与林下经济活动。企业需要引进先进的技术和设备，提高生产效率和产品质量，同时也需要承担社会责任，保护生态环境。农民需要转变传统观念，接受新的技术和经营方式，积极参与林下经济活动，提高自身收入水平。社会需要支持和关注林下经济发展，为绿色、可持续的经济发展提供良好的社会氛围。

3.1.3 林下经济的特点和要求

林下经济具有以下8个特点和要求：

(1) 非木质性，要求生态优先，保护好生态环境。林下经济强调"不砍树能致富"，主要提供除木材以外的林产品，具有非木质性的明显特点。林业发展经历了三个阶段：第一阶段以木质利用为主；第二阶段为木质性和非木质性结合；第三阶段以非木质利用为主、木质利用为辅。林下经济的首要特点就是不砍树，是依托森林、林木、林地的生态环境，利用森林、林木、林地资源开展的林下经济活动，是非木质性的。但利用森林、林木、林地资源，就要在符合公益林生态区位保护要求和不影响公益林生态功能的前提下，经科学论证，合理利用公益林林地资源和森林景观资源，适度发展林下经济。

(2) 资本性，要求市场运作。林下经济是实体经济，其重要特点是经济行为，发展林下经济要遵守市场经济规律，进行市场化运作。发展林下经济需要林地、原材料和劳动力等各种投入，因此应按照投入—产出、成本—效益等市场运作办法来操作。

(3) 主体性，要求落实林权。通过集体林权制度改革，农民获得了集体林地承包经营权，因此农民是发展林下经济的主体。农民获得林权是基础，而且这个林权要求图表册一致，人地证相符。虽然农民是发展林下经济的主体，但并不排除龙头企业、农民林业专业合作社、大户的带头引领作用。林权是一个很大的话题，是林业发展的基石，涉及林权家庭承包经营制度、林权登记制度、林权流转制度、林权抵押担保制度、林权评估制度、林权管理制度、林权法律保护制度等，详情可以参阅2015年由中国林业出版社出版的《林权学》。

（4）多元性，要求加强服务和监管。林下经济突破了传统林业仅仅或主要从事初级林产品原料生产的局限性，需要实现种养加、产供销、林工贸一体化生产，使林工商的结合更加紧密，必然要求不同社会主体的参与。林下经济涉及经济性，经济性要求追求利润最大化；林下经济涉及生态性，生态性要求维持生态系统平衡。林下经济系统的各组成部分具有不同的性质、特点、目的和行为，这就要求在林下经济发展过程中提供不同的服务，加强对林下经济发展的监管。

（5）实体性，要求好的模式、品牌等。林下经济属于实体经济，生产具体的、实实在在的林下产品。林下经济涉及产供销、林工贸等诸多方面，这就要求要有好的运作模式，产供销一体化，林工贸一条龙，将各方面资源和优势结合起来，有效操作。要打造林下经济独有品牌，加强林下经济产品原产地的保护和利用。

（6）区域性，要求科学规划，因地制宜。各地的林情、立地条件不一样，发展林下经济的具体品种、资源禀赋、市场发育、生态环境承受力、生物多样性保护任务等都不一样，这就要求因地制宜，规划在前，首先要把适宜发展林下经济的林地规划出来，切忌一哄而起，盲目发展。

（7）弱质性，要求政策扶持，提供服务。林下经济属于第一产业，林下经济产品具有生长周期长、前期投入大、见效慢、受自然条件和市场行情影响大等特点。由于山区、林区大多社会发展程度低、交通不便、信息不畅通，而且受教育程度偏低，自我发展能力差，抵御自然灾害能力弱，因此林下经济不可避免具有弱竞争性，尤其在起步发展阶段，需要政府的政策扶持，提供有效服务。

（8）综合性，要求加强组织领导、部门合作。林下经济涉及产供销、林工贸等多个领域，涉及林业、农业、畜牧、医药、工业、市场监管、科技等多个部门。这就要求政府牵头，加强对林下经济发展的领导，统筹各个部门的联动，加强各相关部门的分工协作。

要围绕以上林下经济的特点和要求来研究建立林下经济学的理论体系。同时要重点对林下经济发展涉及的"1+3"[即林权+林地(林权流转)、资金(林权抵押担保)、劳动力(专业合作组织)]问题进行研究。

3.1.4 传统林下经济与现代林下经济的区别

自农耕文化开始就有林下种植、养殖经济现象存在，这是传统的林下经济。当前林下经济正经历由传统林下经济向现代林下经济快速转变的发展阶段。分析传统林下经济和现代林下经济，可以发现二者有三点主要不同：一是发展背景不同。传统林下经济发生于集体林权制度改革前，由于农户对山林拥有感不强，缺乏发展的恒心；现代林下经济发生在集体林权制度改革后，通过明晰产权，实行集体林地家庭承包经营，使农民获得了稳定的林地承包经营权，做到了山定权、树定根、人定心，给农民吃下定心丸，真正调动了农民发展林下经济的积极性，能保证稳定投入。同时在政府引导、政策扶持、市场推动等集体林权制度改革政策的作用下，林下经济得以迅速发展。二是传统林下经济一般是不自觉的，而现代林下经济是自觉的专业化经营。三是传统林下经济不是产业化、市场化经营，一般为一家一户分散经营，只着重生产林下经济产品，卖原材料；而现代林下经济的突出特点是产业化、市场化经营，可利用的空间更广阔，产供销一体化，林工贸一条龙，投入成本更高，对技术和信息服务的依赖性更强。

3.2 林下经济发展的原理、原则和方法

林下经济发展是一个多层次、多要素、多功能的复杂系统。下面将详细介绍其原理、原则和方法。

3.2.1 林下经济发展的原理

3.2.1.1 生态平衡原理

林下经济生态平衡原理是指借助林地的生态环境，充分利用现有的林地资源和林荫优势，在林冠下开展林、农、牧等多种项目的复合生产经营，从而使林、农、牧各业实现资源共享、优势互补、循环利用、协调发展。

在林下经济中，生态平衡原理的运用主要体现在以下几个方面：

(1) 促进生态系统的稳定。通过在林下开展种植、养殖等多种经营活动，可以增加生物多样性，促进土壤改良和生态环境改善。同时，这些生物在生长过程中还能够产生大量的有机物质，提高土壤肥力，促进林木生长，从而形成一个稳定、和谐的生态系统。

(2) 提高林地利用率。林下经济充分利用林下的空间和资源，采用多种经营方式，可以实现林地的立体利用和资源的共享，提高林地利用率和经济效益。

(3) 实现资源的循环利用。在林下经济中，通过科学合理地配置生物种类和数量，可以实现废弃物的循环利用和资源的共享。例如，在林下养鸡、养猪等养殖活动中，可以利用鸡、猪的粪便作为有机肥料，改善土壤质量，提高林木生长速度和产品质量。这种循环利用的方式能够降低生产成本，提高经济效益，同时减少对环境的污染。

3.2.1.2 经济效益最大化原理

林下经济发展的经济效益最大化原理是指利用林下空间和资源，通过采用多种经营方式，提高林地和资源利用率，从而实现林业生产的经济效益最大化。经济效益最大化原理的运用主要体现在以下几个方面：

(1) 优化资源配置，提高经济效益。林下经济的发展以市场需求为导向，通过科学合理的资源配置，实现林地、水源、劳动力、资金、技术和市场等生产要素的最优化组合，提高林业生产的效率和效益。例如，依据林地的地形、土壤、光照等条件，精准划分不同功能区，在郁闭度高的区域发展耐阴的中药材种植或菌类培育，郁闭度低的地方开展家禽养殖或喜光的林下作物种植。

(2) 创新管理模式，降低生产成本。林下经济的发展注重科技创新和管理模式的创新，通过引进先进的种植、养殖技术和管理模式，优化生产过程，降低生产成本，提高林业生产的效益和质量。例如，在林下种植作物可以采用有机林业、精准林业等先进的种植技术和管理模式，提高作物的产量和品质，同时降低生产成本；在林下养殖中，可以采用生态养殖、循环养殖等模式，提高养殖的经济效益和环境效益。

(3) 延伸产业链条，增加附加值。林下经济的发展注重延伸产业链条，增加林下经济产品的附加值，提高林下经济产值。例如，在林下种植中药材、食用菌等，可以对其进行深加工，开发出更多的林下经济产品种类，提高林下经济产品的附加值；在林下养殖中，可以将有机废弃物等资源进行再利用，开发出有机肥料、生物饲料等产品，增加林业生产的附加值。

(4) 发展特色产业，提高市场竞争力。林下经济注重发展特色产业，通过培育和引进特色品种和品牌，提高林下经济产品的市场竞争力，实现经济效益的最大化。例如，在林下种植中药材、食用菌等作物，可以结合当地的气候、土壤等条件，培育出具有地方特色的优质品种；在林下养殖中，可以引进具有高附加值的特色家畜家禽品种，提高林下养殖的经济效益和市场竞争力。

(5) 加强市场营销，扩大销售渠道。林下经济的发展注重市场营销和品牌建设，通过建立完善的销售渠道和推广体系，提高林下经济产品的知名度和市场占有率。例如，可以利用互联网平台、农林产品展销会等渠道，扩大林下经济产品的销售范围，提升其影响力；可以积极开展林下经济产品认证和绿色食品认证等工作，提高林下经济产品的品质和市场竞争力。

3.2.1.3 资源综合利用原理

林下经济是一种可持续发展的林业模式，其资源综合利用原理主要体现在对林下土地资源和林荫优势的充分利用，以及在农林业领域实现资源共享、优势互补、循环利用、协调发展的生态农林业模式。资源综合利用原理的运用主要体现在以下几个方面：

(1) 充分利用林下土地资源。林下经济利用林下土地资源进行多种经营，包括林下种植、林下养殖等。通过科学合理的规划和管理，提高林地利用率和经济效益。例如，在林下种植中药材、食用菌等作物，可以利用林下独特的环境条件，提高作物的产量和品质；在林下养殖鸡、猪等家禽家畜，可以利用林下空间和有机废弃物等资源，提高养殖的经济效益。

(2) 利用林荫优势从事林业活动。林下经济利用林荫优势从事林业活动，提高产品的产量和品质。如生产在遮天蔽日的林荫环境下的人参，品质更好，药用价值也更明显，因此更受青睐。

(3) 实现资源共享和优势互补。林下经济通过在林冠下开展林、农、牧等多种项目的复合生产经营，能够提高整体经济效益，同时促进农村经济的发展和农民收入的增加。例如，在林下种植中药材、食用菌等作物，可以利用林下独特的环境条件，提高作物的产量和品质。

（4）促进循环经济发展。林下经济注重资源的循环利用，通过科学合理地配置生物种类和数量，实现各类资源的循环利用。例如，在林下养鸡、养猪等养殖中，可以利用鸡、猪的粪便作为有机肥料，改善土壤质量，提高林木生长速度和产品质量。这种循环利用的方式能够降低生产成本，提高经济效益，同时减少对环境的污染。

（5）综合开发利用各类资源。林下经济通过对各类资源的综合开发利用，提高经济效益。例如，可以利用林下空间进行多种经营，包括种植中药材、食用菌等作物，以及养殖家禽、家畜等。同时还可以对林下的水资源、气候资源等进行综合开发利用，从而降低生产成本，提高经济效益。

3.2.2　林下经济发展的原则

林下经济的发展需要遵循一系列原则，以确保其健康、可持续地发展。

（1）生态优先，保护为先。林下经济是在林下空间开展的经济活动，必须始终以保护森林生态为首要任务。在发展林下经济时，要充分评估对生态环境的影响，确保经济活动不会对森林生态系统造成破坏。同时，应采取必要的生态保护措施，如恢复植被、控制开发强度等，以维持生态平衡和生物多样性。

（2）科学规划，合理布局。林下经济的发展需要科学合理的规划布局。在规划过程中，应充分考虑当地自然条件、资源禀赋和市场需求等因素，明确发展目标、产业结构和空间布局。同时，规划应具有前瞻性和灵活性，以应对市场变化和不确定性因素。通过科学规划，可以实现林下经济的可持续发展和资源的合理配置。

（3）因地制宜，突出特色。林下经济的发展应结合当地实际情况，因地制宜地选择产业模式和品种。不同地区的自然条件、资源状况和市场需求存在差异，因此，应根据具体情况制定适宜的发展策略。同时，应突出当地特色，发挥比较优势，打造具有地域特色的林下经济品牌。通过因地制宜和突出特色，可以提高林下经济的市场竞争力。

（4）创新驱动，科技引领。林下经济的发展需要依靠科技创新的驱动。应加强林下经济领域的科学研究和技术创新，引进先进的生产技术和设备，提高林下经济的科技含量和附加值。同时，应加强人才培养和技术培训，提高从业人员的素质和能力。通过科技创新和人才培养，推动林下经济的转型升级和提质增效。

（5）市场导向，效益中心。林下经济的发展应以市场需求为导向，以提高经济效益为中心。应加强市场调研和需求分析，了解消费者需求和偏好，开发符合市场需求的产品和服务。同时，应注重经济效益和生态效益的有机统一，实现双赢。以市场导向和效益为中心，可以提高林下经济的竞争力和可持续发展能力。

（6）政策扶持，多方参与。林下经济的发展需要政府的大力扶持和政策引导。政府应制定相应的扶持政策，如财政补贴、税收优惠、贷款担保等，激发企业和农民的积极性。同时，应鼓励社会各方参与林下经济的发展，形成多元化的投资主体和经营模式。通过政策扶持和多方参与，可以推动林下经济的快速发展和普及。

（7）绿色发展，质量安全。林下经济的发展应注重绿色发展和质量安全。应采取环保、节能、减排等措施，减少生产过程中的环境污染和资源消耗。同时，应加强产品质量安全监管，建立完善的质量安全检测体系和追溯机制，确保产品质量安全。通过绿色发展和质量安全保障，可以提高林下经济的市场信誉和社会认可度。

（8）产业融合，协同发展。林下经济的发展应促进产业融合和协同发展。林业、农业、畜牧业、旅游业等相关产业应加强合作与交流，实现资源共享和优势互补。通过产业融合发展模式创新、产业链延伸等方式推动相关产业深度融合发展，提高林下经济整体效益和市场竞争力，促进区域经济持续健康发展。

（9）持续改进，长效机制。建立持续改进与长效机制是林下经济可持续发展的重要保障措施。要不断完善政策体系，加强监督管理和评估工作，及时发现问题并采取有效措施进行改进，确保林下经济的健康发展。同时要建立长效机制保障政策的稳定性和连续性，形成长期有效的支持体系，促进林下经济的可持续发展和社会效益的持续提高。

3.2.3　林下经济发展的方法

林下经济的发展需要采取科学合理的方法和措施。

（1）合理规划布局。林下经济的发展需要科学合理的规划布局，根据当地自然条件、资源禀赋和市场需求等因素，制定符合当地实际的林下经济发展规划。规划要注重生态优先、可持续发展和市场化原则，合理配置资源，优化产业结构，提高经济效益和生态效益。

（2）选择适宜的林下经济模式。林下经济模式多种多样，需要根据当地实际情况选择适宜的模式。例如，在林下种植方面，可以选择种植中药材、食用菌等作物，根据不同作物的生长习性和市场需求，选择适宜的种植方式和品种。在林下养殖方面，可以选择养殖禽畜、水产等动物，根据不同动物的生长习性和市场需求，选择适宜的养殖方式和品种。此外，还可以选择相关产品采集加工、森林景观利用等其他适宜的模式。

（3）加强技术支持和服务保障。林下经济的发展需要技术支持和服务保障。政府和企业可以加强技术研发和推广应用，引进先进的技术和设备，提高林下经济的科技含量和附加值。同时，可以加强人才培养和技术培训，提高从业人员的素质和能力，推动林下经济的可持续发展。

（4）加强品牌建设和市场营销。林下经济的发展需要加强品牌建设和市场营销。政府和企业可以加强品牌宣传和推广，提高林下产品的知名度和美誉度。同时，可以加强市场营销体系建设，建立多元化的销售渠道和营销模式，提高产品的市场占有率和竞争力。

（5）加强组织合作和产销对接。林下经济的发展需要加强组织合作和产销对接。政府可以引导企业、农民和其他相关组织建立合作机制，实现资源共享和优势互补。同时，可以加强产销对接，建立产销对接平台和渠道，促进林下经济产品的流通和销售。

(6) 加大政策扶持力度。林下经济的发展需要政府加大政策扶持力度。政府可以制定优惠政策，鼓励企业和农民参与林下经济的发展。例如，可以给予财政补贴、税收减免等政策优惠，可以提供贷款、担保等金融服务支持，可以加大项目支持力度，推动林下经济的重点项目建设。通过加大政策扶持力度，激发企业和农民的积极性，推动林下经济的快速发展。

(7) 强化监督管理和质量安全保障。林下经济的发展需要强化监督管理和质量安全保障。政府可以建立健全监督管理体系和质量安全检测体系，加强对林下产品的质量安全监管。同时，可以加强行业自律和诚信体系建设，推动林下经济的规范化和可持续发展。

3.3 林下经济在农业与农村发展中的地位与作用

随着农业和农村经济的发展，农业产业化的兴起，人们逐渐认识到林业是一个潜力很大的产业，其具有独特的优势。特别是近年来，林下经济逐渐成为农业和农村经济发展的重要组成部分，对于促进农民增收、推动农村经济发展和实现农林业可持续发展具有重要作用。

林下经济在农业与农村发展中具有极为重要的地位，既是农业结构调整的重要方向，也是农民增收的重要途径。林下经济在农村经济发展中起到重要的支撑作用，同时也是实现农林业可持续发展的重要手段。第一，林下经济能够推动农业产业结构调整和优化升级，促使农业向多元化、高效化、生态化方向发展。通过发展林下经济，引导农民调整种植结构，增加高附加值农林产品的种植面积，提高农林产品的质量和经济效益，推动农业产业结构升级。同时，林下经济的发展也能够带动相关产业的发展，如农林产品加工、物流运输等，从而形成完整的产业链条，推动农村经济的全面发展。第二，林下经济有利于增加农民收入，提高农民生活水平。通过发展林下种植、林下养殖、相关产品采集加工、森林景观利用等，为农民提供了新的就业机会和收入来源，提高了农民的收入水平。同时，林下经济的发展也能够带动相关产业的发展，为农民提供更多的就业机会和收入来源。第三，促进林业产业的发展和生态保护。通过合理利用林地资源，发展林下经济，提高林地资源的利用效率，减少水土流失等环境问题，实现经济效益和生态效益的双赢。同时，林下经济的发展也能够促进森林资源的保护和培育，提高森林覆盖率，改善生态环境。

林下经济在农村经济发展中的作用主要体现在以下几点：

(1) 林下经济是农村经济发展的新增长点和新业态。随着农业结构调整和生态保护政策的实施，传统农业的发展空间逐渐缩小，而林下经济作为一种新型经济模式，充分利用森林、林地及其生态环境，开展多种经营，成为农村经济发展的新增长点和新业态。林下经济通过合理利用林下空间和资源，发展林下种植和林下养殖，可以提高农林产品产出，增加农民收入。例如，在林下种植中药材、菌类、蔬菜等，养殖鸡、鸭、鹅等家禽，或者放养蜜蜂等，可以为农民提供新的收入来源。

(2) 林下经济是农村生态环境保护的重要手段。林下经济强调生态保护，通过科学合理地利用森林资源，实现经济和生态的协调发展。在林下经济中，禁止砍伐林木、过度放牧等损害森林生态的行为，同时采取科学合理的种植和养殖方式，保护林下生态环境。林下经济可以促进森林资源的综合利用，提高林下经济的附加值。同时，林下经济还可以为农村生态环境保护提供支持，例如，在林下种植具有生态修复功能的植物，可以促进森林的恢复和生长；在林下养殖具有生态保护功能的动物，可以控制森林中的害虫和病菌等。这些措施可以保护农村生态环境，提高农民的生活质量。

(3) 林下经济是促进农村产业结构调整的重要途径。林下经济是一种综合性的经济模式，涉及多个产业领域，如林业、农业、畜牧业、旅游业等。发展林下经济可以促进农村产业结构调整，推动农村经济的多元化发展。发展林下经济可以引导农民转向林业、畜牧业等领域，增加就业机会和收入来源。例如，在林下种植中药材、菌类等，可以引导农民转向林业产业；在林下养殖土鸡等，可以引导农民转向畜牧业产业。同时，林下经济还可以带动相关产业的发展，如加工、物流等，进一步提高农村的产业结构调整水平。

(4) 林下经济是推进乡村振兴战略的重要力量。乡村振兴战略是当前我国农村发展的重要战略，其核心是推进农村经济、社会、文化的全面发展。林下经济作为一种新型经济模式，可以为乡村振兴战略提供重要支持。第一，林下经济可以促进农村经济的发展，提高农民的收入水平。第二，林下经济可以促进农村社会的和谐稳定。通过发展林下经济，可以增加农民的就业机会和收入来源，促进农村社会的和谐稳定，提高农民的幸福感。第三，林下经济可以促进农村文化的传承和发展。在林下经济中，可以开展各种文化活动，如森林旅游、民俗文化展示等，传承和发展农村文化，提高农民的文化素质。

林下经济的发展能够促进林业的发展和生态保护，实现经济效益和生态效益的双赢。因此，我们应该加大对林下经济的支持和投入，推动林下经济的发展，为实现农林业可持续发展和农村经济发展作出更大的贡献。

第4章 林下经济学的理论基础

4.1 生态学理论

生态学的历史可以追溯到古代。早在公元前300年，亚里士多德就提出了生物与环境之间相互作用的观念。18世纪后，随着科学技术的不断发展，人们对生态学的认识不断深化。1866年，德国生物学家海克尔（Haeckel）首次提出了"生态学"这个概念，将其定义为研究生物与环境之间相互作用的科学。20世纪是生态学发展的黄金时期。1935年，英国生态学家亚历山大（A. G. Alexander）提出了"生态学是研究生物与其生存环境之间相互关系的科学"。这个定义被广泛接受，成为生态学的经典定义。此后，生态学迅速发展，成为一门独立的学科。

下面从林下经济系统的生态学定义、林下经济系统的能量流动、林下经济系统的物质循环、林下经济系统的生物多样性等方面进行介绍。

4.1.1 林下经济系统的生态学定义

生态学是一门研究生物与环境之间相互关系的科学。它探究生物如何适应其生存的环境，以及生物如何影响其周围的环境。生态学不仅关注单个生物体与其环境之间的关系，还关注生物种群、群落和生态系统等更广泛的层面。

生态学的研究范围非常广泛，包括生物种群的数量变化、生物之间的相互作用、生物对环境的适应机制，以及生态系统中的能量流动和物质循环等。生态学家通过研究这些方面，以揭示生物与环境之间的相互作用关系，并探究生态系统如何维持其稳定性和功能。生态平衡是生态学中的一个重要概念，是指生态系统在一定时间内结构和功能相对稳定的状态。在这种状态下，生态系统内的各个组成部分相互协调，能量流动和物质循环保持相对稳定。然而，人类活动和其他外部因素常常导致生态平衡被破坏。因此，生态学家也致力于研究如何恢复和保护生态系统，以维护地球的生态平衡。

此外，生态学还涉及生物多样性的保护和可持续发展的理念。生物多样性是指生物种群和群落的多样性，以及生态系统结构和功能的多样性。保护生物多样性对于维护生态系统的稳定性和健康至关重要。同时，可持续发展强调在满足当代人类需求的同时，不损害未来世代的需求，这是生态学研究的一个重要目标。

在林下经济领域，生态学理论的主要研究内容包括林下经济的生态学基础、林下经济的生态设计与规划、林下经济的生态管理、林下经济的生态恢复与保护等方面。首先，需要了解林下生态系统的结构、功能和动态变化规律，掌握不同生物种群之间的相互作用关系，以及环境因素对生物生长和发育的影响机制。在此基础上，进行林下经济的生态设计与规划，合理配置资源，优化生产布局，提高林下经济的生态效益和经济效益。同时，需要采取有效的生态管理措施，包括有害生物防治、森林防火、土壤和水源保护等，以保障林下经济的可持续发展。此外，还应重视林下经济的生态恢复与保护工作，通过退耕还林、植树造林等措施，恢复受损的生态系统，保护生物多样性，提高森林的碳汇功能和生态服务价值。

在实际应用中，林下经济生态学理论可以为发展林下经济提供重要的科学依据和实践指导。首先，在选择适宜的林下经济作物时，应充分考虑其生物学特性和生态适应性，以确保其在林下环境中能够正常生长和发育。同时，应遵循生态平衡原则，合理配置林下作物的种类和数量，避免过度开发或破坏生态环境。其次，在制订林下经济发展规划时，应将生态学原理与经济发展相结合，进行综合评估和优化设计。例如，可以根据当地的气候、土壤、水资源等条件，制订适宜的种植和养殖计划，以提高林下经济的产量和质量。此外，在实施林下经济管理时，应注重采用生态友好的管理措施和技术手段，如生物防治、有机肥料等，以减少对环境的负面影响。同时要加大宣传教育力度，提高公众的环保意识和参与度，形成全社会共同参与的良好氛围。

在林下经济(复合农林业)发展的过程中，由于对其内涵的理解和认识的不同，造成对复合农林业生态系统的定义各不相同，具有代表性的观点有以下几种：

(1)澳大利亚里德(R. Reid)和威尔逊(G. Wilson)认为，农用林业是在同一土地上农业与林业的综合，也就是在同一时候或按次序把畜牧、农作物置于稀植的树木之下。

(2)国际树作物研究所(ITCI)提出，农用林业是为了农业、环境保护和乡村发展栽植生产粮食、饲料、薪炭和防护林等多种用途的乔木和灌木。目的在于增加边际土地的生产力以及保持水土和能源。

(3)国际农用林业研究委员会(ICRAF)提出，农用林业是一种土地利用技术和系统(制度)的复合名称，是有目的地把多年生木本植物(乔木、灌木、棕榈和竹子等)与农业和牧业用于同一土地经营单位，并采取同一或短期相同的经营方式，在农用林业系统中，在不同组成之间存在着生态学和经济学方面的相互作用。

(4)蒋建平认为，农用林业应称为农林业系统工程，并将其定义为：在同一土地经营单位上，把多年生木本植物和一年生农作物结合在一起，形成独具特色的土地经营特殊方式(制度)。它是以生态学为基础探讨农林结合的水、肥、光、热的动态规律和结构模式，采取集约化栽培技术和经营治理措施，建立比较稳定的人工生态系统或农林业系统工程，获得最佳的生态效益、经济效益和社会效益。

(5)雍文涛把农用林业称作农林复合经营，定义为：就是要在一定的土地面积上采用农林结合，将不同的作物、树木在时间上、空间上、品种上合理搭配，最大限度地利用土壤、阳光、水分等自然力作用，以取得尽可能多的生物产量。这里重要的是要在耕作方针上作相应的调整，需要增加劳动投入，但不需要很多的生产资料等资金投入，是一种充分利用自然力的劳动密集型集约经营方式，它是把农业和林业都依赖自然力这一共性巧妙地结合在一起，并且能够互相弥补、互相促进。

（6）熊文愈认为，根据经营者的目的要求、当地的自然条件和社会经济背景以及经营对象的性质、功能，按空间位置和时间、季节次序加以合理的组合安排，补充必要的物质能源，使之成为相互促进、连锁反应、循环利用、多级生产、稳定高产的人工复合生态系统，既可提高农林产品的数量和质量，又可采取同一或短期相同的经营方式。在农用林业系统中，在不同组成之间存在着生态学和经济学方面的相互作用。

（7）竺肇华、陈建武认为，农用林业是一种土地利用技术和系统（制度）的复合名称，是有目的地把多年生木本植物（乔木、灌木等）栽植于同一土地经营单位，并采取同一或短期相同的经营方式。在农用林业系统中，不同组成之间存在着生态学和经济学方面的相互作用。

（8）侯治溥认为，混农林业不仅包括农林间作的内容，同时还包括建立农田防护林、薪炭林、小片用材林及经济林等，目的是既生产农林产品，又保护生态环境，求得土地的最佳利用。

（9）薛建辉认为，混农林业是遵循生态学原理，按照人们的经营目的，将组成系统的各单元有机地结合起来，以协调系统的综合功能，最大限度地发挥系统的效益而建立的复合系统。

以上列举的几种关于复合农林业生态系统的定义，尽管各自的侧重点有所不同，但从总体上都体现了林下经济在生态学范畴内的主要内容。

4.1.2　林下经济系统的能量流动

能量是生态系统存在和发展的基础，影响着生物的生长、发育、繁殖等一切生命活动。林下生态系统中的能量流动是由太阳能驱动的，是以光合作用为起点，通过生产者、消费者和分解者的参与，完成能量的转化和传递。

4.1.2.1　能量流动的起点：光合作用

光合作用是林下生态系统中最基本的能量流动过程。在光合作用中，绿色植物吸收太阳能，利用光能将二氧化碳和水转化为有机物和氧气。这个过程是生态系统中最关键的一环，因为植物通过这个过程将原本无法利用的太阳能转化为生物可利用的化学能。在林下生态系统中，光合作用主要发生在植物群落中，但也涉及一些光合细菌和藻类等生物。

4.1.2.2　能量流动的途径：食物链和食物网

在林下生态系统中，能量流动的主要途径是食物链和食物网。食物链是指一系列捕食关系组成的食物链条，通常由生产者、初级消费者（植食动物）和次级消费者（肉食动物）等不同营养级组成。食物网则是由多个食物链交织在一起形成的复杂网络，代表了生态系统中能量流动和物质循环的复杂性。在食物链和食物网中，生物通过捕食和被捕食的关系传递能量，实现能量的逐级传递。

4.1.2.3 能量流动的特点：单向流动、逐级递减

在林下生态系统中，能量流动具有单向流动和逐级递减的特点。单向流动是指能量只能从低营养级流向高营养级，不能逆向流动。逐级递减则是指在每一营养级的能量传递过程中，都有一部分能量被消耗或遗弃，导致能量在传递过程中逐渐减少。在林下生态系统中，由于食物链较长和生物多样性的存在，能量在传递过程中的损失较大，只有少部分能量能够到达顶极掠食者。

4.1.2.4 能量流动的影响因素

(1)光照。光照是影响植物光合作用的关键因素，也直接影响着林下生态系统中的能量流动。光照强度和光照时间对植物的生长和能量转化有重要作用。在光照充足的条件下，植物能够快速生长并高效地进行光合作用；反之，在光照不足的条件下，植物生长缓慢，光合作用效率降低。

(2)温度。温度是影响林下生态系统能量流动的另一重要因素。温度对生物的新陈代谢速率有显著影响。在适宜的温度范围内，生物能够进行正常的生命活动并维持较高的能量转化效率，而过高或过低的温度都可能导致生物代谢速率下降甚至停止，影响能量流动。

(3)湿度。湿度对林下生态系统的能量流动也有一定影响。湿度决定了空气中水蒸气的含量，进而影响植物蒸腾作用和光合作用的效率。在湿度适中的条件下，植物能够高效地进行水分吸收和气体交换，而过高或过低的湿度都可能导致植物正常生理功能受损。

(4)物种多样性。物种多样性对林下生态系统中的能量流动也有重要影响。物种多样性高的生态系统能够更好地适应环境变化，提高生态系统的稳定性和可持续性。同时，物种多样性也能增加生态系统中食物链和食物网的复杂性，提高能量的利用效率和传递效率。

(5)人为干扰。人类活动对林下生态系统的能量流动具有显著影响。人类的砍伐、开垦等活动破坏了生态系统的自然平衡，导致生态系统中的能量流动受到干扰甚至中断。因此，在发展林下经济和保护生态环境的过程中，需要充分考虑人为干扰对生态系统能量流动的影响。

4.1.2.5 能量流动对林下经济发展的意义

(1)维持生态平衡。能量流动是维持林下生态系统平衡的重要机制之一。通过合理地调控能量流动的方向和强度，可以保证生态系统中的物质循环和物种多样性的稳定，从而维护生态平衡。

(2)提高资源利用效率。通过深入了解林下生态系统的能量流动规律，可以更好地指导人们合理利用自然资源。例如，可以根据食物链和食物网的能量传递效率来合理配置物种资源，提高整个生态系统的资源利用效率。

(3)保护生态环境。保护林下生态系统的能量流动对于保护生态环境具有重要意义。通过保护和维护生态系统的平衡与稳定，可以减少人类活动对生态环境的破坏，从而保护生物多样性，保持自然资源的可持续利用。

(4)促进生态经济发展。了解林下生态系统的能量流动规律可以为生态经济的可持续发展提供科学依据。例如，可以根据生态系统的能量流动特点来规划和管理林下经济、发展生态旅游等经济活动，实现经济效益和生态效益的双赢。

(5)推动生态文明建设。研究林下生态系统的能量流动有助于推动生态文明建设。通过普及生态系统科学知识、提高人们的环保意识等途径，可以促进全社会共同参与生态文明建设，实现人与自然和谐共生的美好愿景。

4.1.3 林下经济系统的物质循环

林下生态系统中的物质循环是一个复杂的过程，涉及多个环节和多种元素的循环利用。物质循环是生态系统维持稳定发展的基础，保证了生态系统中的生物能够获得所需的营养物质，同时也维持了生态平衡。

4.1.3.1 物质循环的起点：生产者

在林下生态系统中，生产者主要是指绿色植物。植物通过光合作用将太阳能转化为化学能，并利用这种能量将二氧化碳和水转化为有机物，为整个生态系统提供了基础的食物来源。

4.1.3.2 物质循环的途径：食物链和食物网

在林下生态系统中，物质循环的主要途径也是食物链和食物网。在食物链和食物网中，生物通过捕食和被捕食的关系传递能量和物质，实现物质的循环利用。

4.1.3.3 物质循环的特点：循环利用和转化

在林下生态系统中，物质循环具有循环利用和转化的特点。通过食物链和食物网，物质在生态系统中的不同营养级之间传递和转化。生产者通过光合作用将二氧化碳转化为有机物；初级消费者通过摄食生产者的有机物进行生长和繁殖；次级消费者则以初级消费者为食，形成一个有序的食物链。在物质循环的过程中，物质不断地被利用、转化和再利用，从而实现物质的循环利用。

4.1.3.4 物质循环的影响因素

(1)气候条件。气候条件是影响林下生态系统物质循环的重要因素之一。温度、湿度、降水量等气候因子直接影响着植物的生长和代谢速率，进而影响光合作用的效率和物质的生产量。同时，气候条件也影响着土壤微生物的数量、活性和分解速率，从而影响物质的循环速率。

(2)土壤条件。土壤条件对林下生态系统的物质循环也有重要影响。土壤的理化性质、养分含量、水分状况等都直接关系到植物的生长和物质的分解与转化。肥沃的土壤能够提供丰富的营养物质，促进植物的生长和物质的循环；贫瘠的土壤则可能导致物质循环受阻。

(3)生物多样性。生物多样性对林下生态系统的物质循环具有重要影响。物种多样性高的生态系统能够更好地适应环境变化,提高生态系统的稳定性和可持续性。同时,丰富的物种多样性也能促进不同生物之间的协同作用,加快物质的循环和转化速率。

(4)人为干扰。人类活动对林下生态系统的物质循环具有显著影响。人类的砍伐、开垦等活动破坏了生态系统的自然平衡,导致物质循环受阻或中断。因此,在发展林下经济和保护生态环境的过程中,需要充分考虑人为干扰对生态系统物质循环的影响。

4.1.3.5 物质循环对林下经济发展的意义

(1)维护生态系统稳定性和可持续性。物质循环是生态系统的基础,通过物质循环,生态系统中的能量和营养物质得以传递和转化,有助于维持生态平衡和生物多样性。

(2)提高资源利用效率。在林下经济中,不同生物之间形成共生关系,通过物质循环实现资源的优化配置,有助于提高资源利用效率,减少环境污染和资源浪费。

(3)减少环境污染。林下经济通过合理的植物配置和生态修复,可以减少化肥和农药的使用量,降低对环境的污染。同时,将废弃物转化为有机肥料或生物质能等资源,实现废弃物的减量化、资源化。

(4)推动生态文明建设。林下经济作为绿色发展的一种重要模式,通过发展生态林业、农业和养殖业等产业,可以保护生态环境、提高生态服务功能、促进生态经济发展。同时,可通过科普教育、生态旅游等方式提高公众的环保意识和生态文明意识,推动全社会共同参与生态文明建设。

(5)促进科研和技术创新。为了更好地发挥物质循环在林下经济中的作用,需要不断探索新的物质循环模式和新的资源利用方式,通过加强科研和技术创新,提高资源利用效率和物质循环效率。

4.1.4 林下经济系统的生物多样性

林下经济系统的生物多样性是林下经济生态学理论的重要组成部分,它强调在林下经济发展中保护和利用生物多样性,以提高生态系统的稳定性和可持续性。

生物多样性是指在一定区域内生物种类的丰富程度和生态系统的复杂性。它包括遗传多样性、物种多样性和生态系统多样性三个层次。遗传多样性是指种内基因的变化和多样性;物种多样性是指某一区域内物种的丰富程度;生态系统多样性则是指生态系统类型的多样性和生态过程的复杂性。

生物多样性具有重要的生态学意义。首先,生物多样性可以提高生态系统的稳定性。多种生物共同存在,相互依存,形成了一个复杂的网络,有助于抵抗外界干扰,保持生态平衡。其次,生物多样性可以提高生态系统的生产力和自我维持能力。不同物种在生态系统中扮演着不同的角色,有的物种是生产者,有的物种是消费者,有的物种是分解者。这些物种通过相互作用,提高了生态系统的生产力和自我维持能力。最后,生物多样性还具有文化、经济和科学价值。许多物种具有观赏价值、药用价值和文化价值，同时，生物多样性也是科学研究的宝贵资源。

　　林下经济系统的生物多样性对于维护生态平衡、提高经济效益和促进可持续发展具有重要的意义。首先，林下经济系统的生物多样性有助于维护生态平衡。在林下经济生态系统中，不同物种之间形成了一个复杂的网络，通过相互依存和相互作用，维持着生态平衡。保护和利用生物多样性可以增强生态系统的稳定性和自我调节能力，减少外界干扰对生态系统的影响。其次，林下经济系统的生物多样性可以提高经济效益。在林下经济中，多种生物共同存在，形成了一个丰富的资源库。通过合理利用这些资源，可以开发出多种产品和服务，提高经济效益。例如，林下种植、林下养殖、相关产品采集加工等产业可以创造就业机会，增加农民收入。同时，生物多样性还可以促进森林旅游、森林康养、森林研学等新兴产业的发展。最后，林下经济系统的生物多样性有助于促进可持续发展。保护和利用林下经济系统的生物多样性可以促进生态、经济和社会的协调发展，实现可持续发展的目标。通过合理利用生物资源，可以促进生态林业、生态旅游等绿色产业的发展，推动经济转型和升级。同时，保护生物多样性也可以提高人类的生活质量和社会福祉。

　　为了更好地发挥林下经济系统生物多样性的作用，需要采取一系列保护和利用措施。首先，要加强法律法规建设，制定和完善相关法律法规，为保护和利用生物多样性提供法律保障。同时，要加大执法力度，打击非法捕猎、砍伐等破坏生物多样性的行为。其次，要强化教育和宣传工作，提高公众对生物多样性的认识和保护意识。通过开展科普活动、举办展览等方式，让公众了解生物多样性的重要性和保护方法，增强其参与保护和利用生物多样性的积极性。再次，要推动科技创新和成果转化。通过科研和技术创新，探索新的保护和利用生物多样性的方法和技术手段。同时，要加强科技成果的转化和应用，将科研成果转化为实际的生产力和经济效益。例如，可以通过培育优良品种、推广生态农林业技术等措施提高林下经济的产量和质量。最后，要建立健全监测和评估体系。对林下经济系统的生物多样性进行长期监测和评估，及时掌握生物多样性的变化情况和发展趋势。根据监测和评估结果，制订相应的保护和利用措施，确保林下经济生物多样性的可持续发展。

4.2　经济学理论

　　经济学理论是经济学学科的基础和核心，是解释经济现象和预测经济行为的重要工具。经济学理论的发展经历了多个阶段，从古典经济学到现代经济学，不断发展和完善。下面从经济学的定义、经济学理论的分类、经济学理论的发展历程、经济学理论对林下经济发展的重要性以及经济学理论在林下经济中的运用等方面进行阐述。

4.2.1　经济学的定义

　　经济学的研究方向主要分为理论经济学和应用经济学两大类。理论经济学侧重于经济理论问题的研究，包括西方经济学，政治经济学，世界经济，经济思想史，人口、资源与环境经济学，等等。应用经济学作为经济学学科门类下的一级学科，主要运用理论经济学的基本原理来研究国民经济的各个部门和各个专业领域的经济活动和经济关系的规律。不仅如此，它还对非经济活动领域进行经济效益、社会效益的分析，从而建立起各种经济学科。

应用经济学领域包括许多学科，如国民经济学、区域经济学、财政学、金融学、产业经济学、国际贸易学、劳动经济学、统计学、数量经济学和国防经济学等10个二级学科。这些学科各自独立，但又相互关联，共同构成了应用经济学的庞大体系。应用经济学还可以根据研究的具体领域被细分为6个分支。比如有以国民经济各个部门的经济活动为研究对象的学科，如农业经济学、工业经济学等；还有以国民经济各个部门带有一定综合性的专业经济活动为研究对象的学科，如计划经济学等；再如以地区性经济活动为研究对象的学科，如城市经济学等；以及以国际间的经济活动为研究对象的学科，如国际经济学及其分支等。此外，还有以企业经营管理活动为研究对象的学科，以及与非经济学科交叉联结的边缘经济学科。

从林下经济的角度看，经济学是一种全面、平衡地考虑自然资源和生态环境因素，寻求经济活动与生态保护和谐共生的科学。在林下经济的视角下，经济学不仅涉及财富的创造和分配，更关乎如何合理、可持续地利用自然资源，如何通过经济活动维护和增强生态系统的健康和活力。它要求我们重新思考经济发展的模式，将生态环境的价值纳入经济决策中，实现经济发展与生态保护的双赢。在这种观念下，经济学不仅仅关注短期的经济利益，更重视长期的可持续发展。它要求我们充分认识到自然资源的有限性，通过合理的资源配置和高效的利用方式，实现经济的持续增长。同时，经济学也强调社会公平和公正，确保所有人的经济活动都能在尊重生态环境的基础上进行。

4.2.2 经济学理论的分类

林下经济是一种以林木、林地和森林生态环境为基础，在不破坏生态环境的前提下，充分利用林下资源，提高林地利用率和经济效益的经济活动。按照林下经济的特点，经济学理论可以分为以下三类：

(1)传统林业经济学理论。传统林业经济学理论是研究林业生产过程中经济规律和经济管理的理论体系。林下经济作为林业生产的一种形式，同样遵循这些理论。其中，一些重要的理论包括：①林地利用理论。该理论强调林地利用的合理性和高效性，研究如何在有限的林地资源中实现最大产出和效益。在林下经济中，林地利用理论同样适用，如何合理利用林下空间，实现林地的高效利用，是林地利用理论的重要内容。②林业生态理论。林业生态理论主要研究林业生产中生物、环境、经济之间的相互关系和规律。在林下经济中，如何实现生态环境的保护和生物多样性的维护，是林业生态理论的重要内容。③林业经济学。林业经济学是研究林业生产中经济规律和经济管理的学科,主要研究林业生产的投入、产出、价格、市场、政策等问题。林下经济作为林业经济的一部分,其经济管理同样遵循林业经济学的原理和方法。

(2)环境经济学理论。环境经济学是研究环境和经济发展的相互关系的学科,它以经济学的理论和方法来研究环境问题,寻求经济发展与环境保护的协调统一。在林下经济的发展中,环境经济学理论同样有着重要的应用。其中,一些重要的理论包括:①环境资源价值理论。该理论认为环境资源是有价值的,应将环境资源的价值纳入经济发展的成本中。在林下经济的发展中,如何评估森林环境资源的价值,并将其纳入林下经济生产的成本中,是环境资源价值理论的重要内容。②生态补偿理论。该理论认为在经济发展过程中对环境造成破坏或占用资源的行为,应当进行生态补偿,以实现环境和经济的协调发展。在林下经济的发展中,如何对森林生态环境进行补偿,以实现生态环境的持续利用,是生态补偿理论的重要内容。③环境污染控制理论。该理论主要研究如何通过经济手段来控制和减少环境污染。在林下经济的发展中,如何通过经济手段来控制和减少对森林生态环境造成的破坏或污染,是环境污染控制理论的重要内容。

(3)产业经济学理论。产业经济学是研究产业组织、产业结构、产业布局、产业政策等问题的学科。在林下经济的发展中,产业经济学理论同样有着广泛的应用。以下是一些重要的产业经济学理论:①产业组织理论。该理论主要研究产业内部的组织形式、竞争与垄断的关系以及产业结构的形成和演变等问题。在林下经济的发展中,如何选择合适的产业组织形式,提高产业的竞争力和效益,是产业组织理论的重要内容。②产业结构理论。该理论主要研究产业之间的关系、产业的分类和发展等问题。在林下经济的发展中,如何优化产业结构、促进产业之间协调发展,是产业结构理论的重要内容。③产业布局理论。该理论主要研究产业的地理分布、空间布局和协同发展等问题。在林下经济的发展中,如何根据各地不同的水、气、热等自然条件,做好各地的区划、规划,是产业布局理论的重要内容。

4.2.3 经济学理论的发展历程

经济学作为一门独立的学科,其发展经历了多个阶段,从早期古典经济学家的奠基性工作到现代数量化、精细化的研究,其理论体系和方法论不断丰富和发展。以下是对经济学理论发展历程的简要概述。

(1)早期经济学阶段。18世纪末至19世纪初,经济学开始成为一门独立的学科。这一时期的代表人物包括亚当·斯密(Adam Smith)和大卫·李嘉图(David Ricardo)。他们提出了古典经济学的基本原理和方法,如自由市场、自由竞争、劳动价值论等。

(2)边际革命阶段。19世纪中叶,经济学经历了一场被称为"边际革命"的重要变革。这一时期的代表人物包括威廉姆·斯坦利·杰文斯(William Stanley Jevons)、卡尔·门格尔(Carl Menger)和约翰·贝茨·克拉克(John Bates Clark)等。他们提出了边际效用理论和新古典经济学的一些基本原理,如边际分析、供求均衡、市场出清等。

(3)现代经济学阶段。20世纪初到中期,经济学进入了一个新的发展阶段——现代经济学阶段。这一时期的代表人物包括阿尔弗雷德·马歇尔(Alfred Marshall)、阿瑟·塞西尔·庇古(Arthur Cecil Pigou)、约翰·梅纳德·凯恩斯(John Maynard Keynes)等。他们建立了更为精细和复杂的理论体系,如微观经济学、宏观经济学、计量经济学等。

(4)后工业革命时期和现代经济学阶段。20世纪70年代以后,随着工业革命时期的结束和信息时代的到来,经济学逐渐进入了一个新的发展阶段——后工业革命时期和现代经济学阶段。这一时期的代表人物包括弗里德里希·哈耶克(Friedrich Hayek)、米尔顿·弗里德曼(Milton Friedman)、詹姆斯·托宾(James Tobin)等。他们提出了新的经济学原理和方法,如新自由主义、新制度经济学、行为经济学等。

(5)当代经济学阶段。21世纪初,随着全球化、信息化和知识经济的不断发展,经济学进入了一个新的发展阶段——当代经济学阶段。这一时期的代表人物包括约瑟夫·斯蒂格利茨(Joseph Stiglitz)、保罗·克鲁格曼(Paul Krugman)、丹尼尔·卡尼曼(Daniel Kahneman)等。他们提出了更为精细和复杂的理论体系和方法论,如新凯恩斯主义、新古典宏观经济学、行为与实验经济学等。

各个时期的代表人物都为经济学理论的发展作出了重要的贡献。随着时代的变迁和经济社会的发展,经济学理论将继续不断发展和完善,以更好地适应人类社会发展的需要。

4.2.4 经济学理论对林下经济发展的重要性

经济学理论对林下经济发展具有至关重要的指导意义。林下经济作为一种可持续的林业发展模式,旨在充分利用林下资源,发展林下种植、林下养殖、相关产品采集加工、森林景观利用等,实现林业的多元化经营和生态效益、经济效益、社会效益的统一。在这一过程中,经济学理论为林下经济的发展提供了重要的理论基础和实践指导。

(1)经济学理论指导林下经济的资源配置。在林下经济的发展中,资源的合理配置是关键。通过市场机制和政府宏观干预,经济学理论可以帮助确定林下经济的经营模式、投资规模和产业结构,实现资源的优化配置。例如,根据比较优势理论,林下经济可以专注于具有比较优势的产业,提高资源利用效率,实现经济的可持续发展。

(2)经济学理论为林下经济提供市场分析。林下经济的发展离不开市场需求的分析。经济学理论中的市场分析工具可以帮助林下经济的经营者了解市场需求、预测市场趋势,制定科学合理的营销策略。例如,通过运用供需模型,可以分析林下产品的价格和供求关系,为林下经济的生产决策提供依据。

(3)经济学理论为林下经济提供风险管理策略。林下经济的发展面临诸多风险,如自然灾害、市场风险等。经济学理论中的风险管理策略可以帮助林下经济的经营者识别和评估风险,制定相应的风险防范措施。例如,运用风险管理工具和技术,可以降低林下经济的经营风险,提高其抵御风险的能力。

(4)经济学理论还为林下经济提供政策建议。在发展林下经济的过程中,政府和相关部门需要制定一系列政策和措施为其提供支持和引导。经济学理论可以为这些政策和措施提供科学的依据和建议,确保林下经济健康、可持续发展。例如,运用财政政策、货币政策等经济学工具,可以有效地推动林下经济的发展和壮大。

4.2.5 经济学理论在林下经济中的运用

经济学理论在林下经济中的运用非常广泛,涉及森林资源保护与管理、林下经济发展规划、森林景观利用的开发和林业与农业协调发展等多个方面。

4.2.5.1 森林资源保护与管理

经济学理论可以帮助我们更好地保护和管理森林资源,包括森林生态系统、生物多样性、景观格局等方面。通过分析森林资源的供给和需求关系,可以预测森林资源的供应情况,并制定出科学合理的森林资源管理策略,以实现森林资源的可持续利用。

(1)经济学理论强调森林资源的可持续利用。经济学理论提倡在保护和管理森林资源的同时,实现森林资源的长期稳定供应,以满足人类发展的需求。通过科学合理的规划和布局,可以实现森林资源的优化配置和高效利用,避免过度开发和浪费。

(2)经济学理论注重森林生态系统的整体性。经济学理论认为森林是一个复杂的生态系统,各个组成部分相互依存、相互影响。因此,在保护和管理森林资源时,需要综合考虑生态系统内的各种因素,采取综合性的管理措施,以维护生态系统的平衡和稳定。

(3)经济学理论提倡社会参与和合作。经济学理论认为森林资源的保护和管理需要政府、企业和社会各方共同参与和合作。政府需要制定科学合理的政策和法规,鼓励企业和社会各方参与森林资源的保护和管理。同时,企业和社会各方也可以通过各种方式,如生态旅游、志愿者活动等,为森林资源的保护和管理贡献力量。

4.2.5.2 林下经济发展规划

经济学理论可以为林下经济发展规划提供指导和支持,包括林下经济的结构调整、产业布局优化、产业组织管理等。通过分析林下经济的供给和需求关系,可以制定出科学合理的林下经济发展规划,提高林下经济的经济效益和竞争力。

(1)经济学理论强调林下经济发展的可持续性,提倡在保护森林资源的前提下,对其合理利用,实现林下经济的可持续发展。这为林下经济发展规划提供了重要的指导思想。

(2)经济学理论提倡因地制宜发展林下经济。根据不同地区的地理、气候、资源等特点,制定适合当地发展的林下经济规划。这样可以充分发挥当地资源优势,提高林下经济的经济效益和生态效益。

(3)经济学理论还注重林下经济结构的优化。经济学理论提倡发展多元化、复合型的林下经济,如林下种植、林下养殖、相关产品采集加工、森林景观利用等,以提高林下经济的综合效益。同时，鼓励企业加大科技投入，提高林下经济产品的附加值和市场竞争力。

4.2.5.3 森林景观利用的开发

经济学理论可以为森林景观利用的开发提供指导和支持，包括森林景观资源评价、森林景观利用市场分析、林下经济产品开发等。通过分析森林景观利用的供给和需求关系，可以制定出科学合理的森林景观利用开发计划，提高森林景观利用的经济效益和社会效益。

在开发森林景观利用时，应综合考虑森林生态系统的各种因素，避免过度开发和破坏生态环境。同时，要注重保护森林资源和生态环境，实现森林景观利用的可持续发展。不同地区的森林资源和生态环境不同，应根据当地实际情况制定适合当地发展的森林景观利用规划。这样可以充分发挥当地资源优势，提高森林景观利用的经济效益和生态效益。政府、企业和社会各方应该共同参与森林景观利用的开发和管理，形成合力，共同推动森林景观利用的可持续发展。同时，鼓励企业加大科技投入，提高森林景观利用的附加值和市场竞争力。

4.2.5.4 林业与农业协调发展

经济学理论可以为林业与农业的协调发展提供指导和支持，包括林业与农业的产业结构调整、资源共享、产业融合等。通过分析林业与农业的供给和需求关系，可以制定出科学合理的协调发展计划，提高林业与农业的综合效益和竞争力。

(1)经济学理论强调林业与农业的互补性。林业和农业是两个不同的产业，但它们在资源利用、生态保护等方面有很多共同点。林下经济学理论提倡林业与农业的协调发展，通过合理规划和管理，实现林业与农业的优势互补，提高资源利用效率和生态效益。林业和农业在生态系统中扮演着不同的角色，林业主要提供木材和生态服务，而农业主要提供食物和纤维等农产品。林下经济学理论提倡在发展林业和农业的同时，注重生态平衡和环境保护，避免过度开发和破坏。

(2)经济学理论还注重林业与农业的经济效益和社会效益的平衡。林业和农业的发展应该考虑经济效益和社会效益的平衡。林下经济学理论提倡在发展林业和农业的同时，注重提高农民和林区居民的生活水平，推动农村经济发展和社会进步。

4.3 社会学理论

社会学是一门研究社会现象和行为的学科，涉及社会结构、社会关系、社会制度、社会问题等多个方面。社会学理论是社会学学科的重要组成部分，通过对社会现象和行为的深入研究和分析，形成了一系列具有代表性的理论和方法，指导我们对社会现象和行为进行理解和解释。

社会学是一门独立的学科，具有自身独特性。首先，社会学的研究对象是社会现象，这种现象是由人类社会的各种因素决定的，包括社会结构、社会制度、社会文化、社会行为、社会心理等方面。其次，社会学的研究范围广泛，涉及人类社会的各个方面，包括家庭、社区、国家、经济、政治、文化等。最后，社会学的研究方法具有独特性，强调实地调查和定量分析方法，通过收集数据和资料，对社会现象进行深入的分析和研究。

社会学理论是社会学家思想的结晶，是人们对社会现象及其本质、原因、功能和变迁的深入理解和探索。社会学理论从孔德的实证主义到吉登斯的结构化理论，从严复的《群学肄言》到孙立平的《断裂》三部曲，经历了近200年的历史。在这个过程中，众多社会学家留下了各式各样的思想，其中有些形成了独特的门派，如结构功能主义、冲突论、互动论等。社会学理论主要分为三个部分：纯粹社会学、应用社会学和经验社会学。纯粹社会学主要研究社会生活的构成及其形态，如关注公社与社会两种基本形态，通过深入研究社会本质、社会价值、社会规范、社会相关物等，揭示了社会的内在规律和演化机制。应用社会学则更注重利用社会学的概念来理解当前的状况和历史的变迁，并最终理解人类社会的总发展。通过分析社会现象和问题，研究社会的形成、发展和变迁，从而预测和引导未来的社会发展。经验社会学主要研究消极的关系和社会病态现象。通过观察和分析实际的社会现象和社会问题，提供对社会现象和社会问题的深入理解和解释。本书从以下四个方面介绍社会学理论的框架结构及其在林下经济中的运用：

4.3.1 社会结构理论及其在林下经济中的运用

社会结构理论是社会学理论的基础和核心，主要研究社会的层次结构、群体结构和角色结构。社会结构理论认为，社会是由不同的层次、群体和角色组成的复杂体系，这些层次、群体和角色之间存在着相互作用、相互依存和相互制约的关系。

（1）社会阶层理论主要研究社会层次的分布和变化，认为社会阶层是由经济地位、社会地位和政治地位等因素决定的。社会阶层理论关注社会分层对人们的社会地位和生活机会的影响，揭示了社会不平等的现象及其产生的原因。

（2）社会群体理论主要研究社会群体的形成和变化，认为社会群体是由共同的文化、价值和利益等因素组成的。社会群体理论关注社会群体对个体行为和社会发展的影响，揭示了社会群体在社会发展中的作用和地位。

（3）社会角色理论主要研究社会角色的形成和变化，认为社会角色是由社会地位、社会身份和权力等因素决定的。社会角色理论关注社会角色对个体行为和社会发展的影响，揭示了社会角色在社会发展中的作用和地位。

社会结构理论在林下经济中有着重要的运用。首先，社会结构理论可以帮助我们理解不同社会阶层在林下经济中的地位和作用。例如，贫困地区的人们可能更依赖于林下经济作为主要的收入来源，而富裕地区的人们则可能更注重林下经济的休闲和娱乐功能。其次，社会结构理论还可以指导林下经济发展中合理配置资源，通过了解不同社会阶层的需求和利益诉求，我们可以制定更加公平和可持续的林下经济发展策略，确保各个阶层都能从中受益。最后，社会结构理论还可以帮助我们发现和解决林下经济发展中的社会问题，例如，通过分析不同社会阶层在林下经济中的互动关系，我们可以发现可能存在的社会不公和冲突，并采取相应的措施加以解决。

4.3.2　社会行动理论及其在林下经济中的运用

社会行动理论主要研究人类的社会行为和社会互动，认为人类的行为是由社会环境和文化影响所决定的。

(1)符号互动理论主要研究人类符号的意义和交流，认为人类行为是由符号的互动和交流所决定的。

(2)社会认知理论主要研究人类行为的认知和理解，认为人类行为是由认知的过程和结果所决定的。

社会行动理论可以帮助我们深入了解个体和群体在林下经济活动中的行为动机和决策过程。例如，该理论可以解释为什么某些人愿意参与林下经济的发展，以及他们是如何与其他利益相关者互动和合作的。社会行动理论还可以指导我们如何通过合理的政策和措施来激励和引导社会行动者参与林下经济活动。通过了解他们的需求和利益诉求，我们可以制定更加有针对性的政策和措施，促进林下经济的可持续发展。

4.3.3　社会制度理论及其在林下经济中的运用

社会制度理论主要研究社会的制度和文化，认为社会制度是由一系列的文化、价值和规范所构成的。

(1)文化主义理论主要研究文化的形成和传承，认为文化是由一系列的价值观、信仰和习俗所构成的。文化主义理论关注文化的传承和创新过程，揭示了文化在社会发展中的作用和地位。

(2)制度主义理论主要研究制度的形成和变化，认为制度是由一系列的规则、程序和规范所构成的。制度主义理论关注制度的稳定和变化过程，揭示了制度在社会发展中的作用和地位。

社会制度理论强调社会结构和规则对个体和群体的行为和决策的制约和影响。在林下经济发展中，社会制度理论可以帮助我们理解各种社会制度和规则如何影响和制约林下经济的运行和发展。例如，政策和法规对林下经济的引导和支持，以及社会规范和价值观念对林下经济行为的影响。通过深入分析社会制度对林下经济的制约和影响，我们可以更好地制定政策和措施，促进林下经济的可持续发展。同时，社会制度理论还可以帮助我们发现和解决林下经济发展中的制度性问题，如资源分配不公、利益冲突等。通过完善相关制度和规则，可以推动林下经济的公平和可持续发展。

4.3.4　社会问题理论及其在林下经济中的运用

社会问题理论主要研究社会中存在的问题和矛盾，认为社会问题是由社会的结构不均衡和文化的不平等所引起的。

(1) 社会病理学主要研究社会疾病的形成和影响，认为社会疾病是由社会的结构和文化的不平等所引起的。社会病理学关注社会疾病的预防和治疗，揭示了社会疾病在社会发展中的作用和地位。

(2) 社会冲突理论主要研究社会冲突的形成和影响，认为社会冲突是由社会的结构和文化的矛盾所引起的。社会冲突理论关注社会冲突的解决和管理，揭示了社会冲突在社会发展中的作用和地位。

社会问题理论在林下经济也有着重要的运用。这一理论关注社会问题的根源和解决方案，对于林下经济发展中的问题，如资源利用、环境保护等具有指导意义。社会问题理论可以帮助我们深入分析林下经济发展中存在的问题及其根源，如资源过度开发、生态系统破坏等。通过揭示问题的本质和根源，我们可以制订更加科学合理的解决方案，促进林下经济的可持续发展。此外，社会问题理论还可以指导我们如何应对林下经济发展中的挑战和机遇。例如，针对资源利用和生态保护的矛盾，我们可以采取可持续的资源利用模式和生态保护措施，实现经济发展和生态保护的双赢。

4.4 现代林业理论

现代林业理论是20世纪90年代随着全球环境保护意识的提高和可持续发展理念的逐渐形成而发展起来的。现代林业理论以生态学和经济学原理为基础，强调了林业的可持续性、多功能性和多效益性，并注重实现生态、经济、社会三个方面的综合效益。现代林业理论的形成与工业化和城市化的快速发展密切相关。随着人们对自然资源的需求不断增加，森林资源逐渐遭到破坏和过度消耗。为了保护森林资源，实现可持续发展，人们开始关注现代林业理论的研究和应用。

4.4.1 现代林业理论的基本原则

现代林业理论的基本原则包括可持续性、多功能性、多效益性、协调统一、科技支撑和公众参与等多个方面。这些原则相互联系、相互促进，构成了现代林业理论的基础框架。

(1) 可持续性原则。可持续性原则是现代林业理论的首要原则，也是林业发展的基础。这一原则强调了林业发展的长期性和稳定性，注重保护和合理利用森林资源，维护生态平衡，确保森林资源的持续生产力。可持续性原则要求在森林经营活动中，注重采用科学合理的技术和方法，提高森林生产力，同时要保持森林生态系统的稳定和生物多样性，防止水土流失和环境破坏。此外，可持续性原则还强调合理利用森林资源，注重经济效益和社会效益的统一，实现林业的可持续发展。

(2) 多功能性原则。这一原则强调了林业的多功能性，认为林业不仅具有提供木材和林产品的经济功能，还具有保护生态、改善环境和提供休闲旅游等社会功能。因此，多功能性原则要求在林业发展中，注重发挥林业的多功能作用，不仅要加强森林资源的管理和保护，提高森林生产力和产品质量，还要注重发挥森林的生态功能和环境效益。此外，多功能性原则还强调了林业的社会功能，注重实现林业的经济效益、社会效益和生态效益的统一。

(3) 多效益性原则。这一原则强调了林业的多效益性，认为林业具有生态效益、经济效益和社会效益等多方面的综合效益。多效益性原则要求在林业发展中，注重实现森林的生态效益，如净化空气、保持水土、维护生物多样性等方面；同时也要注重实现森林的经济效益，如提供木材、林产品和生态旅游等方面；此外还要注重实现森林的社会效益，如提高当地居民生活水平、促进就业和带动相关产业发展等方面。

(4) 协调统一原则。这一原则强调了林业发展中的协调统一性，认为林业的发展需要实现生态、经济和社会三个方面的协调统一。协调统一原则要求在林业发展中，遵循生态优先的原则，同时要兼顾经济效益和社会效益的实现。此外，协调统一原则还强调了不同地区、不同部门之间的协调统一，注重实现区域间的协调发展。通过协调统一原则，可以实现林业发展的整体性和系统性。

(5) 科技支撑原则。这一原则强调了科技在林业发展中的支撑作用，认为科技创新和科技进步是推动林业发展的关键因素。科技支撑原则要求在林业发展中，注重引进和应用先进的科学技术和管理模式，提高林业生产力、降低生产成本、提高产品质量和附加值。此外，科技支撑原则还强调了科技人才培养和引进的重要性，注重加强科技创新和成果转化，推动林业产业升级和高质量发展。

(6) 公众参与原则。这一原则强调了公众在林业发展中的参与作用和主体地位，认为只有广泛动员公众参与林业发展，才能真正实现可持续发展。公众参与原则要求在林业发展中，注重加强公众教育和宣传工作，提高公众对林业的认识和重视程度；建立健全公众参与机制，为公众提供更多的参与机会和渠道；同时还要注重听取和吸收公众的意见和建议，以更好地实现林业的可持续发展。

4.4.2 现代林业理论的重要实践

现代林业理论的重要实践是实现林业可持续发展的关键，也是推动林业事业健康发展的重要保障。以下是一些现代林业理论的重要实践：

(1) 森林资源保护和可持续利用。森林资源是林业可持续发展的基础，必须加强森林资源保护和可持续利用。具体而言，需要制订科学的森林经营规划和管理方案，加强森林资源监测和管理，确保森林资源的数量和质量。同时，要注重提高森林资源利用效率，推广节材、节能、节水等技术，减少对森林资源的消耗和浪费。

(2) 生态修复和保护。通过生态修复和保护，可以改善生态环境、维护生物多样性、提高生态服务功能等。具体而言，需要加强自然保护区的建设和管理，推广生态修复技术，如土壤改良、植被恢复、水体治理等，以恢复受损生态系统的功能。

(3) 林产品创新和发展。林产品是林业可持续发展的重要组成部分。在现代林业理论下,林产品的创新和发展应注重提高产品质量和附加值,推广绿色、低碳、环保的制造技术,拓展市场渠道,促进林产品的可持续发展。此外,还可以发展森林旅游、森林康养、森林研学等产业,实现林产品多元化和综合性发展。

(4)公众参与和社会参与。公众是推动林业可持续发展的主体之一,必须加强公众的林业知识普及和宣传,提高公众对林业的认知度和重视度。同时,要建立健全公众参与机制,鼓励和支持社会力量参与林业发展,促进林业的民主化和科学化。

(5)科技创新和人才培养。科技创新可以推动林业的现代化和高质量发展,提高林业生产力和效益;人才培养可以为林业发展提供人才保障和支持。具体而言,需要加强林业科研机构和高校的合作与交流,引进和推广先进的林业技术和设备,提高林业科技成果的转化率和产业化水平。

(6)政策支持和法制保障。政府应该加大对林业的投入和支持力度,制定有利于林业可持续发展的政策和法规,如森林生态效益补偿制度、林权制度改革等,促进林业的健康发展和可持续发展。此外,要加强林业行政执法和监督,严厉打击破坏森林资源的违法犯罪行为。

4.4.3 现代林业理论的运用前景

现代林业理论以生态学和经济学原理为基础,强调了林业的可持续性、多功能性和多效益性,并注重实现生态、经济、社会三个方面的综合效益。随着全球生态环境日益恶化,现代林业理论越来越受到关注,其运用前景也越来越广阔。

(1)生态环境保护。现代林业理论可以指导森林经营管理和生态修复,提高森林质量和效益,保护生物多样性和维护生态平衡。通过科学合理的森林经营管理和生态修复,可以有效地改善生态环境,防止水土流失和荒漠化,保护野生动植物的栖息地及整个生态系统,为全球生态环境保护作出积极贡献。

(2)经济发展。现代林业理论可以指导林业产业的发展,推动林业经济的转型升级,提高林业产业的质量和效益。通过发展高效益、低污染的林业产业,如林下经济、森林旅游、森林康养等新兴产业,可以带动相关产业的发展,促进地方经济的增长,为经济发展作出积极贡献。

(3)社会服务。现代林业理论可以指导森林公园、自然保护区、湿地公园等自然保护地公共设施的建设和管理,为公众提供休闲旅游、科普教育、文化传承等服务。通过加强公众教育和宣传,提升公众的环保意识和生态文明素养,促进社会和谐稳定和可持续发展。

(4)政策制定。现代林业理论可以为政府制定有关林业发展和生态环境保护的政策提供科学依据和理论支持。通过参与政策制定和推动政策落实,可以促进政府对林业和生态环境保护的重视和支持,推动相关政策的落地实施和林业事业的健康发展。

(5)国际合作与交流。随着全球生态环境问题的日益突出和国际合作与交流的不断加强,现代林业理论在国际上的地位和影响力逐渐提高。通过参与国际合作与交流,可以促进国际间的林业技术合作和经验交流,推动全球林业事业的发展和生态环境保护。

现代林业理论在未来的运用前景非常广阔。随着全球气候变化和环境问题的不断加剧,人们的环境保护和可持续发展意识不断提高,对林业的重视程度也不断提高。

第5章 林下经济发展类型及其组织形式

5.1 林下经济发展类型及功能定位

5.1.1 林下经济的发展类型

林下经济的发展类型多种多样，可以概括为以下几种主要类型：

5.1.1.1 林下种植类

林下种植是指在林下空间进行农林作物、中药材等的种植。这种类型的特点是利用林下空间和资源，实现林地的高效利用，提高作物的产量和品质，同时增加林地的附加值。例如，在林下种植灵芝、大黄等中药材，可以提高林地利用率和经济效益。

根据不同的经营模式和利用方式，林下种植可以包括多种不同的类型，如林药间作、林菌间作、林菜间作等。

5.1.1.2 林下养殖类

林下养殖是指在林下空间进行畜禽养殖、水产养殖等。这种类型的特点是利用林下空间和资源，实现空间的充分合理利用，提高养殖效益和生态效益。例如，在林下养殖鸡、猪等畜禽，可以利用林下空间和资源，提高养殖效益和生态效益。此外，还有一些特殊的林下养殖类型，如林蜂养殖、林蚕养殖等，这些模式可以利用林下环境和资源的优势，实现高效益的复合经营。

根据不同的经营模式和利用方式，林下养殖可以包括多种不同的类型，如林禽养殖、林畜养殖、林渔养殖等。林下养殖可以实现绿色生态养殖，生产高品质的肉蛋产品和水产品。

5.1.1.3 相关产品采集加工类

相关产品采集加工是指对林下资源进行采集、加工等经营活动。之所以叫相关产品采集加工，而不叫林下产品采集加工，是因为考虑到森林资源环境下可以利用的潜在产品很多，随着人们对森林资源产品认识的提高，发现可以利用的产品会扩大增加，这种产品不一定在林下，因此叫相关产品采集加工更加准确和灵活。这种类型的特点是利用森林资源进行采集、加工等经营活动，提高产品的附加值和市场竞争力。

根据不同的经营模式和利用方式，相关产品采集加工可以包括多种不同的类型，如林菌采集加工、林菜采集加工、林果采集加工等，可以实现菌类、蔬菜、水果的绿色生态采摘和高品质产品的生产。

5.1.1.4 森林景观利用类

森林景观利用是指利用森林资源、自然环境和人文景观开展旅游、康养等经营活动，包括森林公园、自然保护区、风景名胜区、生态旅游区、森林康养、森林研学等。以下介绍两种近年来兴起的森林景观利用类型：

(1)森林康养。森林康养是一种以森林生态系统为背景，结合健康养生、休闲度假等产业的新型林下经济形态。森林康养以提供自然、健康、舒适的环境为主要特点，通过各种方式，如森林浴、森林氧吧、森林休闲等来达到促进身心健康的目的。在森林康养中，人们可以在自然环境中感受生命的律动和大自然的节奏，体验身心的和谐与健康。通过森林浴，人们可以改善心肺功能、提高免疫力、缓解压力。森林氧吧则是利用森林中丰富的负氧离子、芬多精(Phytoncide)和清新空气，促进人体新陈代谢、改善呼吸系统健康。森林休闲则是使人们通过户外活动，增强身体素质，提高心理健康水平。此外，森林康养还包括森林疗养和森林养生。森林疗养利用森林环境的自然条件进行康复治疗，包括各种自然疗法、水疗、按摩等。森林养生则结合健康养生、休闲度假等产业，通过瑜伽、太极等运动以及音乐疗法、艺术疗法等非药物疗法来达到促进身心健康的目的。

(2)森林研学。森林研学是林下经济的一个特殊类型，是一种结合了学习与休闲的活动，旨在让人们更深入地了解森林生态系统和自然环境。森林研学活动通常在森林学校或自然教育中心进行，这些地方会提供各种课程和活动，以帮助人们更好地了解森林和自然环境。这些课程和活动可能包括动植物观察和识别、野外生存技能训练、森林浴、森林氧吧、森林休闲等。通过森林研学活动，人们可以亲身体验森林生态系统中的各种生物和环境。同时，森林研学活动还可以提高人们的自然观察和野外生存技能，增强对自然环境的认识和保护意识。森林研学活动不仅是一种放松身心的方式，更是一种有意义的学习体验，同时也可以提高自身的观察能力和动手能力。森林研学是一种具有深远影响和广泛意义的林下经济类型。它不仅能让人们亲近自然、提高环保意识，还能促进当地经济的发展和传统文化的传承。通过将教育与休闲相结合，森林研学赋予了林下经济新的意义，也为我们提供了一种全新的学习和生活方式。

森林景观利用具有多种优势和特点，包括提供多样化的旅游体验、促进生态环境的保护和改善、提高经济效益等。首先，森林景观利用可以提供多样化的旅游体验，包括自然风光、森林探险、户外运动、文化体验等，满足游客的多样性和个性化需求。其次，森林景观利用可以促进生态环境的保护和改善，通过开展森林景观利用活动，可以让更多的人了解和关注森林和生态环境，提高环境保护意识，同时森林景观利用的发展也可以带动森林资源的管理和保护。此外，森林景观利用还可以促进当地经济的发展，提高当地居民的收入水平，通过提供旅游服务和产品销售创造更多的就业机会和经济收入。

根据不同的经营模式和利用方式，森林景观利用可以包括多种不同的类型，如自然保护区旅游、风景名胜区旅游、生态旅游区旅游等。其中，自然保护区旅游是指利用自然保护区内的自然资源和生态环境开展旅游经营活动，可以提供更为纯净和自然的旅游体验。风景名胜区旅游是指利用风景名胜区的自然景观和人文景观开展旅游经营活动，可以提供更为丰富的旅游内容和文化内涵。生态旅游区旅游是指利用生态旅游区的生态环境和特色文化开展旅游经营活动，可以提供更具特色和文化的旅游体验。

在实践中，森林景观利用需要结合当地的气候条件、林地条件、市场需求等因素进行科学合理的规划和管理。首先，需要选择适宜的旅游项目和经营模式，以适应当地的自然环境和市场需求。其次，需要加强旅游资源和环境保护，维护森林生态平衡和生物多样性。此外，还需要加强旅游设施建设，提升服务质量，为游客提供更为优质和舒适的旅游体验。

5.1.1.5 林下种养结合类

林下种养结合是一种利用林地或森林生态环境，将种植和养殖有机结合，实现林地资源的高效利用和生态环境的保护与改善的农林业经营模式。这种类型的特点是实现林下空间的多重利用，使林地资源得到充分利用并提高整体经济效益。例如，在林下养鸡的同时种植一些适宜在鸡舍周围生长的中草药植物，这种模式既提高了林地资源的利用率又降低了鸡舍的污染，并提高了中草药植物的品质和产量。

林下种养结合具有多种优势和特点，包括提高林地利用率、增加经济效益、促进生态环境的改善等。首先，林下种养结合可以充分利用林下空间和资源，提高林地利用率和经济效益。其次，通过在林下种植植物或养殖动物，可以促进植物残体和动物粪便归还土壤，增加土壤有机质含量，提高土壤肥力，同时可以减少化肥的使用量，减少对环境的污染。此外，林下种养结合还可以增加就业机会和农民收入，促进农村经济的发展。

林下种养结合的适用范围非常广泛，可以包括各种类型的林地或森林生态环境，如人工林、次生林、经济林等。根据不同的经营模式和利用方式，林下种养结合可以包括多种不同的类型。在实践中，林下种养结合需要结合当地的气候条件、林地条件、市场需求等因素进行科学合理的规划和管理。首先，需要选择适宜的种植作物和养殖种类以及适合当地的经营模式，以适应当地的自然环境和市场需求。其次，需要合理利用林地资源，保护生态环境，防止对林地造成破坏或污染。此外，还需要加强作物病虫害的防治和管理，保证作物的产量和品质。同时，需要考虑养殖动物的防疫和粪便处理等问题，以防止对环境和作物造成不良影响。

5.1.1.6 林下产业融合类

随着经济的发展、人民生活水平的提高、消费结构的改变以及第三产业的崛起，林下经济已逐渐成为林业产业的重要组成部分，并逐渐与林业第二产业和第三产业融合形成林业三大产业融合发展新格局。这一类型的特点是将林业与服务业、旅游业和文化创意产业等进行融合发展，形成新的产业形态，如森林人家、森林康养基地等。这种模式可以实现林业与服务业、旅游业和文化创意产业的相互促进和发展，并提高林业的综合效益和附加值。

林下产业融合具有多种优势和特点,包括拓展产业发展空间、提升产业竞争力、促进生态环境的改善等。首先,林下产业融合可以拓展产业发展空间,促进林业与相关产业的有机融合,形成新的经济增长点,提升产业的综合竞争力。其次,林下产业融合可以提升产业竞争力,通过技术创新、模式创新和品牌建设等方式,提高林下产品的质量和附加值,增强产业的竞争力。此外,林下产业融合还可以促进生态环境的改善,通过科学合理地利用林下空间和资源,实现林业的可持续发展和生态环境的保护与改善。

根据不同的经营模式和利用方式,林下产业融合可以包括多种不同的类型,如林游融合、林产融合、林工融合等。其中,林游融合是指将林业与旅游业进行融合,开展森林旅游、森林康养、森林研学等多元化经营活动,以实现产业协同发展。林产融合是指将林业与其他相关产业进行融合,如农业、渔业、畜牧业等,形成复合型产业,以提高林地利用率和经济效益。林工融合是指将林业与工业进行融合,开展林产品加工、森林食品加工、林产化工等多元化经营活动,以实现资源的高效利用和产业的转型升级。

在实践中,林下产业融合需要结合当地的气候条件、林地条件、市场需求等因素进行科学合理的规划和管理。首先,需要选择适宜的融合产业和经营模式,以适应当地的自然环境和市场需求。其次,需要合理利用林地资源,保护生态环境,防止对林地造成破坏或污染。再次,需要加强技术创新和人才培养,提高产业的科技含量和竞争力。最后,还需要建立健全的产业链条和经营管理体系,实现产业的标准化、规模化和市场化发展。

5.1.2 林下经济的功能定位

林下经济具有多种功能定位,可以增加林地利用效率和效益、促进林业产业升级和转型、促进循环经济的发展以及巩固生态建设成果。因此,发展林下经济对于推进林业现代化建设、促进农民增收致富、维护生态平衡都具有重要意义。

(1)发展林下经济可以增加林地利用效率和效益。林下种植和养殖可以利用林下空间和资源,提高林地利用率和产出率,促进林业经济增长和农民增收。例如,可以利用林下作物和空地等资源,发展规模化、标准化的养殖;可以利用林下土地和空间资源,种植具有较高附加值的中药材、菌类等作物。这些林下经济的发展可以增加农民的就业机会,提高其收入水平,促进农村经济发展和脱贫攻坚工作。

(2)发展林下经济可以促进林业产业升级和转型。传统的林业经济发展往往注重木材的生产和销售,而忽略了森林的生态、文化和社会功能。林下经济的发展可以促进林业经济的多元化和转型升级,提高林业经济的综合效益。例如,可以利用森林资源和生态环境,开展生态旅游、森林康养、森林研学、自然教育等活动,吸引人们前来观赏和体验;可以利用森林资源采集林下产品,如野生菌、草药等,提高森林资源的利用率和附加值。这些林下经济的发展不仅可以提高农民的收入水平,还可以促进林业经济的转型升级和可持续发展。

(3)发展林下经济还可以促进循环经济的发展。林下种植和养殖可以利用作物秸秆、畜禽粪便等废弃物为原料进行生产，实现资源的循环利用和增值。例如，可以利用畜禽粪便等废弃物生产有机肥料，用于林下种植和林业生产；可以利用作物秸秆制作肥料或生产菌类等作物。这些循环经济的模式可以减少对环境的污染和资源的浪费，提高经济效益和生态效益。

(4)发展林下经济可以巩固生态建设成果。森林是重要的生态资源之一，具有调节气候、净化空气、保持水土等生态功能。林下经济的发展可以在保护森林生态环境的前提下，充分利用森林资源，促进经济发展和生态保护的协调发展。例如，可以利用林下土地和空间资源，开展林下种植和养殖，增加森林覆盖率和植被覆盖率，提高森林生态系统的质量和稳定性；可以利用森林资源和生态环境，开展生态旅游等活动，提高公众对生态环境的认识和保护意识。这些林下经济的发展可以巩固生态建设成果，促进生态文明建设和可持续发展。

5.2 林下种植

林下种植是一种利用林下土地种植适合作物的农林业经济模式。林下种植可以为林木提供水分和养分，增加土壤的有机质含量，提高土地肥力，同时也可以为农民提供额外的收入来源。林下种植可以采用多种方式，如林农套作、林药间作、林草间作等。

5.2.1 林下种植的特点

林下种植主要有以下特点：

(1)林下种植可以充分利用林荫、水分和养分等资源，降低作物的生产成本。在树木下种植作物，可以借助林荫环境，减少对人工灌溉的依赖，同时树木释放的养分也可以供作物吸收利用，减少了化肥和农药的使用量，从而降低了生产成本。

(2)林下种植可以提高林地利用率和产出率。树木下的空间原本是闲置的，通过种植作物，可以充分挖掘林地的潜力，增加产出，提高林地利用率和产出率。同时，林下种植还可以促进树木和作物的共生共长，形成良好的生态循环。

(3)林下种植可以改善土壤质量。在林下种植过程中，作物的生长会释放出大量的二氧化碳和其他有机物质，这些物质可以被树木吸收利用，转化为有机肥料，改善土壤质量。同时，作物和树木的共生关系也可以增加土壤中的微生物数量，提高土壤活性。

(4)林下种植还可以带来一定的社会效益和生态效益。通过林下种植，可以促进农村经济的发展和农民收入的增加，提高农民的生活水平。同时，林下种植还可以起到保护森林、恢复生态的作用，有利于维护生态平衡和促进可持续发展。

5.2.2 林下种植的分类

林下种植可以按照种植的作物种类、生长环境、种植目的等进行分类。

5.2.2.1 根据种植的作物种类分类

(1) 林药模式。在林下种植药材,如人参、党参、枸杞等。这些药材具有较高的经济价值,并且对生长环境有一定的要求,在林下种植药材可以充分利用林下的独特环境条件,提高药材的质量和产量。同时,林药模式也有助于保护和传承中药文化。

(2) 林菌模式。在林下种植食用菌,如香菇、木耳、平菇等。食用菌的生长需要阴凉、湿润的环境,而林下的环境条件正好符合这一要求。通过在林下种植食用菌,可以降低生产成本,提高菌类的品质和产量。同时,食用菌的采收和处理过程也有助于增加就业机会。

(3) 林草模式。在林下种植牧草,如紫花苜蓿、黑麦草等。牧草的生长需要一定的阳光和水分,但同时也需要防止过度放牧和人为破坏。因此,在林下种植牧草需要注意合理控制种植密度,科学管理,确保牧草健康生长。

(4) 林菜模式。在林下种植蔬菜,如西红柿、黄瓜、辣椒等。蔬菜的生长需要充足的阳光和水分,因此在林下种植蔬菜需要注意与树木保持一定的距离,避免树木遮挡阳光和吸收过多水分。同时,选择适宜的蔬菜品种和合理的种植技术也是成功的关键。

(5) 林粮模式。这种模式是在林下种植粮食作物,如小麦、大豆等。这些作物通常植株矮小,对阳光和水分的需求相对较小,不会与树木产生激烈竞争。同时,林粮模式可以充分利用林下的空间和资源,提高林地利用率,增加粮食产量,是保障粮食安全的重要举措。

5.2.2.2 根据生长环境分类

(1) 湿润环境下的林下种植。这种模式适用于降水量较多、湿润的环境,如山地、丘陵等地区。在这些地区,树木可以借助降水和地下水生长,而作物也可以通过灌溉和自然降水获得足够的水分。在湿润环境下,可以选择一些对水分需求较高的作物进行林下种植。

(2) 干旱环境下的林下种植。这种模式适用于降水量较少、干旱的环境,如沙漠、戈壁等地区。在这些地区,水资源非常珍贵,因此需要选择耐旱性较强的作物进行林下种植。同时,需要采取节水灌溉等措施,确保作物的正常生长。

(3) 温带环境下的林下种植。这种模式适用于温带气候区,如北半球的温带地区。在这些地区,四季分明,温度适中,适合多种作物的生长。可以选择一些适应性较强的作物进行林下种植,并根据季节变化调整种植计划。

(4) 热带环境下的林下种植。这种模式适用于热带气候区,如赤道附近地区。在这些地区,温度较高、降水量较大,适合热带作物的生长。可以选择一些适应热带环境的作物进行林下种植,如胡椒、咖啡等。

5.2.2.3 根据种植目的分类

(1) 经济效益型。这种模式的林下种植以追求经济效益为主要目的,通常选择经济价值较高的作物进行种植。通过合理的管理和技术投入，可以提高作物的产量和质量，增加农民的收入。同时，也可以通过市场调研和产品开发，拓展作物的销售渠道和市场空间。

(2) 生态效益型。这种模式的林下种植以保护生态环境为主要目的，通常选择生态友好型作物进行种植。通过合理的种植结构和布局，可以减少化肥和农药的使用量，并降低土壤和水资源的污染程度。同时，也可以通过植被恢复和生态修复等措施，提高生态系统的稳定性和可持续性。

(3) 景观效益型。这种模式的林下种植以美化景观为主要目的，通常选择具有观赏价值的作物进行种植。通过合理的规划设计和技术处理，可以营造出具有特色的景观效果，提高林业的附加值和观赏价值。同时，也可以通过旅游开发等措施，吸引游客前来观赏和休闲娱乐。

5.2.3 林下种植的意义

林下种植具有多重意义，主要体现在以下几个方面：

(1) 充分利用林地资源。林下种植可以充分利用林下的土地资源，提高林地利用率，增加林地的产出。这对于土地资源紧张的地区来说，是一种非常重要的种植模式。

(2) 增加经济效益。通过林下种植，可以获得额外的产出，提高整体的经济效益。这有助于提高农民的收入，改善他们的生活水平。

(3) 生态保护。林下种植可以起到保持水土、涵养水源、改善土壤质量等生态保护作用。同时，林下种植还可以促进林木的生长，提高森林的生态效益。

(4) 推动林业和农业的融合发展。林下种植可以将林业和农业有机地结合起来，实现优势互补，推动林业和农业的融合发展。这有助于优化林业和农业的产业结构，促进产业的可持续发展。

(5) 提高景观效果。通过合理的林下种植规划，可以营造出具有特色的景观效果，提高林业的观赏价值。这有助于发展旅游业。

(6) 促进农村经济发展。林下种植可以带动相关产业的发展，如药材种植、菌类养殖等。这不仅可以提高农民的收入，还可以促进农村经济的发展。

5.2.4 林下种植需要注意的问题

林下种植需要注意的问题主要有以下几个方面：

(1) 合理选择作物种类。林下种植需要考虑树木和作物的生长规律和对环境条件的需求。不同的作物种类对光照、水分、养分等条件的要求不同，因此需要根据实际情况选择适宜的作物种类。同时，需要考虑作物的经济效益和生态效益，选择既能带来经济效益又能发挥生态效益的作物。

(2) 保持树木和作物的生长空间。在林下种植时，需要合理控制树木和作物的密度，保持它们的生长空间。密度过大可能会影响树木和作物的生长，甚至导致病虫害的发生。因此，需要根据树冠大小、作物生长特性等因素，合理确定种植密度。

（3）科学施肥和管理。林下种植需要科学施肥和管理，以满足作物对养分的需求。同时，需要注意施肥方式和施肥量，避免对环境和作物造成负面影响。另外，需要加强病虫害防治，采取生物防治和化学防治等措施，确保作物健康生长。

（4）防止过度采收和破坏生态环境。在林下种植过程中，需要合理控制采收量和采收频率，避免过度采收和破坏生态环境。同时，需要加强对林下植被的保护和管理，防止人为破坏和野兽侵害。

（5）注意法律法规和政策规定。在进行林下种植时，需要了解相关的法律法规和政策规定，确保合法合规经营。例如，需要遵守林地保护和森林防火等规定。

（6）做好技术培训和市场调研。林下种植需要具备一定的技术和管理能力，因此需要进行技术培训和市场调研。通过培训和学习，可以提高种植和管理水平，减少生产风险。同时，需要进行市场调研，了解市场需求和竞争情况，制订合理的销售策略。

（7）建立良好的利益分配机制。林下种植涉及多个利益相关方，因此需要建立良好的利益分配机制，确保各方利益均衡。例如，可以通过合作经营、利润分成等方式实现利益共享，促进合作共赢。

5.3 林下养殖

林下养殖是一种创新型的林下经济模式，可以实现生态和经济双重效益的有机统一，促进生态环境的保护和可持续发展。同时，也可以提高林地利用率和林业产出率，促进农民增收和农村经济发展，为城市居民提供更优质的林下经济产品。

5.3.1 林下养殖的特点

林下养殖是一种多层次、多功能、综合性的林业产业活动，具有投入少、见效快、效益高等特点，是一种可持续发展的林下经济。

林下养殖具有以下特点：

（1）综合性。林下养殖是一种综合性的林下经济活动，涉及林业、农业、畜牧业、环保、旅游等多个领域。

（2）多功能性。林下养殖具有多种功能，既可以充分利用林下资源，提高林地利用率和林业产出率，增加农民收入，促进农村经济发展，又可以利用森林景观和林下产品等资源，发展旅游观光等产业，丰富人们的精神生活。

（3）可持续性。林下养殖可以利用林下空地和森林景观等资源，实现生态和经济双重效益的有机统一，促进生态环境的保护和可持续发展。

（4）创新性。林下养殖是一种创新型的林下经济模式，突破了传统林业产业的局限性，将林业与畜牧业有机结合，创造出一种全新的林业产业模式。

（5）高附加值。林下养殖的产品通常是绿色、有机的特色产品，具有很高的品质和营养价值，可以满足城市居民对健康、环保、安全等方面的需求，提高城市居民的生活质量和健康水平。

5.3.2　林下养殖的分类

林下养殖可以按照养殖对象分为以下几种类型：

(1)林下禽兽养殖。林下禽兽养殖主要指在林下饲养鸡、鸭、鹅等家禽和猪、牛、羊等家畜，利用林下自然环境，通过放牧和散养等方式进行养殖。这种养殖方式具有节省饲料、降低成本、提高产品质量等优点。同时，林下禽兽粪便可以为树木提供养分，促进树木生长，提高林地肥力。

(2)林下特种养殖。林下特种养殖是指利用林下特殊环境，依法驯养繁殖具有较高药用和其他价值的野生动物等特种动物。例如，驯养野猪、梅花鹿等野生动物。需要注意的是，2020年2月，全国人民代表大会常务委员会《关于全面禁止非法野生动物交易、革除滥食野生动物陋习、切实保障人民群众生命健康安全的决定》中指出，全面禁止食用国家保护的"有重要生态、科学、社会价值的陆生野生动物"以及其他陆生野生动物，包括人工繁育、人工饲养的陆生野生动物。

(3)林下水产养殖。林下水产养殖是指在林下利用水域资源，养殖鱼类、虾、蟹等水产品。这种养殖方式可以利用林下水域资源，提高水产品的产量和质量。同时，林下水产品可以与林业产生联动效应，促进林业经济的发展。

(4)林下综合养殖。林下综合养殖是指将不同类型的林下养殖结合起来，形成一个综合性的林下养殖模式。例如，将林下禽类养殖与林下中药材种植相结合，将林下兽类养殖与经济林果种植相结合等。这种养殖方式可以充分利用林下资源，提高林地利用率和林业产出率，增加农民的收入。

5.3.3　林下养殖的意义

林下养殖作为一项创新型的林下经济模式，具有广泛而重要的意义。林下养殖不仅可以提高林地利用率和林业产出率，促进农民增收和农村经济发展，而且可以改善生态环境和增加生态效益，推动林业产业升级和可持续发展，为城市居民提供更优质的林下经济产品。因此，应当重视和支持林下养殖的发展，提供必要的政策、资金和技术支持，为其健康发展和壮大创造良好的环境和条件。

(1)提高林地利用率和林业产出率。林下养殖可以将林下空地、森林景观和林下产品等资源充分利用起来，通过科学合理地规划、设计、施工和经营管理，实现林地的高效利用和林业的高产出。同时，养殖业与林业的有机结合，可以相互促进，提高整体的生产效率和经济产出。

(2)促进农民增收和农村经济发展。林下养殖可以为农民提供就业机会，增加农民收入。通过发展林下特色产业，可以带动相关产业的发展，形成产业链，提高地方经济的整体竞争力。同时，林下养殖还可以带动交通运输、物流配送、林下经济产品加工等产业的发展，进一步推动农村经济的发展。

(3) 改善生态环境和增加生态效益。林下养殖可以利用林下空地和森林景观等资源，通过合理的规划和经营管理，实现林地的高效利用和林业的高产出。同时，养殖业与林业的有机结合，可以相互促进，提高整体的生产效率和经济产出。此外，林下养殖还可以改善生态环境，提高森林的生态效益和社会效益。

(4) 推动林业产业升级和可持续发展。林下养殖作为一种新型的林业产业模式，可以促进林业产业的升级和转型。通过发展林下特色产业，可以增加林业产品的附加值和市场竞争力，提高林下经济的效益和市场地位。同时，林下养殖还可以促进生态环境的保护和可持续发展，实现经济、社会和生态效益的有机统一。

(5) 为城市居民提供更优质的林下经济产品。林下养殖的产品通常是绿色、有机的特色产品，具有很高的品质和营养价值。这些产品可以满足城市居民对健康、环保、安全等方面的需求，提高城市居民的生活质量和健康水平。同时，这些林下经济产品还可以通过互联网等渠道销售到更广泛的地区，为更多的人提供优质的食品选择。

5.3.4 林下养殖需要注意的问题

5.3.4.1 选择适宜的养殖品种

林下养殖的品种选择是至关重要的，不同的林地环境和气候条件适合不同的养殖品种。因此，在选择养殖品种时，需要考虑以下几个方面：

(1) 适宜的养殖环境。要了解养殖品种对环境的要求，包括温度、湿度、光照、土壤等，确保林下环境适宜养殖该品种。

(2) 市场需求。要选择适销对路的养殖品种，确保市场有需求且销路畅通。

(3) 技术可行性。要考虑养殖品种的技术难度和可操作性，选择易于掌握和管理的品种。

5.3.4.2 合理利用林下空间

林下空间是有限的，因此要合理规划空间布局，提高林地利用率。同时，要避免对森林生态环境造成破坏，确保林下养殖的可持续性。下面是几种常见的林下养殖空间利用方式：

(1) 林下养鸡。在郁闭度较低的林地中，可以设置鸡舍和鸡活动场地，利用林下昆虫、野草等天然饵料资源饲喂蛋鸡或肉鸡。

(2) 林下养猪。在林地中设置猪舍和猪活动场地，利用林下杂草、野果等天然饵料资源饲喂生猪。

(3) 林下养牛。在林地中设置牛舍和牛活动场地，利用林下牧草、作物秸秆等天然饵料资源饲喂肉牛或奶牛。

5.3.4.3 科学饲养管理

科学饲养管理是林下养殖成功的关键因素之一。要制订合理的饲养计划和管理措施，确保养殖动物的健康和生长性能。饲养管理应该注意的事项有：

(1)饲料管理。要合理安排饲料供给，根据养殖动物的生长需求和习性选择适宜的饲料类型和饲喂方式。同时，要注重饲料品质和卫生质量，避免使用霉变或被污染的饲料。

(2)疫病防治。要制订疫病防治方案，定期对养殖动物进行检查和免疫接种。同时，要加强对动物常见疾病的预防和治疗，确保养殖动物的健康状况。

(3)饲养密度。要合理控制养殖动物的饲养密度，确保有足够的活动空间，且保持空气流通。同时，要根据季节和气候变化调整饲养密度，避免对动物造成不良影响。

5.3.4.4 保护生态环境

林下养殖要注重保护生态环境，应该注意的事项有：

(1)粪便处理。要合理处理养殖动物的粪便，采取堆积发酵等无害化处理方式，避免对环境造成污染。

(2)饲料添加剂。要尽量选择使用无公害、绿色的饲料添加剂，避免使用激素和其他有害添加剂。

(3)残留物处理。要及时清理养殖动物的食物残渣和排泄物，避免在林地中长时间滞留对环境造成污染。

5.3.4.5 经济效益和社会效益兼顾

林下养殖不仅要考虑经济效益，还要兼顾社会效益。另外，要注重保护农民权益和利益分配的公平性，确保农民能够获得更多的收益和发展机会。

5.4 相关产品采集加工

相关产品采集加工的含义是指利用林下自然环境，通过对林下生长的植物、昆虫、菌类等资源进行采集、捕捉、收集、整理、分类、分级、包装等加工处理，生产出具有特定品质、营养价值和品牌特色的林下产品的经营活动。相关产品采集加工也需要科学合理地规划和管理，不断提高产品质量和市场竞争力，为促进林业经济和地方经济的发展作出积极的贡献。

5.4.1 相关产品采集加工的特点

(1)利用林下资源。相关产品采集加工主要是利用林下自然环境中的植物、昆虫、菌类等资源进行采集和加工。这些资源包括林木的果实、种子，林下生长的各种菌类、草药等。通过对这些资源的采集和加工，可以充分利用林下资源，提高林业产值和农民收入。

(2)增加产品附加值。相关产品的采集加工可以使林下资源得到更好的利用和转化，提高产品的附加值。通过采集加工，可以将林下资源转化为符合市场需求的高品质、高附加值的产品，满足消费者对健康、环保等方面的需求。

(3)促进地方经济发展。相关产品采集加工可以带动相关产业的发展，如交通运输、物流配送、林下经济产品加工等。这些产业的发展可以促进地方经济的繁荣和稳定，增加就业机会和农民收入。

（4）满足市场需求。随着消费者对健康、环保等方面的需求不断增加，绿色、有机、健康的林下经济产品受到越来越多消费者的青睐。通过采集加工，可以将林下资源转化为符合市场需求的高品质、高附加值的产品，满足消费者对健康、环保等方面的需求。

5.4.2 相关产品采集加工的分类

相关产品采集加工的类型可以按照不同的标准进行分类。以下是几种常见的分类方式：

5.4.2.1 根据采集的林下产品类型分类

（1）林木种子采集加工。林木种子的采集和加工是林业发展的重要环节。林木种子采集主要采取市场化运作方式，加工方面主要采用现代化的机械设备和干燥技术，保证种子的质量和使用价值。

（2）林菌采集加工。林菌采集加工是指对林下自然环境中的菌类资源进行采集和加工。加工过程包括挑选、清洗、切片、炒制、包装等环节。

（3）林果采集加工。林果采集加工是指对林下生长的果实资源进行采集和加工。加工过程主要包括清洗、分类、干燥、包装等环节。

（4）林药采集加工。林药采集加工是指对林下生长的药材资源进行采集和加工。加工过程主要包括净选、洗润、切制、干燥和包装等环节。

（5）林蜂采集加工。林蜂采集加工是指利用林下资源进行蜜蜂采集和蜂产品加工。加工过程主要包括分离、过滤、浓缩、包装等环节。

5.4.2.2 根据采集的林下产品用途分类

（1）食品类。包括林下生长的食用菌、坚果、野果、野菜等资源，营养丰富，经过加工后可以成为各种食品原料。

（2）保健品类。包括林下生长的药材、珍稀植物等资源，具有较高的营养价值和药用价值，经过加工后可以成为各种保健品原料。

（3）化妆品类。包括林下生长的美容植物、香料植物等资源，经过加工后可以成为各种化妆品原料。

（4）工艺品类。包括林下生长的珍贵植物、动物等资源，经过加工后可以成为各种工艺品原料。

（5）其他用途类。包括用于科学研究和文化教育等方面的林下产品，如珍稀动植物标本等。

5.4.2.3 根据采集的林下产品产值分类

（1）高值化产品。指产值较高的林下产品，如珍贵药材、珍稀植物、高档食用菌等。这些产品的加工需要采用先进的工艺和技术，以提高产品的质量和附加值。

(2)低值化产品。指产值较低的林下产品,如枯立木、倒伏木及可用的树枝、树叶等。这些产品的加工只需要采用简单的工艺和技术即可,以降低成本和提高产量。

(3)废弃物类。指无法利用的废弃物,如染病的枝叶等。这些废弃物的处理方式需要根据其性质进行分类和处理,以避免对环境和人类健康造成危害。

5.4.3 相关产品采集加工的意义

相关产品采集加工的意义主要体现在以下几个方面:

(1)拓宽林业经济领域。相关产品采集是指从事林下资源产品采集的产业,主要集中在竹笋、野生菌、林菜等产品。通过相关产品采集加工,可以将林下资源转化为具有较高附加值和市场价值的林下产品,拓展林业经济的领域和范围。

(2)增加农民收入。相关产品采集加工可以充分利用林下资源,提高林业产值和农民收入。通过发展相关产品采集加工,可以增加就业机会,提高农民的收入水平和生活质量。

(3)促进生态建设成果。相关产品采集加工可以利用林下自然环境中的资源,促进生态建设成果的巩固和提升。通过发展相关产品采集加工,可以促进森林资源的保护和利用,提高森林生态系统的质量和稳定性。

(4)加快林业产业结构调整步伐。相关产品采集加工可以促进林业产业结构的调整和优化,推动林业经济的可持续发展。通过发展相关产品采集加工,可以促进林下经济与其他产业的融合发展,提高林下经济的竞争力和综合效益。

(5)传承和弘扬中华民族传统文化。相关产品采集加工需要一定的传统技艺和经验才能完成。这些技艺和经验是中华民族传统文化的重要组成部分,通过传承和弘扬这些技艺,可以促进传统文化的传承和发展。

5.4.4 相关产品采集加工需要注意的问题

相关产品采集加工面临着资源可持续利用、技术水平与创新能力、质量与安全、市场开拓与品牌建设、环境保护与生态平衡以及政策法规与标准规范等问题。为了解决这些问题,需要加强技术创新,提高产品质量和市场竞争力,加强品牌建设,保护环境,维持生态平衡,加强政策法规、标准规范等的宣传和执行力度,等等,以促进相关产品采集加工的可持续发展。

(1)资源可持续利用问题。相关产品采集加工需要利用林下自然环境中的资源,包括菌类、草药等。这些资源的生长和繁殖需要一个相对长期的过程,而采集加工过程中可能会对资源造成一定程度的破坏和损害。因此,如何在保证采集加工质量的前提下实现资源的可持续利用,是相关产品采集加工面临的重要问题之一。

(2)技术水平与创新能力问题。相关产品采集加工需要一定的技术水平与创新能力,才能够保证产品的质量和附加值。然而,目前一些加工企业技术装备落后、生产工艺简单,缺乏创新能力和核心技术,这会限制企业的市场竞争力,不利于相关产品采集加工的可持续发展。

(3) 质量与安全问题。相关产品采集加工的质量与安全也是不容忽视的问题。由于采集和加工过程中涉及的环节较多，任何一个环节的失误都可能导致最终产品的质量和安全出现问题。例如，采集过程中可能会混入有毒有害的物质，加工过程中可能会使用不当的添加剂等。因此，如何保障相关产品采集加工质量和安全，是采集加工企业必须面对的问题。

(4) 市场开拓与品牌建设问题。相关产品采集加工的最终目的是满足市场需求，获得经济效益。然而，当前一些采集加工企业缺乏市场开拓和品牌建设的能力，无法有效地将产品销售到市场并树立品牌形象。这会导致企业的市场份额和盈利能力受到影响，不利于企业的发展。

(5) 环境保护与生态平衡问题。相关产品采集加工过程中可能会对环境造成一定的影响和破坏。例如，过度采集可能会对森林资源造成损害，加工过程中可能会产生废气、废水和固体废弃物等。这些废弃物如果处理不当，会污染环境，破坏生态平衡。因此，如何在保证采集加工经济效益的前提下，保护环境、维护生态平衡，也是相关产品采集加工面临的重要问题之一。

(6) 政策法规与标准规范问题。相关产品采集加工需要遵守相关的政策和法规，如《森林法》、《野生动物保护法》等。同时，还需要符合相关的标准规范，如国家林业和草原局发布的有关林业行业标准、技术操作规范等。然而，由于政策和法规的变化及标准规范的调整，一些采集加工企业可能无法及时了解和遵守这些规定，从而导致违规操作或产品质量不达标等问题。

5.5 森林景观利用

5.5.1 森林景观利用的特点

森林景观利用是指利用森林资源、生态环境和自然景观为人类提供多种服务，以其独特的自然、生态和文化价值而备受关注。以下是森林景观利用的几个特点：

(1) 自然性。森林景观利用的最大特点是其自然性。森林作为陆地上最为庞大、复杂、多变的生态系统，拥有丰富的生物和植物资源，以及独特的自然景观。这些自然资源可以为人们提供自然、和谐、原生态的旅游体验。例如，森林公园中的徒步旅行、露营、野餐等活动，让游客深入森林之中，享受大自然的恩赐。

(2) 多样性。森林景观中的元素和资源多种多样，为旅游活动的策划和开发提供了广阔的空间。在森林旅游中，游客可以观赏到奇特的地貌、瀑布、溪流、云海等自然景观，同时可以参与徒步旅行、露营、野餐、漂流等户外活动。在森林康养活动中，人们可以通过森林浴、森林瑜伽等活动，体验到森林的养生功能。此外，人们还可以通过参观森林博物馆及相关展览等，了解森林文化和历史。

(3) 生态性。森林作为生态系统的重要组成部分，在保持生态平衡和生物多样性方面具有重要作用。在森林景观利用中,应当注重保护生态环境和自然资源,确保景观利用活动与生态保护相互促进。例如,在自然保护区中,应当严格限制游客的进入数量和活动范围,以保护生态环境和野生动植物。在森林旅游中,应当倡导低碳、环保的旅游方式,如徒步旅行、露营等,减少对环境的影响。

(4)地域性。不同地域的森林拥有不同的自然和生态环境,形成了各具特色的森林景观。在森林景观利用中,应当挖掘当地的文化和自然资源,打造具有地域特色的旅游品牌。例如,东北大兴安岭以其广袤的原始森林、珍贵的野生动植物和丰富的历史文化而著名;南岳衡山以其秀美的山川风光和悠久的佛教文化而著名。这些地域性的特点为当地的森林旅游和经济发展带来了巨大的优势。

(5)文化性。森林作为人类历史和文化遗产的重要组成部分,拥有丰富的文化内涵和价值。在森林景观利用中,应当注重挖掘和传承森林文化,将其与旅游活动相结合,为游客提供更为丰富的文化体验。例如,通过展览、表演、传承民间传说和故事等方式,让游客了解森林的历史和文化;通过森林诗歌的朗诵,营造一种静谧的艺术氛围。这些文化性的活动不仅增加了游客的文化体验,也促进了当地的文化传承和发展。

5.5.2 森林景观利用的分类

在林业和生态学领域,森林景观利用是一个非常重要的概念,它强调了森林的美丽景色、自然风光和生态服务价值。森林景观利用可以划分为以下几种类型:

(1)森林康养。森林康养是依托森林环境中的清新空气、高含量的负氧离子和植物散发的有益物质,结合森林的宁静与美景,为公众提供身心放松和健康恢复的活动。此类活动包括森林疗养、森林瑜伽、森林冥想、林间漫步、温泉疗养、自然音乐疗法等,旨在帮助人们在自然环境中找到身心的平衡。

(2)森林研学。森林研学是指通过森林资源开展教育和研究活动,如生态教育、自然观察、生物多样性研究、环境科学教育等。此类活动主要面向学生,参与者通过实地考察、动手实验和听取专家讲座等活动,认识自然,保护自然。

(3)森林旅游。森林旅游主要依托森林、湿地、荒漠和野生动植物资源及其各种配套设施,开展观光游览、休闲度假、健身养生、文化教育等旅游活动。此类活动包括林地漫步、森林负离子浴、山野营地、游憩驿站、森林趣苑、丛林野战等项目,实现生态环境、经营者、旅游者和社区居民四方共同受益,达到环境、社会、经济持续和谐发展。

(4)森林人家。森林人家指在森林或林区中发展起来的以家庭为单位的旅游接待服务,提供住宿、餐饮等服务,让游客体验当地文化和生活方式的同时,享受森林环境。在这里,游客可以品尝到地道的农家菜,参与采摘、垂钓等活动,感受乡村生活的淳朴与宁静,真正融入自然之中。

(5)林家乐。林家乐类似于森林人家,但更侧重于休闲娱乐和体验活动。林家乐以森林环境为背景,提供森林探险、林间垂钓、采摘野果、制作林产品等体验活动,使游客在参与中享受森林的乐趣。游客可以在林中搭建帐篷，体验野外烧烤，参与篝火晚会，学习制作林间手工艺品，让每一次的森林之旅都充满乐趣和回忆。

5.5.3 森林景观利用的意义

森林景观利用是林下经济发展的重要组成部分，在推动地方经济发展、促进生态文明建设、提高人民群众生活质量等方面都具有重要意义。

5.5.3.1 拓宽林业经济的领域和范围

传统的林业经济主要集中在森林采伐、木材加工、林产品贸易等方面，而森林景观利用可以将林业经济拓展到旅游、文化、生态服务等新的领域和范围。通过科学合理的规划和管理，可以充分发挥森林景观资源的潜在价值，提高林业经济的整体效益。

5.5.3.2 增加农民收入和就业机会

森林景观利用可以为当地农民提供更多的就业机会和创业平台，促进农民增收致富。同时，通过发展森林旅游等产业，可以带动相关产业的发展，如住宿、餐饮、交通等，进一步促进当地经济的发展和农民的就业。

5.5.3.3 促进生态建设成果的巩固和提升

森林景观利用是在保护和改善生态环境的前提下进行的。通过科学合理的规划和管理，可以促进森林生态系统的稳定性和质量的提升，同时为人们提供更加优质的生态服务和生态产品。在实践中，可以通过以下几个方面促进生态建设成果的巩固和提升：

（1）保护森林生态系统的完整性。森林生态系统是森林景观的核心，保护其完整性是森林景观利用的前提。在规划和管理过程中，应该注重保持森林生态系统的稳定性和生物多样性，避免对生态环境造成破坏。

（2）科学合理地开发利用。在保护生态环境的前提下，应该科学合理地开发利用森林景观资源。具体来说，可以根据不同类型森林景观的特点和当地经济发展的需要，进行科学合理的规划和布局，推动旅游业、文化业等相关产业的发展。

（3）提高生态服务质量和生态产品品质。保护和改善生态环境不仅是为了提供生态服务，更是为了提高生态服务质量和生态产品品质。在森林景观利用过程中，应该注重提高旅游产品、文化产品等相关产品的品质和附加值，以满足人民群众对高品质生态产品的需求。

5.5.3.4 推动地方社会经济的发展

森林景观利用可以为当地社会经济的发展带来多方面的利益和机会。例如，可以为当地政府增加财政收入、促进地区间的经济交流与合作、提升当地社会的整体发展水平等。在实践中，可以通过以下几个方面推动地方社会经济的发展：

（1）完善基础设施建设。为了更好地推动地方社会经济的发展，应该加强基础设施建设。具体来说，可以建设旅游景点、道路、通讯、水电等基础设施，改善当地投资环境和民生条件。

（2）加强地区间经济交流与合作。通过发展森林旅游等产业，可以加强地区间的经济交流与合作。不同地区之间可以通过资源共享、优势互补等方式，实现互利共赢和共同发展。

（3）提升当地社会的整体发展水平。通过推动地方经济的发展，可以提高当地社会的整体发展水平。例如，可以推动文化教育、医疗卫生、社会保障等相关领域的发展，提高当地人民群众的生活品质和文化素质。

5.5.3.5 传承和弘扬中华民族传统文化

森林景观利用需要将自然景观和人文景观结合起来，挖掘和传承中华民族传统文化和地方文化的精髓，打造具有文化内涵和特色的森林旅游产品，促进传统文化的传承和发展。

5.5.4 森林景观利用需要注意的问题

（1）保护生态环境。在利用森林景观时，必须充分考虑生态环境的保护。确保开发活动不会对生态环境造成破坏，避免过度开发和过度利用。同时，需要加强对生态敏感区域的保护，防止破坏自然景观和生态系统。

（2）合理规划和管理。森林景观利用需要进行合理规划和管理，以确保资源的可持续利用。在规划阶段，需要充分考虑景观的生态、文化和经济价值，制订科学合理的发展目标和规划方案。在管理方面，需要建立健全管理机制和规章制度，确保规划的实施和管理的有效性。

（3）注重景观的多样性和独特性。森林景观具有多样性和独特性，这是其魅力所在。在利用景观时，需要充分挖掘和发挥这些特点，保持景观的原始风貌和特色。同时，需要注重景观的多样性和生态平衡，避免单一化开发和同质化竞争。

（4）合理利用资源。森林景观利用需要合理利用资源，避免浪费和过度消耗。在开发过程中，需要注重资源的循环利用和节约利用，采取节能、环保等措施。同时，需要加强对资源的监测和管理，确保资源的可持续利用。

（5）注重文化传承和保护。森林景观往往承载着当地的文化和历史遗产，需要进行保护和传承。在利用森林景观时，需要充分挖掘和弘扬当地的文化特色，加强对历史文化遗产的保护和传承。同时，需要注重文化创新和发展，将传统文化与现代文化相结合，打造具有时代特色的森林景观。

（6）关注社会效益和经济效益。森林景观利用需要关注社会效益和经济效益的平衡。在开发过程中，需要注重当地社区的利益和福祉，加强与当地居民的合作与交流。同时，需要注重经济效益的提升，通过合理的开发和经营策略，实现森林景观的可持续发展和经济价值的提升。

（7）遵守法律法规和政策规定。在进行森林景观利用时，需要遵守相关的法律法规和政策规定。例如，需要办理相关手续才能进行开发建设；需要遵守土地、环保等方面的规定；需要遵守文化遗产保护等方面的法律法规等。

5.6 多种模式综合发展

林下经济多种模式综合发展是一种创新的林业经济发展模式，是充分利用森林资源、生态环境和自然景观，将林下种植、林下养殖、相关产品采集加工、森林景观利用等多种元素有机地结合起来，形成一种协同发展、相互促进的综合发展模式。

5.6.1 林下经济多种模式综合发展的特点

(1) 充分利用资源。林下经济多种模式综合发展可以充分利用森林资源，提高资源的利用效率。例如，在林下种植、林下养殖和森林旅游综合发展模式中，可以共用林下空地、林下水源、森林环境等资源，且林下养殖产生的粪便可以为林下种植提供有机肥料。

(2) 推动生态环境保护。林下经济多种模式综合发展可以保护生态环境，促进森林的可持续发展。在林下种植、林下养殖和森林旅游综合发展模式中，林下种植不仅有助于保持土壤水分，还能有效降低风速，减少风沙，减轻风沙对土壤的侵蚀；林下种植中的杂草等可以作为林下养殖的饲料；而森林旅游可以带动森林资源的保护和生态环境的建设。

(3) 助力区域发展和乡村振兴。林下经济多种模式综合发展可以带动当地经济的发展，促进区域内的产业结构调整和转型升级，推动区域经济的协调发展，助力乡村振兴。如在林下种植、林下养殖和森林旅游综合发展模式中，林下养殖和林下种植可以为森林旅游提供优质的生态产品，并且林下采摘等也可以作为森林旅游中的重要一环。

(4) 促进创新和发展。林下经济多种模式综合发展可以促进创新和发展。在林下经济多种模式综合发展中，需要不断地探索和创新适合当地的特色林下经济，同时还需要考虑自然条件、资源状况、经济基础和社会需求等因素，因地制宜地发展适合当地的特色林下经济。这种创新和发展可以推动林业经济的可持续发展。

这些优势可以为农民和企业带来可观的经济效益和社会效益，同时也可以推动林业经济的可持续发展和生态文明建设。政府和企业应加强对林下经济的投入和支持，创新经营模式和管理机制，推动林下经济的规模化、专业化和现代化发展。

5.6.2 林下经济多种模式综合发展的意义

(1) 多种模式综合发展有助于推动产业的多元化发展。林下经济市场包括种植、养殖、采集、加工等领域，不同领域之间的互补性和协同性为产业的多元化发展提供了基础。通过多种模式的综合发展，企业可以更好地满足市场的多样化需求，提高产品的附加值和市场占有率。

(2) 多种模式综合发展有助于促进产业的协调发展。林下经济产业涉及多个环节和方面，不同环节之间需要相互协调和配合才能实现整个产业的良性发展。多种模式综合发展可以促进产业链的整合和协同，加强各个环节之间的联系和合作，实现整个产业的协调发展。

（3）多种模式综合发展有助于实现产业的可持续发展。林下经济市场的发展需要依靠林地资源和森林生态环境，而资源的有限性和生态环境的脆弱性要求产业发展必须注重可持续性。通过多种模式的综合发展，企业可以更加合理地利用资源，减少对生态环境的负面影响，实现产业的可持续发展。

（4）多种模式综合发展有助于提高产业的竞争力。林下经济市场面临着激烈的市场竞争，企业需要不断提高产品质量、降低生产成本，以获得竞争优势。多种模式综合发展可以为企业提供更多的发展机会和空间，提高企业的灵活性和适应性，增强企业的市场竞争力。

（5）多种模式综合发展有助于增强市场适应性。林下经济市场是不断变化的市场，多种模式综合发展可以使企业更好地适应市场的变化和需求，抓住市场的机遇和挑战，拓展新的市场领域和发展空间。

在林下经济市场中，多种模式综合发展对于推动产业的发展和升级、满足市场需求和提高企业竞争力具有重要意义。因此，政府和社会各界需要加大对林下经济的支持力度，鼓励企业加强多种模式综合发展的探索和实践，推动林下经济市场的健康和可持续发展。同时，企业也需要注重创新和科技应用，加强产业链整合和协同发展，提高产品质量、降低生产成本，以适应市场的变化，抓住市场的机遇。通过多种模式综合发展的实践和探索，林下经济市场有望成为健康、环保、高品质生活的代表，为消费者提供更多优质、健康、环保的产品和服务。

5.6.3　林下经济多种模式综合发展需要注意的问题

（1）生态安全问题。在发展林下经济时，必须确保生态安全。要避免过度开发导致的生态环境破坏，防止水土流失、土地沙化等问题。应该根据实际情况合理规划，控制开发强度，保持生态平衡。

（2）资源利用问题。林下经济需要合理利用资源，避免浪费和过度消耗。在利用资源时，要注重资源的循环和节约利用，采取节能、环保等措施。同时要加强对资源的监测和管理，确保资源的可持续利用。

（3）经济发展问题。发展林下经济需要关注经济发展。在提高经济效益的同时，要注重生态效益和社会效益的平衡。要根据市场需求和当地资源优势，选择适合的林下经济发展模式，提高产品的竞争力和附加值。

（4）技术支持问题。发展林下经济需要技术支持。要根据实际情况选择合适的种植、养殖品种和技术，提高产品的产量和质量。同时要加强技术培训和交流，提高从业人员的技能水平和管理水平。

（5）市场营销问题。发展林下经济需要关注市场营销。要加强品牌建设和宣传，提高产品的知名度和美誉度。同时要了解市场需求和消费者偏好，制订合适的营销策略和销售渠道，提高产品的市场竞争力。

(6)法律法规问题。在发展林下经济时,需要遵守相关的法律法规和政策规定。例如,需要办理相关手续才能进行开发建设;需要遵守土地、环保等方面的规定;需要遵守文化遗产保护等方面的法律法规等。要了解相关法律法规和政策规定,确保合法合规经营。

(7)风险管理问题。林下经济发展存在一定的风险,例如,市场风险、自然风险等。需要加强风险管理,制订应对措施和预案,降低风险对经营的影响。同时要建立风险评估机制,对项目进行全面评估和监测,及时调整经营策略和措施。

(8)合作共赢问题。林下经济的发展需要各方合作共赢。需要加强与政府、企业、农民等各方的合作与交流,共同推动林下经济的发展。同时要注重利益共享和责任共担,实现互利共赢的局面。

5.7 林下经济发展组织形式

积极创新产业发展组织形式是推动林下经济发展的关键。以下将详细介绍林下经济发展的组织形式。

5.7.1 林业专业合作组织

林业专业合作组织在林下经济发展中扮演着至关重要的角色。作为一种创新和具有潜力的组织形式,林业专业合作组织能够有效地将农民、林业企业和相关机构聚集在一起,形成协同发展的模式,推动林下经济的可持续发展。

林业专业合作组织的主要特点在于其能够提供一种共享平台,将拥有不同资源和技能的合作伙伴整合在一起。通过合作,各方的优势能够得到充分发挥,弥补了单个经营主体在资金、技术、市场等方面的不足。同时,合作组织还能在一定程度上降低市场风险,增强林下经济的稳定性和竞争力。

林业专业合作组织的建立,首先需要有一个核心的组织机构作为支撑。该机构可以是一个实体,如农民专业合作社或林业协会;也可以是一个虚拟平台,如在线合作社。这些机构的主要职责是维护合作组织的稳定性和发展,为成员提供各种支持和服务。

除核心组织机构外,林业专业合作组织还需要有一系列的合作伙伴,包括农民、林业企业、科研机构、金融机构等。这些合作伙伴在合作组织中扮演着不同的角色,如农民提供林地、劳动力和优质的林下经济产品,企业提供技术和市场渠道,科研机构提供科技支持,金融机构提供融资服务等。

在林业专业合作组织中,各合作伙伴之间形成了紧密的合作关系。他们共同制订发展计划,分享资源信息,协同开展经营活动。这种合作模式不仅降低了各个经营主体的风险和成本,还提高了整个林下经济的效益和竞争力。

为了确保林业专业合作组织的顺利运行和发展,还需要有一系列的保障措施。首先，政府应该给予一定的政策支持和引导，如财政补贴、税收优惠等，以鼓励更多的农民和企业参与合作组织。其次，合作组织内部需要建立完善的管理制度和监督机制，确保合作组织的规范运行和成员的权益保障。此外，合作组织还需要注重人才培养和技术创新，提高自身的竞争力和适应能力。

除了政府和合作组织内部的支持外，社会各界也应该积极参与和支持林业专业合作组织的发展。例如，金融机构可以为合作组织提供优惠的融资服务，科研机构可以与合作组织协同开展科技创新和技术推广，电商平台可以协助合作组织拓展销售渠道等。

林业专业合作组织是推动林下经济发展的重要组织形式之一。通过合作组织的平台作用，可以实现资源共享、优势互补和协同发展，提高林下经济的整体效益和竞争力。在未来，随着林下经济的发展和不断创新，林业专业合作组织也将不断完善和发展，为推动林业经济的可持续发展作出更大的贡献。

5.7.2　林业产业化联合体

林业产业化联合体是一种新型的林业经营组织形式，其核心在于通过联合体的形式将林业生产的各个环节进行有机整合，以提高生产效率、降低成本、增强市场竞争力，同时也能够更好地适应市场需求的变化，实现产销对接、信息共享、风险共担、利益共享的目标。在林下经济发展中，林业产业化联合体也具有非常重要的作用。

首先，联合体可以实现生产环节的整合和优化。林下经济生产的各个环节分散在不同的经营主体之间，通过联合体的形式可以将这些环节进行有机结合，实现生产要素的共享和优化配置，从而提高生产效率，降低生产成本。其次，联合体可以实现产销对接和信息共享。联合体可以及时掌握市场需求的变化，调整生产和销售策略，提高市场竞争力。同时也可以为农民提供更加稳定的销售渠道和更多的收益。最后，联合体可以降低市场风险和自然风险。通过联合体的形式可以实现风险的分散和共担，降低林下经营的市场风险和自然风险，提高了林下经济的稳定性和可持续性。

在林下经济发展中，林业产业化联合体的组建可以由农民、林业企业、政府、金融机构等多个主体共同参与。其中，农民是联合体的核心力量，他们提供优质的林下产品。林业企业则是联合体的中坚力量，他们提供技术、资金和市场等支持，促进联合体的快速发展。政府和金融机构也可以通过提供政策支持和资金扶持等方式来参与联合体的建设和发展。

为了确保林业产业化联合体在林下经济发展中的顺利运行和发展，还需要建立完善的组织架构和管理机制。首先，需要明确各个合作伙伴之间的关系和职责，建立稳定和可持续的合作机制。其次，需要建立完善的管理制度和监督机制，确保联合体的规范运行和成员的权益保障。最后，还需要注重科技创新和技术推广，提高联合体的竞争力和适应能力。

5.7.3 林业产业化基地

林业产业化基地是一种以林业为主体，融合一、二、三产业，集约化、链条化、基地化的生产经营模式。它以林业为主要依托，通过技术创新、制度创新、政策支持等方式，提高林业产业的整体效益和竞争力，实现经济、社会和生态效益的协调发展。在林下经济发展中，林业产业化基地也具有非常重要的作用。

林业产业化基地在林下经济发展中的优势在于其能够将林下经济生产的各个环节进行有机结合，实现资源共享、优势互补和协同发展。通过基地化的生产经营模式，可以实现生产要素的集约化和链条化，提高生产效率，降低生产成本。同时，基地还能够更好地适应市场变化，及时调整生产和销售策略，提高市场竞争力。此外，基地还可以提供技术、信息和销售等方面的支持和服务，帮助农民和企业更好地发展林下经济。

在林下经济发展中，林业产业化基地的组建需要政府、企业、科研机构、金融机构等多方合作。政府可以提供政策支持和资金扶持，鼓励和引导企业和农民参与基地建设。企业则是基地的核心力量，他们提供技术、资金和市场等支持，促进基地的快速发展。科研机构可以提供科技支持，帮助基地提高竞争力和适应能力。金融机构可以提供融资服务，帮助基地解决资金问题。

5.7.4 农民互助合作组织

农民互助合作组织是一种以农民为主体，通过自愿联合、自我管理、自我服务的方式，实现资源共享、风险共担、利益共享的目标，推动林下经济发展的组织形式。在林下经济发展中，农民互助合作组织具有非常重要的作用。

农民互助合作组织在林下经济发展中的优势在于其能够将农民个体经营的优势和特色进行有机结合，实现规模化、专业化、标准化的生产。通过合作组织的平台作用，可以将农民的分散经营进行有机结合，提高生产效率、降低成本、增强市场竞争力，同时也能够更好地适应市场需求的变化。为了确保农民互助合作组织在林下经济发展中的顺利运行和发展还需要积极开展经营活动和服务。首先，合作组织可以开展技术培训、信息咨询、市场调查等服务，帮助成员解决生产中遇到的问题。其次，合作组织还可以开展统一采购、统一销售、统一加工等服务，实现规模化、专业化、标准化的林下经济发展。

5.7.5 与科研机构和高校合作

与科研机构和高校合作是推动林下经济发展的重要力量，这种合作形式可以实现科技与教育的紧密结合，提高科技创新能力和人才培养质量，为林下经济的发展提供强有力的支持。

具体来说，通过合作，科研机构和高校可以共同研发新技术、新产品和新工艺，为林下经济的发展提供强有力的科技支持。同时，高校可以为企业培养高素质的科技人才，提高企业的技术创新能力和市场竞争力。此外，合作还可以促进科研机构和高校之间的信息共享和资源整合，提高科技创新的效率和效益。

在林下经济发展中，与科研机构和高校合作的组建需要政府、企业、金融机构等多方支持。政府可以提供政策支持和资金扶持，鼓励和引导与科研机构和高校参与合作。企业可以提供市场需求和技术需求，为合作提供实际应用场景。金融机构可以为合作提供融资服务，帮助合作方解决资金问题。

第6章　林下经济的市场行为

6.1　林下经济产品的供求

林下经济产品是指基于森林资源开发与利用的一种经济产品，包括林下种植、林下养殖、相关产品采集加工、森林景观利用等活动中产生的林产品、农产品、畜产品、生态服务产品等。

6.1.1　林下经济产品的定义与分类

林下经济产品是指在林下经济活动中所生产、采集、收获、提供的各种具有经济、生态、社会价值的动植物、微生物、生态服务等产品。

根据不同的分类标准，林下经济产品可以分为以下几类：

6.1.1.1　根据产品的属性分类

(1) 林下种植产品。指在林下空间进行种植、培育的各种植物产品，如中草药、茶叶、果品等。

(2) 林下养殖产品。指在林下空间进行的各种养殖活动所生产的动物产品，如禽类、畜类、蜂类等。

(3) 林下采集产品。指在林下空间进行的各种采集活动所获得的天然产物，如野生菌类、野生果类等。

(4) 林下加工产品。指在林下空间进行的各种加工活动所生产的加工品，如林下食品、保健品等。

(5) 森林景观利用产品。指在森林景观利用中所产生的各种生态服务产品，如森林康养、森林研学、森林旅游、林家乐等。

6.1.1.2　根据产品的市场化程度分类

(1) 一般性林下产品。指市场化程度较高的林下经济产品，如茶叶、水果、蜂蜜等。

(2) 高端化林下产品。指市场化程度较低但附加值较高的林下经济产品，如珍稀药材、高档茶叶等。

(3) 功能性林下产品。指具有特定功能和用途的林下经济产品，如用于保健、美容、治病的林下食品和药品、生态服务产品等。

6.1.2 林下经济产品的需求特点

6.1.2.1 需求日益多元化

随着消费者健康和环保意识的提高，对林下经济产品的需求日益多元化，从传统的农产品、畜产品扩展到中草药、茶叶、水果等多个领域，并且对森林康养、森林研学、森林旅游等森林景观利用类的无形产品需求逐渐增多。

(1)消费者需求在不断变化。随着社会的进步和消费者生活水平的提高，人们对于食品和用品的需求不再仅仅是满足基本的生活需要，而是更加注重品质、健康、环保等方面的因素。林下经济产品作为一种生态环保、健康营养的食品和用品，正好符合消费者对这方面的需求。同时，消费者也期望森林景观能够与当地文化相结合，丰富其文化体验。

(2)林下经济产品往往具有很强的地域特色和民族文化内涵。不同地区的林下经济产品有着不同的特色和风味，例如，南方地区的林下经济产品以道地药材、野生菌、森林蔬菜等为主，而北方地区的林下经济产品则以林下养殖、坚果等为主。同时，不同民族的林下经济产品也具有其独特的文化内涵和特色，例如，苗族、侗族等少数民族的林下经济产品就具有浓郁的民族特色和文化内涵。这种地域特色和民族文化的体现，满足了消费者对于多元化产品的需求。

(3)林下经济产品的创新和多样化。为了满足消费者对于个性化、差异化的需求，林下经济产品的生产者和经营者需要不断创新和改进，增加产品的种类和功能性。例如，利用现代生物技术可以培育出更加优质、高附加值的林下经济产品，利用新型加工技术可以生产出更加营养、美味的林下经济产品。这些创新和多样化不仅提高了产品的产量和质量，也增加了产品的种类和功能性，进一步满足了消费者对于个性化、差异化的需求。

(4)互联网技术和大数据的应用。随着互联网技术和大数据的应用，林下经济产品的生产者和经营者可以更加准确地了解消费者的需求和偏好，从而推出更加符合市场需求的产品种类和品牌。例如，通过市场调研和分析，可以了解到消费者的年龄、性别、收入水平、消费习惯等方面的信息，从而针对不同消费群体推出个性化的产品和服务。同时，通过电商平台、直播带货等新型营销方式，可以让更多的消费者了解和购买到林下经济产品。

6.1.2.2 需求品质化

消费者对林下经济产品的品质要求越来越高，要求产品具有安全、优质、健康等特点。

随着林下经济产品的多样化发展，市场竞争也越来越激烈。在市场上，产品的品质是消费者选择的重要因素之一。林下经济产品的品质不仅包括外观、口感、营养价值等方面，还包括产品的生产过程、加工工艺等方面的品质。因此，为了在市场竞争中立于不败之地，林下经济产品的生产者和经营者必须注重提高产品的品质。林下经济产品作为一种生态环保、健康营养的食品和用品，其品质直接关系到消费者的健康和生命安全。如果产品的品质出现问题，不仅会影响消费者的健康和生命安全，还会对生产者和经营者的声誉和信誉造成不可逆转的损失。因此，保证产品的品质是林下经济产品的生命线，是生产者和经营者必须坚守的底线。在林下经济产品市场中，品牌建设是至关重要的一环。一个好的品牌必须要有好的品质作为支撑，只有品质过硬的产品才能赢得消费者的信任和认可，从而在市场上树立起自己的品牌形象。因此，品质是品牌建设的基础，只有不断提高产品的品质，才能打造出具有市场竞争力的品牌。林下经济产品的品质也是地方产业发展的重要助力之一。在地方产业中，林下经济产品往往是一个重要的经济增长点，提高林下经济产品的品质不仅可以提高地方产业的竞争力，还可以带动相关产业的发展，促进地方经济的繁荣。

6.1.2.3 需求理性化

林下经济产品的需求理性化是由消费者对于产品的认知和理性消费、林下经济产品的品质保证和透明度、市场的规范化和有序竞争，以及科技创新和产品升级换代等多方面因素推动的。这种理性化的需求不仅仅体现在消费者对于产品的选择上，也体现在生产者和经营者的生产和经营策略上。对于林下经济产品的生产者和经营者来说，需要注重品质管理和透明度，规范生产和经营行为，通过科技创新和产品升级换代来提高产品的附加值和市场竞争力。

(1)消费者对于产品的认知和理性消费。随着消费者健康、环保意识的提高，对于林下经济产品的认知和理性消费也越来越明显。消费者在选择林下经济产品时，不仅仅考虑价格和品质，更加注重产品的生产过程、加工工艺、营养成分、口感等方面的因素。同时，消费者也会主动学习和了解相关的健康环保知识，以便更加理性地消费林下经济产品。

(2)林下经济产品的品质保证和透明度提升。在林下经济产品的市场中，产品的品质保证和透明度提升是消费者选择的重要因素之一。生产者和经营者需要建立完善的质量管理体系，保证产品的品质和安全性。同时，在产品的生产过程中，需要遵循绿色环保的原则，提升产品的透明度，让消费者了解产品的生产过程和所使用的原材料等信息。这种品质保证和透明度提升可以增强消费者对产品的信任和认可，从而促进林下经济产品的消费。

(3)市场的规范化和有序竞争。林下经济产品的市场需求不断增长，也吸引了很多生产者和经营者进入市场。为了在市场竞争中获得优势，一些生产者和经营者会采取不正当的手段来降低成本、提高产量等。这种不规范的行为会影响整个市场的秩序和消费者的信任度。因此，市场的规范化和有序竞争是林下经济产品需求理性化的重要保障。政府和相关部门应该加强市场监管，打击不正当竞争行为，保障消费者的权益。

(4)科技创新和产品升级换代。随着科技的不断发展，林下经济产品的生产技术和加工工艺也在不断改进和创新。通过科技创新和产品升级换代，可以提高产品的产量和质量，降低生产成本，从而让更多的消费者能够享受到高品质的林下经济产品。这也进一步推动了林下经济产品的需求理性化。

6.1.3 林下经济产品的市场供给分析

林下经济产品的市场供给是指为满足林下经济市场需求而提供的各种林下经济产品的数量、品质和结构等。作为林业经济发展的重要组成部分，林下经济产品的市场供给不仅直接关系到林下经济产品的经济效益，还对整个国民经济的发展产生着重要影响。

林下经济产品的供给主体主要包括专业的林业生产者、农民专业合作社、林业企业和其他相关组织。这些主体在提供林下经济产品的同时，也通过各种方式参与市场交易和资源配置，对市场供给产生着重要影响。林下经济产品的供给数量和质量直接影响到市场的需求和消费情况。林下经济产品的供给结构包括不同品种产品、不同品质产品的比例关系，以及不同类型企业的生产经营状况等。这些因素对市场的供求关系和价格波动具有重要影响。

目前，林下经济产品的市场供给呈现出以下特点：

6.1.3.1 供给量增长迅速

随着林下经济产业的不断发展，林下经济产品的市场供给量逐年增加。越来越多的企业加入林下经济产品的生产和销售中，使得供给量不断攀升。

供给量增长迅速是当前林下经济产品市场的一个重要特征，也是推动林下经济发展的重要因素之一。这一现象的出现，既有市场需求驱动的影响，也有政策扶持和技术创新的推动作用。首先，市场需求是供给量增长迅速的主要原因之一。随着人们健康意识的提高和消费结构的升级，林下经济产品的市场需求不断增长。消费者对绿色、有机、健康的林下经济产品越来越青睐，从而催生了大量的市场需求，吸引了越来越多的企业和农户投身于林下经济的发展中。其次，政策扶持也是供给量增长迅速的重要因素之一。政府在林下经济发展方面出台了一系列扶持政策，包括财政补贴、税收优惠、金融支持等，为企业和农户提供了良好的发展环境和动力。这些政策的实施，降低了林下经济产品的生产成本和风险，提高了生产效益和供给量。

此外，技术创新也是供给量增长迅速的重要推动力量。随着科技的不断进步和应用，林下经济的生产技术和模式不断创新。通过引进先进的生产技术和设备，提高了林下经济产品的产量和质量，降低了生产成本和劳动强度，从而进一步推动了供给量的增长。

6.1.3.2 供给品种多样化

林下经济产品的供给品种越来越多样化。从最初的林下种植、林下养殖到相关产品采集加工，涵盖了多个领域。消费者可以根据自己的需求选择不同类型的林下经济产品。

供给品种多样化是当前林下经济产品市场的另一个重要特征，这一现象的出现，既满足了消费者对林下经济产品的多样化需求，也为林下经济的发展提供了更多的市场机会和空间。首先,供给品种多样化能够满足不同消费者的需求。随着人们生活水平的提高和消费结构的升级,消费者对林下经济产品的需求呈现出多样化、个性化的发展趋势。不同消费者对林下经济产品的种类、品质、用途等方面有着不同的需求,供给品种的多样化能够满足这种多样化的市场需求,提升消费者的购买意愿和满意度。其次,供给品种多样化能够促进林下经济的多元化发展。不同种类的林下经济产品具有不同的生长习性和生产特点,可以充分利用林下空间和资源,形成互补效应。供给品种的多样化可以发挥不同产品的优势,形成多元化的产品结构,提高林下经济的整体效益和市场竞争力。

6.1.3.3 供给区域扩大

随着林下经济产业的不断发展,供给区域也在不断扩大。从最初的某些特定区域有林下经济产品,到现在全国各地均有林下经济产品的生产和供给。供给区域的扩大为消费者提供了更多的选择。

供给区域扩大是林下经济发展的一个重要趋势,不仅有助于提高林下经济产品的供应能力和市场竞争力,还有助于促进区域经济的均衡发展。首先,供给区域扩大能够提高林下经济产品的供应能力。随着林下经济的发展,越来越多的地区开始重视林下经济产品的生产,并加大投入力度。通过扩大供给区域,可以充分利用不同地区的资源优势和生产条件,形成规模化的生产布局,提高林下经济产品的整体供应能力、满足市场需求。其次,供给区域扩大有助于提高市场竞争力。扩大供给区域可以降低生产成本和运输成本,提高产品的价格竞争力。同时,不同地区的林下经济产品具有各自的特点和优势,通过供给区域扩大,可以形成优势互补,提高整个产业的竞争力。

此外,供给区域扩大还有助于促进区域经济的均衡发展。林下经济产品生产需要大量的林地、劳动力等资源,扩大供给区域可以带动相关产业的发展,增加就业机会,促进区域经济的均衡发展。

6.1.3.4 供给质量差异大

虽然林下经济产品的供给量不断增加,但供给质量差异较大。一些企业注重产品质量和品牌建设,而另一些企业则可能忽视产品质量。这导致市场上的林下经济产品质量参差不齐,给消费者的选择带来一定难度。

供给质量差异大是当前林下经济产品市场的一个重要问题,不仅影响了消费者的购买意愿和满意度,还制约了林下经济的发展。首先,供给质量差异大影响了消费者的购买意愿。消费者在购买林下经济产品时,往往更倾向于选择品质可靠、安全有保障的产品。然而,由于供给质量差异大,消费者难以判断产品的优劣,导致他们的购买意愿降低。其次,供给质量差异大影响了林下经济的整体形象。林下经济作为一种新兴产业,其整体形象和信誉对于林业经济发展至关重要。如果供给质量差异大,会导致市场上出现大量低劣产品,给消费者留下不良印象,进而影响林下经济的整体发展。

此外,供给质量差异大还会导致市场混乱。不同质量的林下经济产品在同一市场上竞争，会导致价格波动、市场秩序混乱等问题。同时，低质量产品的大量存在也会挤压优质产品的生存空间，阻碍林下经济的健康发展。

6.1.3.5 季节性供给问题

由于林下经济产品的生长和生产受到季节性影响，因此在某些季节，市场上的供给量会相对较少。这可能导致价格波动和消费者选择受限的问题。

随着消费者对绿色有机食品需求的不断增加，林下经济产品的市场机遇巨大。同时，国家对林业发展的政策支持和资金扶持也为林下经济的发展提供了更加广阔的空间。另外，科技的进步和智能化技术的应用也为林下经济的发展带来新的机遇。尽管林下经济产品的市场机遇巨大，但也存在一些挑战。首先，市场竞争激烈。不同地区和企业之间的同质化竞争现象较为普遍，需要加强品牌建设和差异化发展。其次，产品质量问题也需要注意。一些企业为了追求短期利益而忽视了产品质量，导致市场上存在一些低质量的产品，这不仅会影响消费者的信心，也会对整个产业的可持续发展造成不利影响。最后，生态环境保护也是需要重视的问题。虽然生态环保理念逐渐普及，但在实际生产过程中仍然需要加强环境保护措施的实施和管理，确保林下经济的可持续发展。

6.1.4 林下经济产品的市场需求分析

林下经济产品的市场需求呈现出不断增长的趋势。随着消费者对绿色、有机食品的偏好度提高以及对生态环境保护意识的增强，林下经济市场的发展潜力巨大。

6.1.4.1 影响林下经济产品市场需求的因素

（1）价格因素。价格是影响林下经济产品市场需求的重要因素之一。当产品价格上涨时，消费者的需求量可能会减少；而当产品价格下降时，消费者的需求量则可能会增加。此外，价格的变化也会影响消费者的购买决策和消费行为。

（2）消费者收入水平。一般来说，随着消费者收入水平的提高，对林下经济产品的需求也会相应增加。这是因为消费者有更多的购买力和选择空间，可以购买更高端、品质更好的林下经济产品。

（3）消费者认知和偏好。当消费者对林下经济产品的营养价值、口感、安全性等方面的认知程度提高时，对产品的需求也会相应增加。同时，消费者的个人喜好和口味也会影响对林下经济产品的选择和购买决策。

（4）市场供求关系。当市场供应量大于需求量时，消费者的选择范围可能会扩大，购买机会可能会增加；而当市场需求量大于供应量时，产品价格可能会上涨，消费者的购买力也可能会受到一定的影响。

6.1.4.2 林下经济产品的市场需求分析

（1）需求增长。随着经济的增长和生活质量的提高，人们对林下经济产品的需求逐年增加。消费者越来越关注食品安全、环保和健康问题，林下经济产品因其绿色、有机、健康的特性而备受青睐。需求增长是多方面因素共同作用的结果。首先，生活水平的提高使人们对林下经济产品的消费能力增强。随着收入水平的提高，人们开始更加注重健康、绿色、有机的生活方式，对林下经济产品的需求也随之增加。其次，消费者对林下经济产品的认知度和接受度不断提高。随着媒体和广告的宣传，越来越多的消费者了解到林下经济产品的优势和特点，开始尝试并逐渐习惯购买这类产品。再次，随着社会对健康、环保的关注度提升，林下经济产品的市场需求也进一步扩大。最后，政府对林下经济的扶持政策也是推动需求增长的重要因素之一。政府通过财政补贴、税收优惠等政策措施，鼓励林下经济的发展，提高了生产者的积极性，同时也增加了消费者的购买意愿。从市场角度看，需求增长意味着企业有更多的机会和空间来拓展业务、提高销售额。企业可以通过创新产品、提升品质、扩大宣传等方式来满足消费者的需求，进一步巩固和拓展市场份额。需求增长是林下经济产品市场发展的重要体现，不仅反映了消费者对健康、环保生活的追求，也为企业提供了广阔的发展空间和机遇。企业应抓住市场需求增长的机会，不断创新和提高产品质量，以适应市场的变化和满足消费者的需求。同时，政府和社会各界也需要加大对林下经济的支持力度，共同推动林下经济的健康和可持续发展。

(2) 消费者需求。在林下经济产品的市场中，消费者需求是驱动市场发展和企业竞争的核心因素。首先，消费者需求具有多样性。不同的消费者对于林下经济产品的需求和偏好各有不同。例如，有的消费者注重产品的口感和品质，有的消费者关注产品的产地和生产过程，还有的消费者追求产品的健康和环保属性。这种多样性的需求要求企业不断创新，推出多样化的林下经济产品来满足不同消费者的需求。其次，消费者需求具有动态性。随着社会的发展和消费者生活水平的提高，消费者对于林下经济产品的需求也在不断变化。例如，随着健康意识的增强，消费者对有机、绿色、无公害的林下经济产品的需求逐渐增加。企业需要紧跟市场需求的变化，及时调整产品生产和营销策略，以满足消费者的需求。最后，消费者需求还具有可引导性。通过广告宣传、品牌塑造等方式，企业可以引导消费者的需求，培养消费者的购买习惯。企业可以通过市场调研和数据分析，了解消费者的潜在需求和心理预期，通过精准营销和个性化服务来满足消费者的需求。

(3) 市场需求。在林下经济市场中，市场需求受到多种因素的影响，包括消费者的需求、购买能力、购买意愿及市场供应情况等。首先，市场需求是消费者需求的集中体现。消费者对林下经济产品的需求量、需求种类和需求层次等因素，决定了市场的总体需求规模和结构。企业需要密切关注消费者需求的变化，了解不同消费者的需求特点和偏好，以便更好地满足市场需求。其次，市场需求还受到购买能力的制约。消费者的购买能力取决于其收入水平、消费观念和支付能力等因素。在一定时期内，消费者的购买能力是有限的，他们只能在一定的预算约束下选择适合自己的产品。因此，企业需要了解消费者的购买能力，制订合理的价格策略和营销策略，以吸引更多的消费者。最后，市场的供应情况也会影响市场需求。如果市场上供应的林下经济产品数量不足或者品质不高，不能满足消费者的需求，那么消费者可能会转向其他替代品或者选择进口产品。因此，企业需要关注市场供应情况，了解竞争对手的产品特点和价格策略，以便更好地应对市场竞争。

6.2 林下经济产品的定价

林下经济产品的定价是一项复杂的工作，需要考虑成本、需求、竞争、科技和附加值等因素，以适应市场的变化。随着经济的发展和消费者对绿色有机食品的需求增加，林下经济产品的市场需求也在不断增长。为了在市场竞争中获得优势，合理定价成为关键措施之一。

6.2.1 林下经济产品的特点

林下经济产品因其独特的生产方式和生态环保特性而具有一系列特点。

(1) 绿色有机。林下经济产品的最大特点是绿色有机。在林下环境中，不使用或很少使用化学农药和化肥，意味着产品的生长环境更自然、更健康。这种生态友好的生产方式使得林下经济产品具有更好的品质和更高的营养价值。从消费者的角度，这些产品被视为更健康、更安全的选择。

(2) 口感独特。在林下环境中，产品的生长环境不同于一般的农田，这使产品的口感更加清新自然。例如，林下养的鸡，其肉质更加鲜嫩，香味更加浓郁；林下的野菜，口感更加清脆可口。这些独特的口感使得林下经济产品在市场上更受欢迎。

(3) 市场需求大。随着消费者对绿色有机食品的需求增加，林下经济产品的市场需求也在不断增长。这些产品不仅受到消费者的青睐，还有很大的市场潜力。特别是在一些大中城市，林下经济产品的消费量不断增加，市场前景广阔。

(4) 可持续性强。在生产过程中，注重生态环保，采用生态林业、有机林业等可持续林业生产方式，既保证了产品的质量，又保护了生态环境。

(5) 科技含量高。随着科技的不断发展，林业科技也在不断进步。在林下经济产品的生产过程中，广泛采用了先进的种植技术、养殖技术、加工技术等，使产品的品质得到了提高，同时也提高了生产效率。

6.2.2 林下经济产品的定价策略

林下经济产品的定价策略有很多种，不同的定价策略都有其适用范围和局限性。在确定产品价格时，企业应该综合考虑多种因素，如生产成本、市场需求、竞争情况等，并根据产品的特点和使用场景来选择合适的定价策略。

(1) 成本加成定价法。这种定价法是指按照产品的生产成本加上一定比例的利润来确定价格。其中，生产成本包括原材料成本、人工成本、林地成本等；利润则是根据企业的目标利润率、市场竞争等因素来确定。这种定价方法简单易行，能够让企业更好地控制成本和利润，但忽略了市场需求和竞争情况，可能会导致产品滞销或利润下降。

(2) 市场导向定价法。市场导向定价法是根据市场需求和竞争情况来确定产品价格。这种方法考虑到了市场需求和竞争因素，能够更好地满足消费者需求和避免库存积压。具体来说，如果市场需求高而竞争激烈，企业应该降低价格以增加市场份额；如果市场需求低而竞争较少，企业可以适当地提高价格以获得更高的利润。

(3) 价值定价法。价值定价法是根据产品的价值和市场定位来确定价格。这种定价方法考虑到了产品的质量和附加值，能够更好地反映产品的实际价值。具体来说，如果产品的附加值较高、质量较好，企业可以适当地提高价格以获得更高的利润；如果产品的附加值较低、质量一般，企业则应该降低价格以吸引消费者。

(4) 需求定价法。需求定价法是根据市场需求和消费者对产品的价值认知来确定价格。这种定价方法考虑到了消费者的购买能力和购买意愿，能够更好地满足消费者的需求和预期。具体来说，如果消费者的购买能力强、对产品的价值认知较高，企业可以适当地提高价格以获得更高的利润；如果消费者的购买能力较弱、对产品的价值认知较低，企业则应该降低价格以吸引更多的消费者。

(5) 竞争导向定价法。竞争导向定价法是根据市场竞争情况来确定产品价格。这种定价方法考虑到了竞争对手的价格和产品质量，能够更好地适应市场竞争环境。具体来说，如果竞争对手的价格较低、产品质量较好，企业应该降低价格以增加市场份额；如果竞争对手的价格较高、产品质量一般，企业则可以适当地提高价格以获得更高的利润。

(6) 多重定价法。多重定价法是根据产品的不同特点和使用场景来确定价格。这种方法能够更好地满足消费者的不同需求和预期，同时也能够更好地控制生产成本和利润。具体来说，如果产品的特点和使用场景比较特殊，企业可以适当地提高价格以获得更高的利润；如果产品的特点和使用场景比较普遍，企业则可以降低价格以吸引更多的消费者。

(7) 组合定价法。组合定价法是根据产品的组合情况来确定价格。这种方法能够更好地满足消费者的不同需求和预期，同时也能够更好地控制生产成本和利润。具体来说，如果产品的组合比较复杂或比较高档，企业可以适当地提高价格以获得更高的利润；如果产品的组合比较简单或比较普通，企业则可以降低价格以吸引更多的消费者。

6.2.3 林下经济产品的定价风险

林下经济产品定价风险是林下经济发展中面临的一个重要问题。由于林下经济产品的特殊性，其价格受到多种因素的影响，如市场需求、生产成本、政策法规等，这些因素的变化都会对林下经济产品的价格产生影响。因此，对于林下经济产品的定价风险进行深入的分析和研究，有助于提高林下经济的效益和市场竞争力。由于林下经济产品的特殊性，其定价风险也不同于其他产品。

(1) 生产成本的不确定性。林下经济产品的生产成本受到多种因素的影响，包括气候、土壤、水资源等自然条件，以及生物技术、智能林业等生产技术。这些因素的变化都会对林下经济产品的生产成本产生影响。例如，气候干旱会导致水资源短缺，从而影响林下经济产品的产量和质量。

(2) 市场需求的不确定性。由于林下经济产品的特殊性，其市场需求也具有不确定性。例如，对于一些高端的林下经济产品，如野生菌、森林蔬菜等，其市场需求相对稳定，价格也相对较高。但是对于一些普通的林下经济产品，如中草药等，其市场需求则受到多种因素的影响，如宏观经济形势、替代品价格等。

(3) 政策法规的不确定性。由于林下经济的生态效益和社会效益，政府通常会给予一定的政策支持和资金扶持。例如，政府可以给予林下经济产品税收优惠、贷款扶持等措施，这些措施的实施会对林下经济产品的价格产生影响。但是，如果政策法规发生变化或者政府对林下经济的支持力度发生变化，也会对林下经济产品的价格产生影响。例如，政府取消了税收优惠或者贷款扶持等措施，会导致林下经济产品的成本上升，从而使产品价格提高。

6.3 林下经济产品的市场规范

林下经济产品的市场规范是确保林下经济健康发展的重要保障，也是维护市场秩序、提高产品质量和推动产业升级的重要措施。

6.3.1 林下经济产品的市场现状

当前，林下经济产品市场呈现出迅速发展的趋势，但也暴露出一些问题。随着人们健康意识的提高和消费水平的提高，林下经济产品的市场需求不断增加。一些高端的林下经济产品，如野生菌、森林蔬菜等市场需求旺盛，价格不断攀升。同时，一些普通的林下经济产品如草药等也有较大的市场需求，市场规模不断扩大。由于林下经济产品的市场发展较快，一些不规范的经营行为和市场秩序问题也随之出现。例如，一些企业为了争夺市场份额，采取压价、掺假等不正当手段进行竞争，影响了市场的公平性和透明度。此外，一些劣质产品的流入也给消费者的健康带来潜在的威胁。

同时，由于林下经济产品的生产具有地域性和季节性，一些产品的信息不对称现象严重。消费者很难了解到产品的生产、加工和销售全过程信息，对于产品的品质和安全性也难以作出准确的判断。此外，一些企业为了争夺市场份额，虚报产品产地、夸大宣传等行为也影响了市场的诚信度，给消费者的健康和安全带来了潜在的威胁。

6.3.2 林下经济产品市场规范的重要性

林下经济产品市场规范的重要性主要体现在以下三个方面：

(1) 维护市场秩序。林下经济产品的市场规范可以有效维护市场的公平和透明，防止不正当竞争行为对市场秩序的破坏。

(2)提高产品质量。林下经济产品的市场规范可以促进企业提高产品质量,从而提升产品的市场竞争力。

(3)推动产业升级。林下经济产品的市场规范可以推动产业升级,促进林下经济的可持续发展。

6.3.3 林下经济产品市场规范的主要措施

(1)建立标准体系。建立完善的林下经济产品标准体系是市场规范的基础。政府部门应制定统一的林下经济产品生产、加工和销售标准,确保产品质量的一致性。同时,鼓励企业采用国际标准和国外先进标准,提高产品的国际竞争力。此外,对不符合标准的产品要进行严格的处罚,以保证市场的公平和规范。

(2)建立质量追溯体系。建立林下经济产品质量追溯体系可以追溯产品的生产、加工和销售全过程。政府部门应建立质量追溯平台,鼓励企业上传产品相关信息,消费者可以通过扫描产品二维码等方式查询产品的生产、加工和销售信息,从而增强对产品的信任和对市场的认可。

(3)建立信息披露机制。建立林下经济产品的信息披露机制可以帮助消费者更好地了解产品信息。政府部门应建立信息公开平台,及时发布林下经济产品的生产、加工和销售信息。同时,鼓励企业通过公开渠道披露产品信息,提高市场的透明度和公正性。此外,应加强对虚假宣传和不实信息的打击力度,保障消费者的权益和市场秩序的稳定。

(4)建立行业自律机制。建立林下经济行业的自律机制是维护市场秩序的重要手段。政府部门应引导行业协会制定自律公约和行业规范,推动企业自觉遵守市场规则。同时,加强对行业协会的监管力度,防止行业协会成为企业的利益共同体而损害市场的公正性和透明度。此外,鼓励消费者参与行业自律机制的建立和维护,提高市场的民主参与度和监督力度。

6.4 林下经济产品的标准化建设

林下经济产品的标准化建设是指通过制定一系列的标准和规范,对林下经济产品的生产、加工、销售等环节进行规范和提升,以提高产品的质量、安全和竞争力,促进林下经济的可持续发展。

6.4.1 林下经济产品标准化建设的重要性

林下经济产品的标准化建设是当前林下经济发展中的一项重要任务,以下将从几个方面阐述林下经济产品标准化建设的重要性。

(1)保障林下经济产品的质量稳定。标准化建设是保证林下经济产品质量稳定的重要手段。通过制定标准化的生产和管理规范,可以明确生产过程中的各项技术要求和质量标准，使生产者有章可循、有标准可依。同时，标准化的管理还能够减少生产过程中的不确定因素，避免不同批次产品之间的质量差异，从而确保产品的质量稳定。

(2) 提升林下经济产品的品牌形象。品牌形象是消费者对产品的认知和信任程度，是产品市场竞争力的重要体现。通过标准化建设，可以树立林下经济产品的品牌形象，提高产品的知名度和美誉度。标准化的产品在市场上具有更高的认可度和信誉度，能够获得消费者的信任和青睐，从而为产品赢得更广阔的市场空间。

(3) 增加林下经济产品的市场竞争力。标准化的林下经济产品在市场上具有更高的竞争力。标准化的产品具有更好的品质保障和安全性能，可以获得更多消费者的青睐和信任。同时，标准化的产品在生产、加工、销售等环节上具有更高的效率和经济性，能够更好地适应市场需求和竞争环境，从而增强林下经济产品的市场竞争力。

(4) 促进林下经济的产业升级和转型。林下经济产业的升级和转型是当前林业发展的重要趋势。通过标准化的引领和带动，可以推动林下经济产业向高端化、智能化、绿色化转型升级。标准化的建设可以促进新技术的研发和应用，推动产业技术创新和进步，从而实现林下经济产业的升级和转型。

(5) 有利于保护生态环境和资源。林下经济产品的标准化建设还能够促进生态环境的保护和资源的合理利用。通过制定科学合理的生产和管理标准，可以规范生产过程和产品标准，减少对自然资源和生态环境的破坏和污染，实现绿色生产和可持续发展。同时，标准化建设也能够提高资源的利用效率和经济性，降低生产成本，有利于促进资源的合理配置和利用。

(6) 促进林下经济的国际贸易合作。随着国际贸易的不断发展，越来越多的林下经济产品进入国际市场。通过标准化的建设，可以与国际接轨，促进林下经济产品的国际贸易合作。标准化建设可以提升我国林下经济产品的整体质量和安全水平，提高我国在国际市场上的信誉度和竞争力，从而促进我国林下经济的发展和国际贸易合作。

(7) 有利于法律法规的贯彻执行。法律法规是规范林下经济产品生产和市场秩序的重要手段。通过标准化的建设，可以将法律法规的要求贯彻到生产、加工、销售等环节中，确保法律法规的执行。同时，标准化的建设也有利于对林下经济产品进行监管和执法工作，提高监管执法的科学性和有效性，维护市场秩序和公平竞争。

6.4.2 林下经济产品标准化建设的基本原则

林下经济产品标准化建设的基本原则是指在林下经济产品的生产、加工、销售等环节中，为实现产品的标准化而遵循的一系列准则和规范。以下是林下经济产品标准化建设需遵守的基本原则：

(1) 科学性原则。科学性原则是林下经济产品标准化建设的基础。这一原则要求在制定标准时，必须充分考虑林下经济产品的特点、生产条件、市场需求等因素，以科学的态度和方法制定出符合实际的标准。同时，标准也要随着科技的不断进步和市场需求的改变进行相应的调整和更新，以保持其科学性和有效性。

(2)突出特色原则。林下经济产品标准化建设不仅要符合科学性原则，还要突出特色。林下经济产品具有其独特的生产方式和资源优势，不同地域的林下经济产品有其各自的特点。因此，在制定标准时，要突出林下经济产品的特色和优势，强调产品的天然、绿色、环保等特性，以提高产品的吸引力和市场竞争力。

(3)与国际接轨原则。随着全球经济一体化的不断深入，林下经济产品标准化的建设也需要与国际接轨。通过积极借鉴国际标准和国际先进经验，将我国的林下经济产品标准与国际标准接轨，可以提高我国林下经济产品的国际认可度和竞争力。同时，与国际接轨也可以促进我国林下经济产品的国际贸易合作，推动我国林业产业的国际化发展。

(4)全过程管理原则。林下经济产品的标准化建设需要遵循全过程管理原则。这一原则要求对林下经济产品的生产、加工、销售等全过程进行标准化管理。只有在全过程中实施标准化管理，才能确保产品质量和安全的一致性，提高产品的可靠性和稳定性。同时，全过程管理还能够提高生产效率和管理效率，降低生产成本和市场风险。

(5)可持续发展原则。可持续发展原则是林下经济产品标准化建设的重要方向。这一原则要求在制定标准时，必须充分考虑资源利用的可持续性和生态环境的保护，注重经济效益、生态效益和社会效益的统一。同时，标准也要注重引导企业和农户采用环保、高效、可持续的生产方式，促进林下经济的可持续发展。

(6)公正公开原则。公正公开原则是林下经济产品标准化建设的基本要求。这一原则要求标准的制定和实施必须公正、公开、透明，不偏袒任何一方利益相关者。同时，标准制定过程中也要广泛征求各方意见和建议，充分考虑各方利益诉求，以确保标准的公正性和可操作性。

(7)创新发展原则。林下经济产品标准化建设还要遵循创新发展原则。这一原则要求在标准制定和实施过程中，注重引导企业加强科技创新和研发，推动新技术的推广和应用，促进产业升级和转型。同时，标准也要注重引导企业和农户采用新的生产方式和管理模式，提高生产效率和产品质量，推动林下经济的创新发展。

6.4.3 林下经济产品标准化建设的具体措施

林下经济产品标准化建设是一项系统的工程，涉及多个环节和方面。为了推动林下经济产品的标准化进程，需要采取一系列具体措施。以下是林下经济产品标准化建设的具体措施：

(1)制定标准体系。制定标准体系是林下经济产品标准化建设的基础。要针对林下经济产品的特点和发展需求，制定一系列的标准和规范，包括产品原料标准、产品质量标准、生产技术规程、加工技术要求、包装标识要求、储存标准、运输标准等，构建完善的标准体系。同时，要根据市场需求和生产技术的变化，及时更新标准和规范，保持标准体系的科学性和有效性。

(2)推广应用。推广应用是林下经济产品标准化建设的关键。要加强对生产者、加工者、销售者的宣传和培训，提高他们对标准的认识和应用水平，促进生产过程中的规范化、标准化。同时，要积极开展标准化的示范和推广工作。

（3）建设示范基地。建设示范基地是林下经济产品标准化建设的重要手段。可以选择一些具有代表性的林下经济产品生产基地或企业，开展标准化示范基地建设，通过示范引领带动整个行业的标准化水平提升。同时，要加强对示范基地的监管和评估，确保其示范作用的充分发挥和标准化建设的有效推进。

（4）加强监管与执法。加强对林下经济产品生产、加工、销售等环节的监管和执法力度，是林下经济产品标准化建设的重要保障。要建立健全监管机制和执法体系，加强对林下经济产品的质量抽查和执法检查，打击假冒伪劣和不规范行为，维护市场秩序和公平竞争。同时，要加强对相关标准的宣传和贯彻执行力度，提高监管和执法的科学性和有效性。

（5）人才培养和引进。加强人才培养和引进是林下经济产品标准化建设的重要支撑。要加强对林下经济领域技术和管理人才的培养和引进，提高技术和管理人员的专业素质和管理水平，为标准化建设提供人才保障。同时，要注重培养和引进国际化的林业标准人才，促进我国林下经济产品标准化建设的国际交流与合作。

（6）加强与国际交流合作。积极与国际林下经济组织进行交流合作，借鉴国际先进经验和技术标准，是提高我国林下经济产品标准化建设水平的重要途径。要积极参与国际林下经济组织的活动和相关标准的制定，了解国际林下经济产品标准化的趋势和发展动态，学习借鉴国际先进的管理经验和标准化技术，结合我国实际情况加以吸收和应用。同时，要加强与国际林下经济组织和企业的交流与合作，共同推动林下经济产品的标准化进程，促进国际市场的开拓和发展。

（7）推动创新发展。加强科技创新和研发，推动林下经济产品标准化建设与现代科技相结合，是促进林下经济产品标准化建设的重要手段。要加大对林下经济领域科技创新的支持力度，鼓励企业加强科技创新和研发投入，推动新技术的推广和应用。同时，要注重将现代科技手段应用于林下经济产品的标准化建设中，如物联网、大数据、人工智能等技术的应用，可以提高生产效率和管理水平，促进林下经济的创新发展。

（8）加强宣传推广。加强宣传推广是林下经济产品标准化建设的重要环节。要通过各种渠道和形式，加强对林下经济产品标准化建设的宣传推广力度。可以在媒体上发布相关宣传资料和信息，举办专题讲座、研讨会等活动，吸引社会各界的关注和支持。同时，可以利用互联网平台开展线上宣传和服务，加强与消费者之间的互动和交流，提高品牌的知名度和美誉度。

（9）建立激励机制。建立激励机制可以调动企业和个人参与林下经济产品标准化建设的积极性。政府可以通过补贴、税收优惠等措施，鼓励企业和个人积极参与到标准化建设中来。同时，可以开展评优评先等活动，表彰在林下经济产品标准化建设中取得突出成绩的企业和个人，发挥其示范和带动作用。

（10）建立信息平台。建立信息平台可以实现林下经济产品标准化建设的信息共享和资源整合。可以将各类信息和资源进行整合和归类，方便企业查询和使用。

6.5 林下经济产品的营销

6.5.1 林下经济产品营销策略

林下经济产品的营销是指通过各种市场营销策略和手段，将林下经济产品推向市场，提高产品的知名度和销售量，实现产品的市场价值和经济效益。

针对林下经济产品的特点，可以采取以下几种营销策略：

6.5.1.1 品质营销

林下经济产品品质优良，口感好，营养价值高，因此在营销中要突出产品的品质优势，强调产品的健康、安全、天然等特点。

在当今社会，随着消费者对食品安全的关注度不断提高，林下经济产品因其绿色、健康、有机的特性而备受青睐。林下经济产品的品质营销，首先强调的是产品天然、有机、无污染的特点。在生产过程中，不使用化肥和农药，确保产品的纯天然属性。同时，在品质营销中，建立严格的质量管理体系。从原料采购到生产加工，再到包装销售，每一个环节都需要严格把控，确保产品的质量和安全。通过建立可追溯体系，让消费者了解产品的生产过程和来源，增强对产品的信任度。

6.5.1.2 差异化营销

由于林下经济产品种类丰富，不同地区的产品各具特色，因此可以采用差异化营销策略，突出产品的地域特色和独特性。

在林下经济的市场竞争中，差异化营销策略是提升产品竞争力、赢得消费者关注的关键。通过将林下经济产品的特色展现给消费者，可以使其在众多竞品中脱颖而出。首先，林下经济产品的差异化可以从品质、口感、营养价值等方面入手，通过科学的种植和养殖技术，提高产品的品质和口感，满足消费者对高品质生活的追求。同时，强调产品的营养价值和保健功能，满足消费者对健康生活的需求。其次，包装和品牌形象的差异化也是重要的营销策略。独特的包装设计和品牌形象可以吸引消费者的眼球，提高产品的识别度和记忆度。最后，提供个性化的服务和体验也是差异化营销的重要手段。例如，开展定制化服务，根据消费者的需求和口味定制产品；提供便捷的配送和售后服务，提高消费者的购买体验；举办体验活动，让消费者亲自感受产品的优势和特色。同时，利用大数据和人工智能技术分析消费者需求和行为，为消费者提供更加精准的产品推荐和服务。通过精准营销，提高产品的销售量和市场份额。

6.5.1.3 品牌营销

建立品牌是林下经济产品营销的重要环节。通过品牌建设，可以提高产品的知名度和美誉度，增强消费者对产品的信任度和忠诚度。

在林下经济的发展中，品牌营销是提升产品知名度、信誉度和市场占有率的关键。通过塑造独特的品牌价值和形象，林下经济产品能够更好地吸引和留住消费者。首先，品牌定位是品牌营销的核心。林下经济产品应明确自身的品牌定位，根据目标消费群体的需求和偏好，确定产品的卖点和市场定位。例如，强调产品的天然、有机、健康等特色，以满足消费者对高品质生活的追求。其次，品牌形象是品牌营销的重要组成部分。通过富有创意的视觉设计和传播手段，塑造独特的品牌形象，使林下经济产品在市场上具有较高的辨识度和记忆度。例如，设计简洁明了的标志、选择符合品牌定位的色彩和字体等，提升品牌的整体形象。

同时，故事营销也是一种有效的品牌营销方式。通过讲述林下经济产品的种植、养殖、加工等过程的故事，将产品与消费者情感联系起来，增强消费者对品牌的认同感和忠诚度。

6.5.1.4 线上线下结合

在传统线下销售渠道的基础上，结合线上销售渠道，如电商平台、社交媒体等，扩大销售范围和渠道。

随着互联网的普及和电子商务的发展，线上线下结合的营销方式已成为林下经济产品扩大市场、提升销售的重要手段。通过线上线下的有机结合，林下经济产品能够触及更广泛的消费者群体，提高市场占有率。

线上营销主要包括利用电商平台、社交媒体等渠道进行产品的推广和销售。通过在电商平台开设店铺，林下经济产品可以获得更广阔的销售空间，接触到全国乃至全球的消费者。同时，利用社交媒体进行内容营销，如发布产品介绍、种植养殖过程、用户评价等，提高产品的知名度和美誉度。

线下营销则侧重于与消费者的直接互动和体验。通过举办林下经济产品展销会、体验活动等形式，让消费者亲身感受林下经济产品的优势和特色。此外，与餐饮、超市等合作，将产品引入实体店销售，为消费者提供更便捷的购买渠道。

线上线下结合的营销方式能够充分发挥各自的优势，实现互补。线上渠道为林下经济产品提供了更广阔的销售空间和品牌宣传机会，而线下互动则增强了消费者对产品的信任和忠诚度。通过这种结合，林下经济产品能够更好地满足市场需求。

6.5.1.5 体验式营销

通过组织消费者参观林下经济产品生产现场、参加林下经济活动等方式，让消费者亲身体验产品的品质和特点，增强消费者的购买意愿和忠诚度。

体验式营销是一种创新的营销方式，通过让消费者亲身体验林下经济产品的种植、养殖、加工等过程，增加他们对产品的了解和信任，从而促进销售。体验式营销通常采用现场观光、体验活动、互动交流及举办主题活动等方式为消费者提供丰富的活动内容，提高消费者的参与度。

体验式营销的优势在于通过亲身体验，让消费者更加直观地了解林下经济产品的特点和优势。这种方式能够有效地拉近消费者与产品之间的距离，提升品牌形象和市场竞争力。同时，体验式营销还可以为林下经济产品创造更多的销售机会，拓展市场份额。

6.5.2 林下经济产品营销渠道

为了更好地推广和销售林下经济产品，需要从多个维度拓展营销渠道。以下是林下经济产品主要的营销渠道：

6.5.2.1 线上营销渠道

(1)电商平台。电商平台是林下经济产品线上销售的主要渠道之一。通过在淘宝、京东、拼多多等大型电商平台上开设店铺，进行产品的在线销售。在店铺中，可以展示产品的详细信息、图片、视频等，并设置优惠活动、促销折扣等吸引消费者购买。同时，可利用电商平台的推广工具进行广告投放，增加产品的曝光度和点击率。

(2)社交媒体。社交媒体是林下经济产品营销的重要渠道之一。通过在微信、微博、抖音等社交媒体上发布产品的相关信息，与消费者互动，提高产品的知名度和美誉度。例如，发布产品的种植养殖过程、口感特点、食用方法等内容，吸引消费者的关注和兴趣。同时，邀请网红、意见领袖进行产品体验和推荐，扩大产品的影响力。

(3)自建网站。建立企业官网是林下经济产品营销的重要手段之一。通过官方网站，可以发布产品的详细信息、企业文化、企业动态等内容，树立企业形象和品牌形象。同时，设置在线客服或留言板，及时解答消费者疑问，提高客户满意度。通过搜索引擎优化(SEO)技术提高网站的排名，增加流量，提高产品的知名度和曝光度。

6.5.2.2 线下营销渠道

(1)农贸市场和商超。农贸市场和商超是林下经济产品线下销售的重要渠道之一。将产品引入农贸市场和大型商超进行销售，与消费者建立直接联系。在销售过程中，可以设置产品展示专区，展示产品的特点、优势等，吸引消费者的关注，提升其购买意愿。此外，与商超合作设立特色林产品专区，集中展示林下经济产品，提高产品的曝光率和销售量。

(2)餐饮业合作。餐饮业是林下经济产品的重要消费市场之一。与知名餐饮企业建立合作关系，将林下经济产品作为特色食材引入餐饮菜单。通过餐饮渠道的推广，提高产品的知名度和美誉度。同时，可与餐饮企业合作开展促销活动，吸引更多消费者尝试林下经济产品。这种合作方式能够为餐饮企业提供特色食材，丰富餐饮菜单，提高餐饮的品质和竞争力；而对于林下经济产品生产者来说，能够通过餐饮企业的渠道优势和市场影响力，扩大产品的知名度和销售量。

(3)体验式营销渠道。体验式营销是一种让消费者亲身体验产品的方式。通过开展现场观光、采摘体验等活动，让消费者亲身体验林下经济产品的生长环境和生产过程。这种方式能够增加消费者对产品的了解和信任感，促进产品销售。在体验式营销活动中，可以设置互动环节，如抽奖、赠品等，增加消费者的参与度和购买意愿。同时，提供优质的服务和良好的体验环境，让消费者对产品产生好感度和忠诚度。

(4)团体采购。团体采购是一种针对企事业单位等团体的销售方式。通过主动联系、拜访客户等方式了解团体需求，提供定制化的产品方案和价格策略。利用团体采购的优势，降低采购成本，提高销售量。同时，提供优质的售后服务和客户关系管理，建立长期稳定的合作关系。

（5）会员制营销渠道。会员制营销是一种针对忠诚客户的营销方式。通过设立会员制度，为消费者提供会员专享的优惠和服务。例如，会员可以享受折扣优惠、优先购买特定产品等权益。通过会员的口碑传播和复购率提升产品的市场竞争力。同时，借助会员数据库开展精准营销活动，提高营销效果。在会员制营销中，需要注意维护会员权益和提供优质服务，以保持会员的忠诚度和满意度。

6.5.2.3 合作与联盟

（1）合作社与农户联合。鼓励林下经济产品的生产者组建合作社或与农户建立紧密的合作关系。通过联合营销、资源共享等方式降低成本、提高效益。例如，合作社可以通过统一采购原材料、统一销售渠道等方式降低生产成本；同时可以通过开展市场调研、品牌推广等活动提高市场竞争力。与农户建立紧密的合作关系可以保证产品的质量和供应稳定性，满足市场需求，同时促进农民增收致富，推动农村经济发展。

（2）产销企业合作。引进和培育具有实力的产销企业，共同开发林下经济。通过合作开发新产品、拓展市场等方式实现互利共赢。例如，产销企业可以通过共同投资建设生产基地，开发新产品拓展销售渠道等方式实现资源共享、优势互补，降低市场风险，提高经济效益。同时，产销企业合作可以发挥各自的专业优势和市场经验，共同推动林下经济的发展壮大。

（3）行业协会和组织。积极参与行业协会和组织的活动，加强与其他企业的交流与合作。通过行业协会和组织搭建的合作平台获取更多商业机会和市场资源，促进企业发展。例如，行业协会和组织可以定期举办交流活动，邀请业内人士分享经验、探讨合作机会，推动产业协同发展。同时，行业协会和组织可以发挥桥梁纽带作用，加强企业间的沟通协调，解决矛盾纠纷，维护行业秩序和公平竞争环境。

6.5.3 林下经济产品面临的挑战与对策

林下经济产品作为新兴的林产品，具有巨大的发展潜力和市场前景。然而，在实际发展过程中，林下经济产品也面临着诸多挑战。为了更好地推动林下经济的可持续发展，需要采取一系列有效的对策。

6.5.3.1 林下经济产品面临的挑战

（1）市场竞争激烈。随着人们健康意识的提高和有机食品市场的不断扩大，越来越多的企业和个人开始涉足有机林产品领域。林下经济产品面临着来自传统林业、有机林业、绿色林业等多方面的竞争压力。在市场上，林下经济产品需要与竞争对手展开激烈的竞争，争夺市场份额。

（2）质量安全问题。质量安全问题是林下经济产品面临的重要挑战之一。由于林下经济产品的生产过程涉及的环节较多，从种植、养殖到加工销售，任何一个环节出现问题都可能影响到产品的质量安全。此外，林下经济产品的生产者往往缺乏相应的质量意识和检测手段,导致产品质量参差不齐。这不仅会影响消费者的购买意愿,还可能对整个产业的声誉造成负面影响。

(3)标准化程度低。由于林下经济产品的生产受自然环境影响较大,生产过程中难以实现完全的标准化和规模化。而标准化程度低意味着产品的品质和口感难以保证一致,给消费者带来不便。此外,标准化程度低还可能影响产品的品牌形象和市场竞争力。

(4)品牌建设不足。目前市场上林下经济产品的品牌数量众多,但知名品牌较少,消费者对产品的认知度和信任度有限。这不仅会影响产品的销售和市场占有率,还可能影响整个产业的可持续发展。

(5)技术瓶颈。林下经济产品的生产需要掌握一定的种植养殖技术,而目前一些关键技术的研发和应用还存在一定的难度。如何突破技术瓶颈,提高产品的科技含量和附加值,是林下经济产业需要解决的问题。

(6)缺乏专业人才。林下经济产品的生产和管理需要具备一定的林业知识和实践经验的专业人才。目前市场上相关专业人才数量有限,如何吸引和培养专业人才,提高生产和管理水平,是林下经济产业需要解决的问题。

(7)环境压力与可持续发展。随着人们环境保护意识的提高,在林下经济产品的生产过程中需要注意环境保护和生态平衡,以确保产业的可持续发展。然而,在实际生产过程中,一些生产者可能为了追求短期利益而忽视环境保护,对产品质量和可持续发展造成负面影响。如何实现环境保护与经济发展的双赢,是林下经济产业需要面对的问题。

6.5.3.2 林下经济产品的发展对策

为了更好地发展林下经济,需要采取一系列有效的对策来解决上述挑战:

(1)加强市场调研与营销策略。针对市场竞争激烈的问题,林下经济产品生产经营者应加强市场调研,了解消费者的需求和偏好,以及竞争对手的产品特点和发展趋势。在此基础上,制订适合自己的营销策略,包括产品定位、定价、销售渠道和促销手段等,以提高市场占有率和竞争力。同时,可以通过建立自己的销售网络或与电商平台合作等方式拓展销售渠道,增加产品的曝光率和销售量。

(2)建立质量管理体系与追溯体系。针对质量安全问题,林下经济产品生产经营者应建立完善的质量管理体系和追溯体系。在生产过程中严格遵守相关法律法规和标准要求,确保产品质量安全可靠。同时,应加强产品质量检测和监控,对每个生产环节进行严格把关,防止出现质量问题。建立产品追溯体系可以帮助消费者了解产品的生产过程和质量情况,增加产品的透明度和信任度。一旦出现质量问题,可以迅速追溯到源头并进行处理。

(3)推进标准化生产和认证工作。针对标准化程度低的问题,林下经济产品生产经营者应推进标准化生产和认证工作。制定并执行统一的生产技术规程和产品质量标准,确保产品的品质和口感一致性。同时,应积极开展有机、绿色、无公害等认证工作,提高产品的信誉度和市场竞争力。通过标准化生产和认证工作,可以提升整个产业的形象和发展水平。

(4)加强品牌建设与宣传推广。针对品牌建设不足的问题,林下经济产品生产经营者应加强品牌建设和宣传推广工作。通过设计独特的品牌标识、建立品牌形象识别系统等方式提升品牌形象和知名度。同时,应积极利用各种媒体和渠道进行宣传推广活动,如广告投放、社交媒体营销、活动策划等,提高消费者对产品的认知度和信任度。此外,可以通过与知名企业和机构合作、参与行业展览会等方式拓展合作伙伴关系,共同推动品牌发展壮大。

第7章 林下经济的效益评价

7.1 林下经济效益评价概述

林下经济作为一种复合式的立体林业，具有多功能性，其发展需要综合考虑生态效益、经济效益和社会效益。

由于林下经济是在原有生态系统中进行的，因此其效益评价相对复杂。在考虑林下经济的可行性时，必须重视其对原森林生态系统的影响。为了避免出现因发展林下经济而抑制原森林生态系统中林木的生长或造成较为严重的生态问题，需要对发展模式、规模和技术等进行通盘筹划。同时，需要关注林下经济模式的效益，确保其能够带来长期稳定的收益，并且符合可持续发展的要求。

为了实现林下经济的可持续发展，需要采取一系列措施。首先，应加强政策支持，通过制定优惠的税收政策和资金扶持政策等措施来鼓励农民和企业积极参与林下经济发展。其次，应规范管理，建立完善的林下经济管理机制和标准体系，确保林下经济的健康发展和可持续性。最后，还需要加强技术创新和人才培养，提高林下经济的科技含量和劳动者素质，推动林下经济升级和转型。

因此，林下经济的发展需要综合考虑生态效益、经济效益和社会效益，并采取一系列措施来实现可持续发展。通过科学合理的规划和实施，林下经济必将在促进林业经济发展和保护生态环境方面发挥越来越重要的作用。

7.2 构建林下经济效益评价指标体系

构建林下经济效益评价指标体系是评估林下经济发展效果的重要手段，也是促进林下经济可持续发展的关键环节。下面将从指标体系的构建原则、设计思路和具体指标三个方面来介绍如何构建林下经济效益评价指标体系。

7.2.1 构建原则

（1）科学性原则。指标体系的设计必须基于科学理论，能够客观反映林下经济的实际情况和发展趋势。

（2）系统性原则。指标体系应涵盖林下经济的各个方面，包括生态、经济和社会等方面，形成一个有机整体。

（3）可操作性原则。指标的选择应考虑数据的可获取性和可操作性，以便在实际工作中进行评估和监测。

（4）动态性原则。指标体系应能反映林下经济的发展变化，具有一定的灵活性和可调整性。

（5）定性与定量相结合原则。指标体系应包括定性和定量两种类型的指标，以全面反映林下经济的发展状况。

7.2.2 设计思路

（1）综合分析。对林下经济的生态、经济和社会等方面进行综合分析，确定各指标的权重和优先级。

（2）筛选与优化。根据实际情况和数据可获取性，筛选出最具代表性的指标，优化指标体系的结构和内容。

（3）层次化设计。将指标体系分为不同层次，包括目标层、准则层和指标层，以便于评估和监测。

（4）确定权重。根据各指标的重要性和对总体目标的贡献程度，确定各指标的权重，以便于综合评价。

（5）制定评价标准。根据各指标的具体情况，制定相应的评价标准，以便于对林下经济的发展状况进行客观评价。

7.2.3 具体指标

根据上述原则和思路，构建一个包含三个层次（目标层、准则层和指标层）的林下经济效益评价指标体系。目标层为林下经济的发展水平，准则层包括生态效益、经济效益和社会效益三个方面，具体指标如下：

7.2.3.1 生态效益

（1）森林覆盖率。反映森林覆盖面积的比例，用于评估森林生态系统的完整性。

（2）生物多样性。反映森林生态系统中生物种类的丰富程度，用于评估生态系统的稳定性和可持续性。

（3）水土保持能力。反映森林对水土流失的防护作用，用于评估森林对自然灾害的抵御能力。

7.2.3.2 经济效益

（1）林下经济产值。反映林下经济发展规模和水平，用于评估林下经济对林业总产值的贡献程度。

（2）林下经济从业人数。反映从事林下经济活动的人数规模，用于评估林下经济对农村就业的带动作用。

（3）林下经济投资额。反映林下经济发展的资金投入规模，用于评估企业及政府和社会对林下经济的投资额和支持力度。

7.2.3.3 社会效益

（1）林下经济对农民增收的贡献率。反映林下经济对农民增收的作用程度，用于评估林下经济对农村经济发展的推动作用。

（2）林下产品质量安全率。反映林下产品的质量安全水平，用于评估林下经济对食品安全保障的贡献程度。

（3）林下经济对地方文化的传承与保护。反映林下经济在地方文化传承与保护方面的作用程度，用于评估林下经济对地方文化发展的贡献程度。

在具体应用中，可以根据实际情况对上述指标进行调整和完善，以便更好地适应不同地区和不同发展阶段的要求。同时，需要加强数据收集和整理工作，确保数据的准确性和可靠性，为林下经济效益评价提供有力支撑。通过科学合理的评价，可以全面了解林下经济的发展状况和存在的问题，为制定相应的政策和措施提供依据。

7.3 林下经济效益评价方法

7.3.1 灰色关联度分析法

灰色关联度分析法是一种多因素统计分析方法，用于描述因素间的关联程度。这种方法以各因素的样本数据为基础，通过灰色关联度来描述因素间的关系。具体步骤如下：

（1）建立原始数据矩阵。设参考数列为 X_0，比较数列为 X_1，X_2，$\cdots$，X_n。

（2）无量纲化处理。由于系统中各因素的物理意义不同，导致数据的量纲也不一定相同，因此需要进行无量纲化的数据处理。常用的无量纲化方法为初值化法，即每个数列的第一个数据去除该数列中的所有数据，得到一个新的数列。

（3）求关联系数。关联系数是比较数列与参考数列在各个时刻的关联程度值。关联系数 $\varepsilon(X_i)$ 由分辨系数 ρ 和第二级最小差 $\Delta\min$ 共同确定，计算公式为

$$\varepsilon(X_i) = \frac{\Delta\min + \rho \times \Delta\max}{\Delta(X_i)\rho \times \Delta\max}$$

式中：$\Delta\max$ 为第二级最大差，即参考数列与比较数列在各个时刻的差值中的最大值；$\Delta(X_i)$ 为第 i 个时刻的差值，即参考数列与比较数列在第 i 个时刻的值的差；ρ 为分辨系数，一般在 0~1，通常取 0.5。

（4）求关联度。关联系数 $\varepsilon(X_i)$ 是参考数列与比较数列在各个时刻的关联程度值，因此它的数不止一个。为了进行整体性比较，需要求出关联度。关联度的计算公式为

$$r(X_i) = \frac{1}{n}\sum_{i=1}^{n}\varepsilon(X_i)$$

式中：$r(X_i)$ 为关联度；n 为比较数列的长度；$\varepsilon(X_i)$ 为关联系数。

通过灰色关联度分析法，可以得到各比较数列与参考数列之间的关联度，从而了

解各因素间的关联程度。关联度越大，表示两个因素的关系越密切；关联度越小，表示两个因素的关系越疏远。

7.3.2 系统工程法

系统工程法是一种基于系统思想的评价方法，用于分析和评价复杂系统的各个方面。这种方法将林下经济视为一个复杂的系统，从整体上对林下经济的各个方面进行评价。具体评价流程如下：

(1)确定评价目标。明确林下经济评价的目标，通常包括生态效益、经济效益和社会效益等方面。

(2)建立评价指标体系。根据评价目标，建立相应的评价指标体系。评价指标应全面、客观、可操作，能够反映林下经济的各个方面。常用的评价指标包括产值、就业、收入、森林资源保护、生态环境改善、生物多样性保护等。

(3)确定权重。为每个评价指标赋予相应的权重，以反映其在整个评价指标体系中的重要程度。权重的确定可以采用专家打分法、层次分析法等方法。

(4)数据收集与分析。收集相关数据，并进行整理和分析。数据来源可以是统计数据、调查数据等，分析方法可以是定性和定量分析相结合的方法。

(5)综合评价。采用一定的数学模型，将各评价指标的权重和数据进行分析和综合运算，得出林下经济的综合评价结果。常用的数学模型包括加权平均法、主成分分析法等。

(6)结果解释与决策。根据综合评价结果，进行解释和比较，为决策提供依据。解释结果时，应考虑实际情况和目标的一致性，以及未来发展的趋势和挑战，以适应林下经济发展的变化和需求。

系统工程法常用的评价模型有：

(1)层次分析法(Analytic Hierarchy Process，AHP)。层次分析法是一种定性与定量相结合的多目标决策分析方法，适用于结构较为复杂、决策准则较多且不易量化的决策问题。通过建立层次结构模型，将问题分解为不同的组成因素，并根据因素间的相互关联影响以及隶属关系将因素按不同的层次聚集组合，形成一个多层次的分析结构模型。

(2)模糊综合评价法(Fuzzy Comprehensive Evaluation，FCE)。基于模糊数学理论，通过将多个因素的权重和评价值进行综合运算，得出一个总体的评价结果。该方法能够处理模糊性和不确定性问题，适用于多个因素影响下的系统评价。

这些模型都是基于系统工程的原理和方法构建的，有助于更好地理解和解决复杂系统问题。通过将林下经济系统视为一个整体，运用系统工程法对林下经济的各个组成部分进行综合分析，评估其在成本、效益、可持续性等方面的表现，有助于全面了解林下经济的优势和不足，为制订优化策略提供科学依据，从而提高林下经济的综合效益。

7.3.3 统计学方法

在林下经济的发展过程中，统计学方法的应用非常广泛，能够帮助人们更好地分析林下经济的特点和规律，制订科学的发展规划和管理策略。与林下经济相关的统计学方法主要有回归分析法、因子分析法、时间序列分析法、聚类分析法、决策树分析法、生存分析法、空间统计分析法等。

回归分析法是一种通过建立数学模型来研究变量之间相互关系的统计学方法。在林下经济中，回归分析法可以用于研究林下经济作物的产量与环境因素之间的关系，例如温度、湿度、光照等因素对林下经济作物产量的影响。通过建立回归模型，可以帮助我们预测不同环境条件下林下经济作物的产量，为生产管理提供科学依据。同时，回归分析法也可以用于研究林下经济与其他产业之间的相互影响，例如林下经济与旅游业之间的关联关系等。下面详细介绍一元线性回归分析和多元线性回归分析的公式。

（1）一元线性回归分析。一元线性回归分析是用来研究一个因变量与一个自变量之间线性关系的统计学方法。其数学模型为

$$y=a+bx$$

式中：y 为因变量；x 为自变量；a 和 b 为待估计的参数。回归分析的目的是通过已知的自变量 x 来预测因变量 y 的值。

（2）多元线性回归分析。多元线性回归分析是用来研究多个自变量与一个因变量之间线性关系的统计学方法。其数学模型为

$$y=a+b_1x_1+b_2x_2+\cdots+b_nx_n$$

式中：y 为因变量；x_1，x_2，$\cdots$，x_n 为自变量；a 和 b_1，b_2，$\cdots$，b_n 为待估计的参数。回归分析的目的是通过已知的自变量 x_1，x_2，$\cdots$，x_n 来预测因变量 y 的值。

在应用回归分析方法时，需要遵循以下步骤：①确定研究的目标和自变量、因变量；②收集相关数据；③对数据进行预处理，包括缺失值处理、异常值处理等；④建立回归模型并进行拟合；⑤对回归模型进行检验和评价；⑥根据回归分析结果进行预测和管理决策。

7.3.4 模糊数学方法

模糊数学方法是一种处理具有模糊性的数学问题的新方法，其核心思想是通过引入模糊集合的概念来描述模糊性事物的属性和相互关系。在传统的数学中，事物的属性通常都是确定的，可以用经典集合来表示。然而，在现实生活中，许多事物的属性是模糊的、不确定的，无法用经典集合来描述。因此，模糊数学方法应运而生。

下面介绍一种在林下经济效益评价中常用的模糊数学方法——模糊综合评价法。模糊综合评价法可以用于分析和评价具有多个评价指标的事物。其基本思想是通过将多个因素综合考虑，对事物的属性和相互关系进行综合评价。

模糊综合评价法的公式为

$$B = W \times R$$

式中：B 为综合评价结果；W 为权重向量；R 为模糊关系矩阵。

具体步骤如下：①确定评价对象的因素集和评价集合；②确定各因素的权重；③建立模糊关系矩阵，根据各因素的评价结果和模糊运算规则，得到模糊关系矩阵 R；④将权重向量与模糊关系矩阵进行模糊运算，得到综合评价结果 B；⑤对评价结果进行分析和解释。

在林下经济中，模糊综合评价法可以用于分析和评价林下经济作物的生长状况、产量、品质等指标。首先确定评价因素集，例如生长状况、产量、品质等，然后确定各因素的权重。接着建立模糊关系矩阵，根据实际观测数据和专家意见等，对每个因素进行评价，得到模糊关系矩阵 R。最后将权重向量与模糊关系矩阵进行模糊运算，得到综合评价结果 B。根据评价结果进行分析和解释，可以为林下经济作物的生产管理提供科学依据。

需要注意的是，模糊数学方法在处理具有模糊性的问题时具有很大的优势，但是在实际应用中需要结合具体情况进行合理的设计和运用。同时，也需要与其他数学方法和统计方法结合使用，以便更好地解决实际问题。

7.4 林下经济的效益分析

7.4.1 经济效益分析

林下经济系统将经济效益作为存在和发展的基石，同时也是该系统的经济保障。任何系统的长久存在，如果缺乏经济效益的考量，都难以持久。林下经济的一个显著特点是实现一地多用，即在同一地点和时间内获得多种林产品的收益。这一特性使其在数量和品种上都比传统单一种植更具优势。

林下种植、林下养殖、相关产品采集加工、森林景观利用多个环节，均能产生可观的经济效益。林下种植的药材、食用菌等产品，在市场上通常具有良好的经济前景和广阔的市场需求，能够显著增加农民的收入，提升其生活水平。以贵州省兴仁市为例，该市通过精心设计和实施的"八个一机制"，大力发展林下菌药产业，积极引进新的林下菌药品种，强化产销衔接，并根据市场需求趋势，灵活拓展农产品销售渠道。该市还与相关企业进行了深入细致的对接和协商，全力打通菌药销售通道，实现了产品产销率高达 100%，每亩平均就业创收达到 8000 元。截至 2020 年，兴仁市的林下菌药产业已带动 5.97 万人次就业，其中包括贫困户 2.47 万人次，为当地脱贫攻坚和乡村振兴注入了强劲动力。

而天津市静海区发展的林下蚯蚓养殖产业，则是林下养殖领域的典型代表案例。忠涛蚯蚓养殖专业合作社作为行业内的龙头企业，通过与科研机构的紧密合作，采用先进的科技手段，有效降低了养殖成本，提高了养殖效率，并逐步扩大了养殖规模。合作社巧妙利用畜禽粪污和农业废弃物作为蚯蚓的饲料，既解决了环境污染问题，又生产出高效益的有机肥料，改良了土壤结构，提升了农作物的品质和产量。通过建立"企业+农户"的协同发展模式，合作社为农户提供全方位的技术培训、优良品种供应以及市场回收保障，带动了当地农民的增收致富和农村剩余劳动力的有效解决。2020年，林下蚯蚓养殖实现产值8000万元，利润达3000万元，农民人均增收3万余元，带动解决了农村的剩余劳动力2100人，为乡村振兴和可持续发展提供了有力支撑。

金花茶作为一种珍稀且具有高营养价值和药用价值的植物，其产业链的发展在广西中港高科国宝金花茶产业有限公司(中港高科)的积极推动下，取得了令人瞩目的显著成效。中港高科通过创新性的扶持农户入股分红合作模式，提供优质的种苗、专业的技术指导和稳定的收购渠道，使农户能够获得大部分销售收入，从而实现脱贫致富的目标。金花茶的种植周期虽然长达5年，但之后每年均可产生可观的经济效益，农户年收入可达几十万元甚至上百万元，极大地改善了他们的经济状况和生活水平。中港高科还投资建设了金花茶产业示范区，通过完善的基础设施建设和标准化生产流程，有效推动了种植业、加工业和流通行业的协同发展，示范区的金花茶产业产值高达1亿多元，成为区域经济发展的新亮点。

7.4.2 生态效益分析

林下经济的生态效益主要体现在促进生物多样性方面，通过种植多种作物和养殖多样动物，为各类生物提供了丰富的栖息地和充足的食物来源，从而显著增强了生态系统的复杂性和稳定性。这种多样化的种植和养殖模式，不仅丰富了生态系统的物种组成，还促进了不同物种之间的互利共生关系，进一步提升了生态系统的整体健康水平。林下经济活动通过改善土壤结构，利用植物根系有效固定土壤，显著减少了水土流失现象，同时有机质的不断积累，不仅提升了土壤的肥力，还极大地改善了土壤的透气性，为植物的生长提供了更加优越的条件。林下植被的存在，显著增加了水源的涵养能力，有效调节了水分循环，减少了地表径流，从而在缓解干旱和水涝问题上发挥了重要作用。此外，林下经济模式减少了化肥和农药的使用，转而依赖自然生态循环和生物防治手段，有效降低了化学污染的风险，保护了生态环境。多样化的生物种群，不仅提高了生态系统的稳定性和抗逆能力，还增强了其抗干扰能力。林下经济还通过增加植被覆盖度，显著促进了碳汇功能，为生态文明建设贡献重要力量。植物通过光合作用大量吸收二氧化碳，有助于缓解全球气候变化问题。

秉承"生态优先，绿色发展"的宗旨，阿拉善盟作为肉苁蓉的道地产区，通过一系列科学而系统的措施，成功实现了生态与产业的可持续发展。首先，阿拉善盟通过系统规划和科学布局，明确了梭梭人工造林的区域范围，并制定了详细具体的产业发展方向，极大地提高了造林资金的使用效率和效果。其次，通过政策扶持和激励措施，非公主体参与造林的积极性得到了极大提升，特别是广大农牧民积极参与其中，成为生态建设的主力军，不仅实现了生态保护的目标，还显著增加了农牧民的收入，达到了生态保护与经济增收的双重目标。再次，阿拉善盟加大了科技攻关力度，集中力量突破了肉苁蓉产业发展中的关键技术瓶颈,推动了肉苁蓉产业的快速发展和壮大。通过精心打造区域公共品牌,阿拉善肉苁蓉的市场竞争力和品牌影响力得到了显著增强,进一步拓宽了市场销路。阿拉善盟通过新增大量人工梭梭林,形成了完善的防护林体系,有效遏制了沙漠的蔓延,显著改善了沙区的生态环境,减少了自然灾害和沙尘暴的发生频率,生态效益极为显著。阿拉善盟还成功实现了生态产业化和产业生态化的可持续发展目标,通过肉苁蓉产业的蓬勃发展,不仅改善了地区的经济结构,减少了对传统能源的依赖,还为碳交易市场和一带一路沿线国家提供了可借鉴的可持续发展模式和宝贵经验。

7.4.3 社会效益分析

林下经济的社会效益主要体现在促进农村就业和增加农民收入、加强生态保护和促进可持续发展、推动农村产业结构调整和升级等多个层面。林下经济的产品种类繁多,涵盖了药材、食用菌等诸多领域,形成了多元化的产业链条。其运营特点在于劳动力的密集性,为当地农村地区提供了大量就业机会,特别是对于那些缺乏其他就业途径的农民来说,林下经济成为了他们重要的收入来源。不仅能够增加农民的短期收入,还有助于实现长期经济收益,激发农民的劳动和种植热情,增加其经济收益,从而提升他们的生活质量和社会地位。

林下经济对农村社会发展的促进作用尤为明显,能够带动相关产业的发展,形成产业链,促进就业和人才培养,推动农村社会基础设施建设,促进生态保护和环境治理。通过林下经济的发展,农村地区的生态环境得到了有效改善,生物多样性得到了保护,水土流失问题也得到了缓解。林下经济通过融入多元化的文化元素、提供文化创新的动力、促进文化交流与学习、带动相关文化产业的发展以及为农村青年提供创业机会与就业岗位等方式,有助于丰富农村文化内涵,提升农村文化的传承与创新水平。成功的林下经济项目不仅能够吸引周边地区的农民效仿,形成区域性的产业集群,还能进一步推动城乡经济的协同发展,缩小城乡差距,促进社会的和谐稳定。

近年来,黔东南州委、州政府将发展林下经济视为绿水青山转化为金山银山的金钥匙,作为推动农村产业革命、助力脱贫攻坚和经济高质量发展的核心战略。通过科学规划布局,精心组织实施,截至2020年底,全州已利用101.53万亩森林发展林下种植和养殖,实现总产值21.89亿元,惠及30.91万户农户,其中包括20.87万建档立卡户,极大地改善了贫困人口的生活条件。其成功经验包括:强化政府统筹协调,建立州、县两级专班,通过观摩会、考核问责等手段推动工作落实,确保各项政策措施落地生根;积极培育市场主体,引进和培育龙头企业,推动国有企业转型,形成了一批全产业链企业,提升了产业的整体竞争力;打造特色品牌,制定标准化生产技术规程,建立溯源体系,强化品牌运营,提升产品市场竞争力,使黔东南的林下产品在市场上赢得了良好的口碑;拓宽销售渠道,政府搭建平台,瞄准大宗市场,拓展线上渠道,完善流通体系,助力黔货出山,使优质农产品走向全国乃至国际市场;完善利益联结机制，通过土地流转、入股经营、基地就业等方式，确保农户持续增收，形成了多方共赢的良好局面等。这些举措不仅使产业布局更加合理，示范引领效应显著，技术服务更加到位，而且利益联结更加紧密，有效激发了农民的发展动力，为黔东南州的经济社会发展注入了新的活力。通过林下经济的发展，黔东南州的农村面貌焕然一新，农民的生活水平显著提高，生态环境也得到了有效保护，实现了经济效益、生态效益和社会效益的有机统一。

第8章 林下经济发展的主要任务

8.1 科学规划林下经济发展

科学规划林下经济发展是实现生态、经济和社会综合效益的关键。

8.1.1 科学规划的原则

8.1.1.1 因地制宜，科学规划

林下经济作为依托森林资源发展的经济模式，其发展需要结合当地实际情况，合理布局产业，优化资源配置，发挥出林下经济的最大效益。

"因地制宜，科学规划"是林下经济发展的基本原则之一，即要根据当地的气候条件、资源状况、交通状况等因素，制订科学的产业布局和产品开发方案。例如，如果当地的气候适宜，资源丰富，可以发展一些对气候和资源依赖较大的产业，如林下种植、林下养殖等；如果当地的交通状况较好，可以考虑发展一些对物流要求较高的产业，如相关产品采集加工、森林景观利用等。

8.1.1.2 生态优先，保护环境

林下经济的发展必须以保护生态环境为前提，任何破坏生态环境的行为都必须得到有效遏制。在规划过程中，要优先考虑生态环境保护，注重保护森林资源和生态系统的完整性，避免因过度开发导致生态失衡。同时，还需要采取措施防止环境污染和生态破坏，确保林下经济的可持续发展。

8.1.1.3 市场导向，创新发展

林下经济的发展需要以市场需求为导向，根据市场需求和消费者需求进行产品开发和产业布局。同时，也需要创新发展思路，推动林下经济的多元化发展。通过探索新的经营模式、引进新的技术手段、开发新的产品等方式，推动林下经济的创新发展。

"市场导向，创新发展"是一种以市场需求为导向，以创新为动力，推动产业升级和经济发展的理念，强调在经济发展过程中，要充分了解市场需求和消费者需求，以市场需求指导产业发展和产品创新，同时通过技术创新、产品创新、模式创新等方式，推动产业升级和经济发展。

市场导向和创新发展是相互促进、相辅相成的关系。市场导向是创新发展的基础和导向，创新发展是市场导向的动力和源泉。只有以市场需求为导向，加强创新，才

能推动林下经济的可持续发展。同时,只有通过创新发展提高林下经济产品的质量和附加值,才能更好地满足市场需求和消费者需求。因此,市场导向和创新发展是推动林下经济发展的重要因素。

8.1.1.4 农民参与,利益共享

农民是林下经济发展的主体,必须充分考虑农民的利益和需求。在规划过程中,需要引导和支持农民参与林下经济活动,提高农民的收入和生活水平。同时,也需要建立利益共享机制,让农民能够分享到更多的收益,激发农民参与林下经济活动的积极性和创造性。

"农民参与,利益共享"是指在进行林下经济发展过程中,要充分尊重农民的主体地位,让农民参与到决策、规划、实施等各个环节中,同时确保农民能够分享到林下经济发展带来的利益。

农民是林下经济发展的主体,他们的参与是实现林下经济发展的关键。通过让农民参与到林业政策制定、林业技术推广、林业经济管理等各个方面,可以更好地了解农民的需求和意愿,更好地发挥农民的积极性和创造性。同时,农民的参与也可以促进林业技术的普及和应用,提高林业生产的效益和质量。在农民参与的过程中,一是要建立有效的参与机制,让农民有渠道表达自己的意见和需求,同时保障农民的合法权益。二是要尊重农民的主体地位,让农民成为林下经济发展的主力军。在制定政策和规划时,要充分考虑农民的需求和利益。三是要通过教育和培训等方式,提高农民的素质和能力,增强他们的市场意识和创新能力。

8.1.1.5 政策支持,合力推进

林下经济的发展需要政策支持和社会各界的合力推进。政府需要出台相关政策措施,为林下经济的发展提供政策保障和资金支持,同时也需要加强宣传力度,提高社会各界对林下经济的认识和支持。通过政策支持和社会各界的合力推进,推动林下经济的快速发展。

"政策支持,合力推进"是指政府通过制定和实施一系列农业、林业、水利等领域的政策,以及各相关部门的协同合作,共同推进农业农村的发展。

政策支持是林下经济发展的重要保障,即政府通过制定和实施一系列政策,包括财政政策、货币政策、产业政策、科技政策等,为林下经济的发展提供支持和保障。政府要根据当地的自然条件、资源禀赋、经济状况等因素,制定符合实际的政策;落实政策的措施要到位,确保政策能够得到有效执行。同时,要完善政策的评估机制,对政策的执行效果进行评估和反馈,以便及时调整和完善政策。

此外,要加强部门间的沟通协调,确保工作的顺利开展;整合各项资源,包括人力、物力、财力等资源,以实现资源的优化配置和共享;加强基层工作,发挥基层组织的作用,推动林下经济工作的落实;鼓励社会力量参与到林下经济发展中来,形成政府与社会共同推进的良好格局。

8.1.1.6 科技引领,提高质量

林下经济的发展需要科技引领和支撑,以提高质量。在规划过程中,需要注重引

进先进的林业技术、农业技术、生态技术等科技手段,提高林下经济的科技含量和附加值。同时,也需要加强技术培训和指导,提高农民的技术水平和生产能力。通过科技引领和提高质量,增强林下经济的市场竞争力。

"科技引领,提高质量"即将科技手段和创新思维引入林下经济发展中,以科技为引领推动林下经济高质量发展。具体来说,一是要加强科技创新,加大科研投入力度,推动林下经济科技的创新和发展。例如可以加强与高校、科研机构等的合作,共同推进林下经济科技创新。二是要积极推广先进的农业技术,包括节水灌溉、精准施肥、高效植保等技术的应用,以提高林下经济生产效率和质量。三是要积极推进林下经济数字化和智能化的发展,利用物联网、大数据、人工智能等技术手段,实现林下经济发展的智能化管理和精准决策。四是要引导农民和企业加强生产管理,建立健全标准化生产体系,确保产品的质量和安全。五是要加强产品质量监管,建立健全质量安全保障体系。六是要引导企业和农民加强品牌建设,培育和推广特色林下经济产品品牌,提高产品的知名度和市场竞争力。

只有将科技手段和创新思维引入林下经济发展中,加强生产管理和产品质量监管,才能实现林下经济的高质量发展,取得良好的经济效益和社会效益。

8.1.1.7 绿色发展,持续经营

林下经济的发展必须坚持绿色发展理念,注重资源的可持续利用和生态环境的保护。在规划过程中,需要采取绿色发展措施,以促进森林资源的恢复和再生。同时,也需要加强森林资源的保护和管理,确保森林资源的可持续利用和生态环境的持续改善。通过绿色发展推动林下经济的可持续发展。

具体来说,就是要加强生态林业建设,坚持绿色生产方式,注重资源保护和修复,并通过合理整合和利用资源,提高林业生产效率,降低环境成本,制定有利于林下经济绿色发展、持续经营的政策措施。

8.1.1.8 多方合作共赢

林下经济的发展需要多方合作共赢,包括政府、企业、农民、林业部门、农业部门、市场主体等各方的共同参与,实现资源共享、优势互补、协同发展,形成良好的合作关系,实现多方共赢的局面,促进林下经济的健康发展。

多方合作共赢对于林下经济的发展至关重要。只有当政府、企业、科研机构和农民等各方的利益都得到充分保障和满足,才能实现林下经济的可持续发展。通过合作,各方可以共享资源,降低成本,提高效益;同时也可以分散风险,共同应对市场变化。对于政府而言,通过林下经济的发展可以增加就业岗位,促进地方经济发展;对于企业而言,可以通过林下经济获得新的市场机会和利润来源;对于科研机构而言,可以通过研究林下经济问题提高科研水平,为产业发展提供科技支撑;对于农民而言,可以通过参与林下经济提高收入水平,改善生活质量。

要实现林下经济领域的多方合作共赢,一是需要政府、企业、科研机构和农民等各方建立定期沟通机制,及时交流信息,协商解决合作中出现的问题。二是各方应积

极整合资源，实现资源共享。政府可以提供政策支持和资金扶持；企业可以提供生产技术和市场营销经验；科研机构可以提供科技支撑和人才培养；农民可以提供林地和劳动力。通过资源共享，可以降低成本，提高效益。三是各方应加强技术研发和创新，推动林下经济的产业升级和技术进步。四是要拓展市场渠道，扩大销售规模，提高经济效益。五是要加强人才培养，提高各方人员的素质和能力水平，进而推动林下经济的可持续发展。

8.1.2 科学规划的步骤

8.1.2.1 资源调查

在规划林下经济前，需要对当地的森林资源进行详细的调查和评估。包括对森林的面积、类型、结构、生长情况等方面进行了解和分析。

资源调查是指对林下经济可利用的资源进行调查、评估和规划的过程。这个过程旨在了解和掌握林下资源的分布、数量、质量和利用价值，为林下经济的发展提供科学依据和决策支持。

资源调查的内容主要包括以下几个方面：

（1）林地资源调查。对林地的类型、面积、分布、地形、土壤质量等进行调查，评估其对不同林下经济活动的适宜性和利用潜力。

（2）野生动植物资源调查。对林区野生动植物的种类、数量、分布和生活习性等进行调查，评估其对林下经济发展的贡献和利用价值。

（3）水资源调查。对林区水源的数量、质量、分布和利用状况等进行调查，评估其对林下经济发展的影响和开发潜力。

（4）气候资源调查。对林区的气温、湿度、降水量、日照时间等气候条件进行调查，评估其对不同林下经济发展的适宜性和影响。

（5）人力资源调查。对林下经济从业人员的数量、素质、技能等进行调查，了解人才需求和培养方向，为林下经济发展提供人才保障。

通过资源调查，可以全面了解林下资源的状况和特点，为制订科学合理的林下经济发展规划提供依据。同时，资源调查还可以为林下经济的开发和管理提供指导，促进资源的可持续利用和林下经济的可持续发展。

8.1.2.2 市场需求分析

市场需求分析是指对林下经济产品的市场现状、发展趋势和潜在需求进行深入研究和预测的过程。这个过程旨在了解消费者对林下经济产品的需求偏好、价格敏感度和购买能力，为林下经济产品的生产和营销提供决策支持。

市场需求分析的内容主要包括以下几个方面：

（1）市场规模分析。对当前林下经济产品的市场规模进行评估，了解市场容量和增长潜力，为制订营销策略和投资决策提供参考。

（2）消费者行为分析。对消费者的购买行为、偏好、需求特点等进行深入研究，了解消费者的购买决策因素和需求变化趋势，为产品开发和定位提供依据。

（3）竞争格局分析。对市场竞争情况进行评估，了解主要竞争对手的产品特点、市场份额和营销策略，为制订竞争策略和差异化发展规划提供指导。

（4）未来市场预测。根据市场趋势、经济发展和消费者需求变化等因素，对未来林下经济产品的市场需求进行预测和分析，为制订长期发展规划和战略提供支持。

通过市场需求分析，可以准确把握市场机会和风险，为林下经济产品的生产、营销和推广提供指导。同时，市场需求分析还可以帮助林下经济从业者更好地了解市场和消费者需求，优化产品开发和经营策略，提高市场占有率和竞争力。

8.1.2.3　产业布局

产业布局是指对林下经济的生产、加工、销售等环节进行空间分布和组织安排的过程。这个过程旨在优化资源配置、提高产业效率和降低成本，同时促进产业的可持续发展和区域经济的均衡增长。

产业布局的内容主要包括以下几个方面：

（1）区域规划。根据各地的资源禀赋、经济发展水平和市场需求等因素，对林下经济发展进行区域规划，明确不同地区的产业定位和发展重点。

（2）产业链构建。通过构建完整的产业链条，将林下经济发展的各个环节有机地连接起来，形成协同发展的局面。如加强育种、种植、养殖、加工、销售等环节的协调与配合。

（3）产业集聚区建设。在一定区域内集中建设一批同类或相关产业的集聚区，实现资源共享、优势互补和协同发展。这些集聚区可以包括科技园区、农林业园区、工业园区等。

（4）地区合作与联动。加强不同地区之间的合作与联动，促进林下经济发展的协同性和互补性。可以通过跨地区的合作项目、产业联盟等方式实现。

（5）政策引导与支持。通过制定一系列政策措施，引导和支持林下经济的布局和发展。这些政策包括财政扶持、税收优惠、金融支持等。

通过合理的产业布局，可以实现林下经济发展的优化配置和高效运转，提高林下经济的竞争力和可持续发展能力。同时，产业布局还可以促进不同地区之间的合作与联动，实现资源的优化配置和经济的协同发展。

8.1.2.4　产品开发

产品开发是指利用林下资源开发出具有市场需求和潜在价值的新产品或新服务的过程。这个过程旨在满足消费者需求、提高产品质量和增加产品种类，同时提升林下经济的附加值和市场竞争力。

产品开发的内容主要包括以下几个方面：

（1）资源筛选。对林下资源进行筛选和评估，选择适合开发成产品的资源，并对其进行初步的筛选和分类。

（2）产品设计。根据市场需求和消费者偏好，进行产品方案的设计和研发。具体包括林下产品的功能、性状、口感、营养价值等方面的设计。

(3)工艺流程制定。根据产品设计方案,制定合理的工艺流程和生产工艺,确保产品的质量和产量。

(4)样品制作与测试。根据设计方案和工艺流程,制作样品并进行测试。通过测试,对产品的质量、口感、营养价值等进行评估,并不断完善设计方案和工艺流程。

(5)规模化生产。在样品测试成功后,进行规模化生产,提高产品的产量和质量,满足市场需求。

(6)品牌建设与营销。通过品牌建设和市场营销,提高产品的知名度和美誉度,提高市场占有率。

通过产品开发,可以充分利用林下资源,将资源优势转化为产品优势和市场优势。同时,产品开发还可以为林下经济带来新的增长点和发展动力,提高林下经济的竞争力和可持续发展能力。因此,产品开发是林下经济发展的重要环节之一,对于推动整个林下经济的创新和发展具有重要意义。

8.1.2.5 质量管理

质量管理是指对林下经济产品的生产、加工、销售等环节进行全面、系统、科学的质量控制和管理的过程。这个过程旨在确保产品质量符合相关标准和消费者需求,提高产品的品质和安全性,增强消费者对产品的信任度和满意度。

质量管理的内容主要包括以下几个方面:

(1)质量标准制定。根据国家和行业标准、市场需求和消费者反馈等信息,制定林下经济产品的质量标准和管理规范。具体包括产品质量、安全卫生、营养成分等方面的要求。

(2)生产过程控制。对林下经济产品的生产过程进行全面监控和质量控制,确保产品在生产过程中符合质量标准和管理规范。具体包括原材料的质量把关、生产工艺的控制、成品检验等环节。

(3)质量检验与监督。对生产出来的林下经济产品进行质量检验和监督,确保产品符合质量标准和管理规范。同时,对生产过程中的关键控制点进行监督和检查,确保产品质量的一致性和稳定性。

(4)不合格品处理。对不符合质量标准和管理规范的产品进行不合格品处理,防止不合格品流入市场。同时,对不合格品进行分析和追溯,找出问题原因并采取纠正措施,防止问题再次发生。

(5)质量管理体系建设。建立完善的质量管理体系,包括质量管理制度、质量检测手段、质量信息管理系统等,实现对林下经济产品质量的全过程管理和控制。

通过质量管理,可以确保林下经济产品的质量和安全性,提高产品的品质和竞争力,促进林下经济的可持续发展和市场拓展。

8.1.2.6 监测与评估

监测与评估是对林下经济活动进行跟踪、监测、评估和反馈的过程。这个过程旨在了解林下经济活动的实际效果和影响，及时发现问题并采取相应的措施进行改进，同时为决策者提供科学依据和参考。

监测与评估的内容主要包括以下几个方面：

（1）监测。对林下经济活动的各项指标进行定期或实时的跟踪和监测，包括林下资源的数量、质量、变化趋势等，以及林下经济活动的产出、效益、影响等。

（2）评估。根据监测数据和相关指标，对林下经济活动的实际效果和影响进行评估，包括生态效益、经济效益和社会效益方面。

（3）反馈。根据监测和评估结果，及时向相关人员和机构反馈信息，提出改进建议和措施，同时为决策者提供决策依据和参考。

通过监测与评估，可以及时了解林下经济活动的实际情况和存在的问题，为采取相应的措施提供科学依据和参考，同时也可以为决策者提供决策支持和参考。

8.1.2.7 经验总结与推广

经验总结与推广是对成功的林下经济实践和经验进行总结、提炼和推广的过程。这个过程旨在促进经验共享、推动林下经济发展、提高经济效益和扩大市场影响力。

经验总结与推广的内容主要包括以下几个方面：

（1）经验总结。对成功的林下经济实践进行深入调查和研究，总结出具有可操作性和可复制性的经验，包括技术应用、市场开拓、产业协同等方面的经验。

（2）成果提炼。将经验总结转化为实际操作指南、案例分析或研究报告等形式，方便相关人员参考和学习。

（3）推广传播。通过各种渠道和平台，将总结提炼的经验和成果传播出去，包括林下经济会议、培训班、宣传资料等，以促进经验共享和林下经济发展。

（4）示范引领。建立示范基地、培育示范企业或推广示范项目，发挥典型的引领作用，带动更多的人和企业参与到林下经济发展中来。

通过经验总结与推广，可以有效地将成功的经验和做法转化为可供借鉴和学习的样板，推动整个林下经济健康发展。同时，也可以扩大市场影响力，提高林下经济的生态效益、经济效益和社会效益。

8.1.2.8 制订未来发展规划

在林下经济领域，制订未来发展规划是指根据当前形势和未来趋势，制订具有一定前瞻性和可行性的发展计划和目标的过程。这个过程旨在明确未来发展方向，优化资源配置，提高产业效率，增强市场竞争力。

制订未来发展规划的内容主要包括以下几个方面：

（1）形势分析。对当前林下经济领域的形势进行分析和研判，包括市场需求、产业发展、政策环境等方面的情况。

（2）未来趋势预测。根据形势分析结果，预测未来林下经济的发展趋势和重点方向，包括市场需求、产业发展、技术进步等方面的趋势。

（3）发展目标设定。根据未来趋势预测，制订具有一定前瞻性和可行性的发展目标,包括林下经济发展面积、产值、市场份额、技术创新等方面的目标。

(4)战略规划制订。为实现发展目标,制订相应的战略规划和发展策略,包括市场布局、产业链构建、政策争取等方面的规划和策略。

通过制订未来发展规划,可以明确林下经济未来的发展方向和重点,优化资源配置,提高产业效率,增强市场竞争力。同时,也可以为决策者提供决策支持和参考,推动整个产业的健康发展,提升市场竞争力。

8.2 推进示范基地建设

林下经济示范基地建设是促进林业经济转型、优化资源配置、提高经济效益的重要途径。随着国家对生态文明建设的重视,林下经济示范基地建设已成为各地林业发展的重点。

8.2.1 推进示范基地建设的意义与重要性

推进林下经济示范基地建设应以可持续发展为目标,遵循生态优先、绿色发展、科技创新的原则。在此基础上,通过优化产业结构、完善产业链条、提高产业附加值,实现林下经济的规模化、专业化、市场化发展。

示范基地建设是一种有效推广和普及先进技术、管理模式和理念的途径。在林下经济领域,示范基地建设更是具有不可替代的作用。

8.2.1.1 技术引领与模式创新

技术引领是指通过引入和采用先进的科技手段,推动林下经济的发展。在示范基地建设中,技术引领主要体现在以下几个方面:

(1)科技展示。示范基地是新技术、新品种、新方法的展示平台。通过科技展示,人们可以直观地了解林下经济的最新科技成果,从而推动技术的普及和应用。

(2)技术推广。示范基地不仅展示了技术,还承担着技术推广的重任。基地通过与科研机构、高校等合作,将研究成果转化为实际生产力,推动林下经济的科技创新。

(3)人才培养。基地通过开展培训、交流等活动,培养了一批懂技术、会管理的人才,为林下经济的发展提供了人才保障。

模式创新是指突破传统的生产方式和管理模式,探索新的发展路径。在示范基地建设中,模式创新主要体现在以下几个方面:

(1)产业融合。基地通过整合林业、农业、旅游等资源,推动产业融合发展,形成完整的产业链。这种模式创新可以提高产业的整体效益,增强竞争力。

(2)绿色发展。基地采用生态友好的生产方式,推动绿色发展。通过发展循环经济、推广清洁能源等措施,降低生产过程中的环境污染,实现经济与环境的和谐发展。

(3)市场开拓。基地通过深入挖掘市场需求,创新产品和服务模式,开拓新的市场空间。这种模式创新可以增强基地的盈利能力,提升品牌影响力。

(4)合作共赢。基地通过与政府、企业、农户等各方合作,实现资源共享、利益共赢。这种合作模式可以调动各方面的积极性,共同推动林下经济的发展。

8.2.1.2 带动产业升级与发展

带动产业升级与发展是林下经济示范基地建设的重要目标之一。通过示范基地建设,可以促进林下经济产业的优化升级,提高产业的整体效益和竞争力,推动产业的可持续发展。

(1)示范基地建设可以促进技术升级。基地通过引入先进的生产技术和设备,提高生产效率和产品质量。同时,基地还为产业链上的企业提供了技术支持和合作机会,促进了技术的交流和扩散,推动了整个产业的技术升级。

(2)示范基地建设可以促进产业组织优化。基地通过整合资源、优化配置,推动产业内部的组织协同和合作。这种组织优化可以降低交易成本,提高产业运行效率,增强产业的竞争优势。

(3)示范基地建设还有助于提升产业品牌形象。基地通过标准化生产、质量监控等措施,提高了产品的质量和信誉度。同时,基地还通过开展宣传推广活动,提升产业的知名度和影响力,为产业发展创造更好的市场环境。

(4)示范基地建设还有利于吸引投资和人才。基地建设往往伴随着资金和人才的流入,为产业发展提供了重要支撑。基地通过提供良好的投资环境和人才培养机制,吸引更多的投资者和优秀人才投入林下经济产业,推动产业的创新和发展。

8.2.1.3 提升农民素质与收入

(1)林下经济示范基地建设为农民提供了新的就业机会。随着基地的发展,农民可以参与到林下种植、林下养殖、相关产品采集加工、森林景观利用等活动中,从而获得稳定的收入来源。与此同时,基地的运营和管理也需要一定的专业技能,通过实践操作,农民可以学习到这些技能,提高自身的职业能力。

(2)林下经济示范基地建设可以促进林业产业结构的优化。传统的农业种植往往结构单一,经济效益不高。而林下经济则可以利用林地资源,发展多种经营模式,如林下种植草药、养殖禽畜等。这种多元化的经营模式不仅可以提高林产品的附加值,还可以增加农民的收入来源。

(3)林下经济示范基地建设还有助于提升农民的市场意识。通过参与基地的经营活动,农民可以更加了解市场需求,提高自身的市场敏感度。这有助于农民在未来的农林业生产中更好地把握市场机遇,提高农林产品的销售效益。

(4)最后,林下经济示范基地建设还有助于推动林业科技的创新和应用。基地可以为林业科技的研究和推广提供实践平台,通过引进先进的技术和管理模式,提高林产品的产量和质量。这不仅可以提高农民的收入水平,还有助于推动林业的可持续发展。

8.2.1.4 促进区域经济发展

推进林下经济示范基地建设对促进区域经济发展具有十分重要的作用,具体表现在以下几个方面:

(1)林下经济示范基地建设能够带动相关产业的发展。林下经济涉及的领域广泛，包括林下种植、林下养殖、相关产品采集加工、森林景观利用等。随着基地的建设，与之相关的产业也会得到发展，如林业机械、林业科技、林产品加工等。这些产业的兴旺能够为当地创造更多的就业机会，提高当地居民的收入水平，从而促进农村经济发展。

(2)林下经济示范基地建设能够优化区域内的产业结构。传统的林业经济往往以采伐木材为主，而林下经济则注重利用林地资源发展多种经营模式。这种转变能够使农村的产业结构更加多样化，降低对传统林业资源的依赖，提高整体产业的抗风险能力，从而提升农村经济的稳定性和可持续性。

(3)林下经济示范基地建设还有助于提升区域内的创新能力。基地的建设需要引入先进的林业科技和管理模式，这会促使当地企业和政府部门加强与科研机构、高校等的合作，推动技术创新和人才培养。通过这种合作模式，区域内的创新能力得以提升，为区域经济的发展提供源源不断的动力。

8.2.1.5 生态保护与社会责任

推进林下经济示范基地建设对生态保护与社会责任具有重要意义。通过促进生态保护、履行社会责任、提升公众环保意识等手段，推动经济与生态和谐发展，实现经济效益、生态效益和社会效益的共赢。

(1)林下经济示范基地建设有助于生态保护。传统的林业经济往往以采伐木材为主要方式，对生态环境造成了很大的破坏。而林下经济则注重利用林地资源，发展多种经营模式，如林下种植、林下养殖等，能够在不破坏生态环境的前提下，实现林业的可持续发展。同时，林下经济示范基地建设还可以促进森林的生态修复，提高森林的质量和生态功能。

(2)林下经济示范基地建设有助于履行社会责任。作为企业，除了追求经济效益外，还应该积极履行社会责任。林下经济示范基地建设可以为当地居民提供就业机会，帮助他们增加收入，改善生活水平。同时，基地建设还可以带动相关产业的发展，促进当地经济的繁荣。

(3)林下经济示范基地建设还有助于提升公众的环保意识。通过宣传和推广林下经济模式，可以让更多的人了解生态保护的重要性，提高公众的环保意识。当人们意识到经济发展与生态保护之间的联系时，他们会更愿意参与到环保行动中来，共同为地球的可持续发展贡献力量。

8.2.2 推进示范基地建设的措施

推进林下经济示范基地建设是一项重要的任务，需要采取一系列措施来实现。

8.2.2.1 政策扶持

政策扶持主要指政府通过制定一系列优惠政策，为林下经济示范基地建设提供支持和保障。这些政策主要包括财政补贴、税收减免、金融贷款等方面，旨在降低企业和农户的经济负担，提高他们参与基地建设的积极性。

首先，财政补贴是政策扶持的重要手段之一。政府可以给予林下经济示范基地建设一定的资金支持，帮助企业和农户解决资金难题，推动基地的快速发展。例如，政府可以提供种苗补贴、养殖补贴等，鼓励企业和农户增加投入，扩大生产规模。其次，税收减免也是政策扶持的重要方面。政府可以通过减免企业和农户的税负，降低他们的经营成本，提高经济效益。例如，政府可以给予林下经济示范基地建设企业一定的税收优惠，减免部分税费，鼓励企业加大投资力度，提高生产效益。最后，金融贷款也是政策扶持的重要手段之一。政府可以引导金融机构为林下经济示范基地建设提供贷款支持。例如，政府可以与金融机构合作，推出针对林下经济示范基地建设的专项贷款，降低贷款利率、延长贷款期限等，为企业和农户提供更加灵活的融资支持。

8.2.2.2 资金投入

资金投入是推进林下经济示范基地建设的核心要素之一。资金投入主要指政府和社会各界为林下经济示范基地建设提供的资金支持，是实现基地可持续发展的重要保障。

首先，政府资金投入是基地建设的重要来源之一。政府可以通过财政拨款、专项资金等方式，为林下经济示范基地建设提供稳定的资金支持。这些资金可以用于基础设施建设、技术研发、人才培养等方面，为基地的长期发展提供坚实的物质基础。其次，社会资本的参与也是资金投入的重要方面。政府可以制定优惠政策，吸引社会资本投入林下经济示范基地建设。例如，政府可以引导金融机构为基地建设提供贷款支持，鼓励企业投资入股，共同参与基地的建设和运营。通过多元化的投资格局，可以降低基地建设的风险，提高资金使用效率，推动基地的可持续发展。最后，政府还可以通过政策性贷款、担保等机制，为企业和农户提供融资支持。这些措施可以解决企业和农户在基地建设中的资金瓶颈问题，激发他们参与基地建设的积极性。

8.2.2.3 科技与人才

科技与人才是推动林下经济示范基地建设的双翼。科技是第一生产力，而人才则是这一生产力的核心载体。

首先，科技在林下经济示范基地建设中扮演着至关重要的角色。现代科技的引入能够提升林下经济的产量和品质，提高经济效益。例如，通过引进先进的种植和养殖技术，可以优化林下作物的生长环境，提高产量和品质。同时，科技还能够提升林下经济的附加值，如通过深加工技术将林下经济产品转化为高附加值的产品，提升市场竞争力。其次，人才是实现科技转化的关键。拥有一支高素质、专业化的人才队伍，能够更好地推动林下经济示范基地的建设。这些人才包括科研人员、技术专家、管理人才等，他们具备丰富的专业知识和实践经验，能够为基地建设提供智力支持和技术保障。通过人才的引进和培养，可以不断提升基地建设的创新能力和管理水平。

科技与人才是林下经济示范基地建设的重要支撑。只有不断加强科技创新和人才培养，才能推动林下经济的持续发展，实现经济效益、生态效益和社会效益的共赢。

8.2.2.4 市场与合作

市场与合作是林下经济示范基地建设不可或缺的两个方面。

首先，市场是林下经济示范基地建设的导向。没有市场的需求，基地的建设就失去了意义。因此，在基地建设之初，就需要对市场进行深入调研，了解消费者的需求和偏好，以便更好地定位产品和服务。同时，还要关注市场的变化，及时调整生产和销售策略，以适应市场的变化和需求。其次，合作是实现市场与资源共享的重要途径。在林下经济示范基地建设中，合作的对象可以是政府、企业、农户等。通过与政府合作，可以获得政策支持和资金扶持；与企业合作，可以实现资源共享和市场拓展；与农户合作，可以共同开发林下资源，提高生产效益。通过合作，可以实现优势互补，降低成本，提高效益，共同应对市场的挑战。

8.2.2.5 健全的评估体系

健全的评估体系是确保林下经济示范基地持续发展的重要保障。评估体系是对基地建设过程和成果进行全面、客观评价的体系，旨在发现问题、总结经验，为后续发展提供指导。

首先，评估体系应包括对基地建设目标、规划、实施过程和成果的全面评价。这有助于了解基地建设的进展情况，及时发现存在的问题和不足，为调整和完善提供依据。其次，评估体系应注重定性和定量相结合的方法。定性评估可以深入了解基地建设的实际情况，挖掘存在的问题和原因；定量评估则可以通过数据和指标的统计分析，对基地建设成果进行客观评价。最后，评估体系还应建立有效的反馈机制。通过对评估结果的及时反馈，相关利益方能够了解基地建设的实际情况，对存在的问题进行整改，不断完善基地建设工作。

8.2.2.6 完善的基础设施

完善的基础设施是林下经济示范基地建设的基础。基础设施是指为基地生产、生活和经济发展提供的公共设施，包括交通、通信、水电、仓储等方面。

首先，完善的交通设施是基地建设的基石。良好的交通网络能够保障基地与外界的顺畅交流，便于物资和人员的流动。这不仅可以提高生产效率，还可以降低物流成本，增强基地的竞争力。其次，通信设施是保障信息传递的关键。在信息时代，快速、准确的信息传递对于基地的发展至关重要。稳定的通信网络能够确保基地与外部的信息畅通，便于及时获取市场信息和政策支持，为基地的决策提供依据。最后，水电和仓储设施也是基础设施的重要组成部分。充足的水电供应能够保障基地的正常运转，而现代化的仓储设施则能够确保产品的储存安全和品质。

总之，推进林下经济示范基地建设需要多种措施综合施策才能取得更好的效果。除了上述措施外，还可以通过加强组织领导、优化发展环境等手段来促进林下经济的发展。例如，可以成立专门的工作领导小组负责推进林下经济示范基地建设工作，加强对基地建设的组织协调和督促检查；可以制定优惠的招商引资政策吸引更多的企业投资兴业；可以建立多元化的投融资机制吸引社会资本参与基地建设；等等。通过这些措施的综合运用，可以进一步推动林下经济示范基地建设的进程，促进区域经济的可持续发展。

8.3 提高科技支撑水平

在林下经济领域，提高科技支撑水平是推动林下经济发展的重要手段。科技支撑水平的提升可以促进林下经济的创新发展，提高生产效率和产品质量，同时降低生产成本和风险。

8.3.1 科技支撑水平对林下经济发展的重要性

在当今社会，科技支撑已经成为推动经济发展的重要力量，对于林下经济也不例外。

8.3.1.1 科技支撑是林下经济创新发展的关键

科技支撑是林下经济创新发展的关键因素，能够为林下经济提供强大的动力和支持。在林下经济的发展中，科技发挥着至关重要的作用，它不仅能够提高林下作物的产量和品质，还能够提升林下产品的附加值和市场竞争力。

首先，科技为林下经济的可持续发展提供了强有力的保障。在现代科技的支撑下，林下作物的种植和养殖技术不断改进，新型的品种和种植模式不断涌现。其次，科技为林下经济的附加值提升提供了重要支持。通过科技手段，可以对林下产品进行深加工和精加工，从而提升产品的附加值和市场竞争力。例如，林下养殖的禽畜可以加工成高附加值的肉制品、皮毛制品等；林下的植物可以提取出各种有益成分，用于药品、保健品等领域。这些高附加值的产品能够为企业带来更多的利润，同时也能够满足消费者对高品质生活的需求。最后，科技还为林下经济的创新发展提供了新的机遇和空间。随着科技的进步和创新能力的提升，林下经济将迎来更多的发展机遇。例如，现代生物技术的应用将为林下种植和林下养殖提供更加优质、高产的品种；智能技术的应用将为林下经济的生产和管理提供更加高效、智能的解决方案；互联网技术的应用将为林下经济的营销和服务提供更加便捷、高效的渠道。

8.3.1.2 科技支撑可以提高林下经济的生产效率

科技支撑是提高林下经济生产效率的关键因素，在现代科技的推动下，林下经济的生产效率得到了显著提升，为经济发展注入了强大的动力。

首先，通过引进优良品种、采用科学的种植和养殖技术，可以降低生产成本、减少资源浪费，实现高产、高效的目标。例如，精准农林业技术的应用，能够实现对林下作物的精准施肥、灌溉和病虫害防治，提高作物的抗逆性和产量。其次，现代信息技术和智能设备的广泛应用，使得林下经济的生产管理更加便捷、高效。例如，物联网技术的应用，可以实现林下作物的实时监测和数据采集，为生产决策提供科学依据；大数据技术的应用，可以对林下经济的数据进行深度挖掘和分析，为生产管理提供精准的指导。最后，通过引进先进的加工技术和设备，可以提高产品的附加值和市场竞争力。同时，现代物流技术的应用，能够优化产品的流通环节，降低物流成本，提高产品的市场响应速度。

8.3.1.3 科技支撑可以提升林下经济产品的质量

科技支撑是提升林下经济产品质量的关键因素，在现代科技的助力下，林下经济产品的质量得到了显著提升，满足了消费者对高品质生活的需求。

首先，科技为林下经济产品的品质提供了有力保障。例如，精准农林业技术的应用，提高了作物的抗逆性和品质。同时，现代育种技术的不断突破，也为林下作物的高品质提供了有力支持。其次，科技为林下经济产品的加工和流通环节提供了高效的技术支持。例如，现代食品加工技术的应用，既能最大限度保持林下产品的营养成分和口感，又能延长林下产品保质期。同时，现代物流技术的应用，能够优化产品的流通环节，降低产品在流通中的损耗和污染风险，确保产品的品质和安全。最后，科技还为林下经济产品的市场推广提供了有力支持。通过现代信息技术的应用，林下经济产品的宣传和推广更加便捷、高效。例如，互联网和社交媒体平台的应用，能够实现产品的在线宣传和销售；大数据技术的应用，可以对消费者的需求进行深度挖掘和分析，为产品定位和市场推广提供精准的指导。

8.3.1.4 科技支撑可以降低林下经济的生产成本与风险

科技支撑是降低林下经济生产成本与风险的重要手段，在现代科技的助力下，林下经济的生产成本与风险得到了有效控制，提高了经济效益和可持续发展的能力。

首先，科技为林下经济的生产成本控制提供了有效支持。通过引进先进的种植和养殖技术，可以降低生产过程中的资源消耗和人力成本。例如，精准农林业技术的应用，可以实现精准施肥、灌溉和病虫害防治，减少了化肥、农药等物资的浪费，降低了生产成本。同时，智能设备的应用也提高了生产效率，进一步降低了生产成本。其次，科技为林下经济的风险管理提供了科学依据。通过现代科技手段，可以对林下作物的生长环境、生长状况等进行实时监测和数据采集，及时发现潜在的风险因素。例如，物联网技术的应用，可以实时监测林下作物的生长环境参数，如温度、湿度、光照等，以便及时调整环境条件，降低环境变化带来的风险。同时，现代信息技术和大数据分析的应用，可以对林下经济的数据进行深度挖掘和分析，为风险管理提供科学依据和精准的决策支持。最后，科技还为林下经济的灾害防控提供了有力支持。通过引进先进的灾害防控技术，可以降低自然灾害对林下经济造成的损失。例如，灾害预警系统的应用，可以对林下作物的主要病虫害、气象灾害等进行预警和监测，以便及时采取防治措施，降低灾害对作物造成的损失。

8.3.1.5 科技支撑可以促进林下经济的可持续发展

科技支撑是促进林下经济可持续发展的重要驱动力。通过科技的应用和创新，可以实现林下经济的生态、经济和社会效益的协调发展，推动森林资源的可持续利用。

首先，科技为林下经济的可持续发展提供了有力支持。在发展林下经济的过程中，需要保护森林生态系统的完整性和稳定性。通过引进先进的生态保护技术，可以降低林下经济活动对生态环境的负面影响。例如，环境监测技术的应用，可以对林下经济的环境影响进行实时监测和评估，以及时调整生产方式和管理措施，减少对生态环境的破坏和污染。其次，科技为林下经济的可持续增长提供了动力。通过引进先进的种植、养殖、加工等技术，可以提高林下作物的产量和品质，增加林下产品的附加值，提升其市场竞争力。同时，科技还可以为林下经济的发展提供精准的市场分析和营销策略，提高产品的市场占有率和销售收入。最后，科技为林下经济的社区可持续发展提供了支持。林下经济活动往往涉及当地社区居民的利益和福祉。通过引进适合当地社区的科技手段和创新模式，可以提高当地居民参与林下经济活动的积极性和能力，促进社区的经济发展和社会进步。例如，开展林下经济技术培训和交流活动，提高当地居民的技能水平和创新思维，为社区的可持续发展注入新的活力。

8.3.2 提高科技支撑水平的具体措施

提高科技支撑水平是促进林下经济可持续发展的重要途径。政府和企业应该从加强科技研发和创新、推广先进的种植和养殖技术、引进智能设备和信息技术、建立科技服务平台和科技创新联盟、加强人才培养和引进、优化政策环境和投融资体系以及加强国际合作与交流等方面入手，全面提升科技支撑能力。

8.3.2.1 加强科技研发和创新

科技研发是推动林下经济发展的重要驱动力。通过科学研究和技术创新，可以开发出更高产、更优质、更具有市场竞争力的林下经济产品。这不仅可以提高经济效益，还能促进林下生态系统的可持续发展。

科技创新有助于解决林下经济发展中面临的难题。例如，通过技术革新提高林下作物的抗逆性、改善林下养殖的效率等，有助于应对林下环境中的各种挑战。

加强科技研发和创新也有助于提升林下经济的附加值。通过深加工和精加工，可以将林下产品转化为高附加值的产品，如保健品、化妆品等，从而提升整个产业链的价值。

8.3.2.2 推广先进的种植和养殖技术

推广先进的种植和养殖技术是提高林下经济支撑水平的关键措施之一。先进的种植和养殖技术能够提高林下作物的产量和品质，降低生产成本，同时也有助于保护生态环境，促进林下经济的可持续发展。要推广先进的种植和养殖技术，需要从多个方面入手。首先，政府应加大对先进技术的推广力度，通过组织技术培训班、派遣技术人员实地指导等方式，提高林下经济从业者的技术水平。同时，应加强技术交流和合作，促进先进技术的普及和应用。其次，企业应积极引进先进的种植和养殖技术，通过技术改造和升级，提高产品的质量和市场竞争力。同时，企业应加强对从业者的技术培训，提高他们的技术素质和生产能力。最后，科研机构和高校应积极开展林下经济种植和养殖技术的研究，探索新的技术和方法，为推广先进技术提供理论支持和实践经验。同时，应加强与企业的合作，将科技成果转化为实际生产力，推动林下经济的发展。

在推广先进的种植和养殖技术的过程中，还应注意与当地实际情况相结合，因地制宜地选择适合当地气候、土壤和生态环境的种植和养殖技术。同时，应注重生态保护和可持续发展，避免过度开发和破坏生态环境，实现经济效益和生态效益的协调发展。

8.3.2.3　引进智能设备和信息技术

引进智能设备和信息技术是推动林下经济发展的重要手段。智能设备和信息技术可以提高生产效率、降低成本、优化资源配置，为林下经济提供强有力的技术支撑。

首先，智能设备的应用能够显著提高林下经济的生产效率。例如，智能化的种植和养殖设备可以实现精准播种、施肥、灌溉和养殖管理，提高作物的生长速度和产量。同时，智能设备可以实时监测作物的生长情况，及时发现病虫害等问题，从而有效避免或减少损失。其次，信息技术的应用能够优化林下经济的资源配置。通过大数据、物联网等技术手段，可以对林下环境进行实时监测和分析，为种植和养殖提供科学依据。同时，信息技术还可以实现林下经济产供销信息的实时更新和共享，帮助从业者更好地把握市场需求和变化，优化产品结构和销售策略。最后，引进智能设备和信息技术还有助于提高林下经济的质量和效益。通过智能设备的应用和信息技术的支持，可以生产出更优质、更安全、更具有市场竞争力的林下产品。这不仅可以提高经济效益，还能促进林下生态系统的可持续发展。

8.3.2.4　建立科技服务平台和科技创新联盟

建立科技服务平台和科技创新联盟是推动林下经济发展的重要途径。通过搭建科技服务平台，可以为林下经济从业者提供全方位的技术支持和解决方案，促进科技成果的转化和应用。而建立科技创新联盟，则可以整合优势资源，集中力量进行技术研发和创新，提升整个行业的竞争力。

要建立科技服务平台，需要深入了解林下经济从业者的需求，针对不同领域和环节提供有针对性的技术服务。例如，可以搭建在线技术咨询平台，提供专家在线解答服务；可以建立林下经济数据库，提供数据共享和分析服务；还可以开展技术培训和交流活动，提高从业者的技术水平和创新能力。而建立科技创新联盟，则需要充分发挥政府、企业、科研机构和高校等各方的优势作用。政府可以出台相关政策，引导和鼓励各方参与联盟建设；企业可以提供市场需求和产业资源，推动技术研发和成果转化；科研机构和高校则可以提供技术支持和人才培养，助力联盟的可持续发展。

建立科技服务平台和科技创新联盟的过程中，还需要注意以下两个方面：一是应加强合作与交流，促进信息共享和资源整合，避免重复建设和资源浪费。二是应注重技术研发与市场需求的对接，提高科技成果的实用性和市场竞争力。

8.3.2.5　加强人才培养和引进

加强人才培养和引进是推动林下经济发展的关键环节。人才是创新和发展的核心动力，只有配备高素质、专业化的人才队伍，才能更好地推动林下经济的可持续发展。

首先，政府应加大对林下经济人才培养的投入力度，通过设立专项资金、提供奖学金等方式，鼓励更多的年轻人投身于林下经济领域的学习和研究。同时，政府还可以与高校、科研机构等合作，开设林下经济相关专业和课程，培养更多具备专业知识和技能的人才。其次，企业也应重视人才培养和引进。企业可以与高校、培训机构等合作，开展定向培养和职业培训，提高从业者的专业技能和素质。同时，企业还应建立健全人才引进机制，通过提供良好的薪酬待遇和发展机会，吸引更多优秀的人才加入林下经济的发展中。最后，社会各界也应加强对林下经济领域的宣传和推广，提高公众对林下经济的认知度和关注度。通过举办林下经济相关活动、展览等，吸引更多人了解和参与到林下经济的发展中，为林下经济的发展注入更多的活力和创意。

在加强人才培养和引进的过程中，还需要注意以下几个方面：首先，应注重培养和引进人才的多样性和层次性，既要培养技术人才，也要培养管理人才和市场人才等。其次，应加强人才使用的规范性和科学性，建立健全人才评价机制和激励机制，充分发挥人才的作用和价值。最后，还应注重营造良好的人才发展环境，提供优质的工作和生活条件，留住和吸引更多的优秀人才。

8.3.2.6　优化政策环境和投融资体系

优化政策环境和投融资体系是推动林下经济发展的重要保障。通过营造良好的政策环境和建立健全投融资体系，可以吸引更多的资金和资源投入林下经济的发展中，为其提供强有力的支持。

首先，政府应加大对林下经济的政策支持力度。制定和完善相关法律法规，为林下经济的发展提供法律保障；出台优惠政策和奖励措施，鼓励更多的企业和个人投入林下经济的发展中；加大对林下经济项目的支持力度，提供财政补贴、税收减免等政策支持。其次，政府应建立健全投融资体系。通过引导和鼓励金融机构加大对林下经济的支持力度，为林下经济的发展提供更多的融资渠道。同时，政府还可以设立专项资金或投资基金，吸引更多的社会资本投入林下经济的发展。此外，政府还可以与企业和金融机构合作，推出创新型的金融产品和服务，满足林下经济发展的多元化融资需求。

在优化政策环境和投融资体系的过程中，还需要注意以下几个方面：首先，应注重政策的持续性和稳定性，避免政策频繁调整和变动给林下经济的发展带来不利影响。其次，应加强政策的宣传和普及工作，提高企业和个人对政策的认知度和理解度。最后，还应注重政策的公平性和公正性，避免出现不公平竞争和资源浪费的现象。

8.3.2.7　加强国际合作与交流

加强国际合作与交流是推动林下经济发展的重要途径。通过与国际接轨，引进国外先进的技术和管理经验，可以提升我国林下经济的整体水平和竞争力。

首先，政府应积极推动林下经济领域的国际合作与交流。加强与国际组织和国外政府的联系，参与国际合作项目，共同研究林下经济发展面临的挑战和机遇。同时，政府还可以举办国际会议、展览等活动，吸引更多的国际关注和资源投入。其次，企业应积极拓展国际市场。了解国际市场需求，加强与国外企业的合作和交流，共同开发新产品和新技术。同时，企业还应注重品牌建设和市场推广，提高自身在国际市场的知名度和竞争力。最后，还应加强与国外科研机构的合作与交流。通过与国外科研机构建立合作关系，共同开展研究项目，引进国外先进的技术和经验，提升我国林下经济的科技水平和创新能力。

8.4 健全社会化服务体系

在林下经济发展领域，健全社会化服务体系是促进产业健康发展的重要保障。随着国家对生态环境的重视和林业改革的深入推进，林下经济得到了越来越多的关注。然而，在林下经济发展过程中，存在产业结构不合理、技术支撑不足、市场开拓乏力等问题，其中最为突出的是社会化服务体系不健全。

8.4.1 社会化服务体系建设的意义

在林下经济发展领域，健全社会化服务体系具有非常重要的意义。通过构建全方位、多元化、高质量的社会化服务体系，可以有效地促进林下经济的可持续发展，提高农民的收益和生产积极性，进一步推动林下经济产业链的完善和产销对接。

（1）健全社会化服务体系可以为农民提供全方位的服务，包括技术指导、市场信息、金融服务等。农民在生产中经常会遇到技术难题和市场信息不足的问题，而社会化服务体系可以提供专业的技术指导和市场信息咨询服务，帮助农民解决这些问题。同时，金融服务可以帮助农民扩大生产规模，提高收益水平。

（2）社会化服务体系可以促进林下经济产业链的完善。林下经济涉及的产业很多，包括种植业、养殖业、加工业等。社会化服务体系可以通过提供技术指导和市场信息等方式，引导农民多元化发展，推动林下经济产业链的完善和优化。同时，社会化服务体系还可以促进不同产业之间的融合和发展，进一步拓展林下经济的发展空间。

（3）社会化服务体系可以提高林下经济产品的质量和竞争力。通过技术指导和质量监管等方式，社会化服务体系可以帮助农民提高林下经济产品的质量和安全性，增强市场竞争力。同时，社会化服务体系还可以提供市场营销和品牌推广等服务，帮助农民拓宽销售渠道，增加收益。

（4）健全的社会化服务体系可以提高农民的收益和生产积极性。通过提供全方位的服务和支持，社会化服务体系可以帮助农民解决生产中的难题，抵御市场风险，提高收益水平。同时，农民也会更加积极地参与林下经济的发展。

8.4.2 现状与问题

8.4.2.1 现　状

近年来，我国在林下经济发展领域的社会化服务体系建设取得了一定的进展。目前，我国林下经济领域的服务组织主要包括技术推广组织、市场信息服务组织、金融服务组织等。这些组织在农民的生产中发挥着重要的作用。技术推广组织主要负责为农民提供技术指导和培训，帮助农民掌握先进的生产技术和经验。市场信息服务组织主要负责为农民提供市场信息咨询和预测服务，帮助农民了解市场需求和价格变化。金融服务组织主要负责为农民提供贷款支持和金融服务，帮助农民解决资金问题。

我国林下经济发展的社会化服务体系主要包括技术推广、市场信息、金融服务等内容。技术推广服务主要涉及种植技术、养殖技术、有害生物防治技术等方面的指导；市场信息服务主要涉及市场价格、供求关系、销售渠道等方面的咨询；金融服务主要涉及贷款支持、保险保障等方面的服务。

近年来，我国林下经济发展的社会化服务体系的服务质量得到了一定的提高。服务组织的服务意识不断增强，服务水平不断提高。同时，政府对社会化服务体系的支持力度不断加大，推动了服务质量的提升。然而，在服务质量方面仍存在一些问题，如部分服务组织的服务内容单一，缺乏综合性服务；部分服务组织的服务人员素质不高，服务质量参差不齐。这些问题影响了社会化服务体系的服务效果和农民的满意度。

我国林下经济发展的社会化服务体系的服务机制主要包括政府主导、市场运作等。政府在社会化服务体系的建设中发挥着重要的作用，通过政策引导、资金支持等方式推动社会化服务体系的发展。同时，市场机制也在社会化服务体系中发挥着重要的作用，市场供求关系和服务组织的竞争推动了服务质量的提升和服务方式的创新。然而部分地区政府对社会化服务体系的干预过多，影响了服务组织的独立性和自主性；同时，部分地区市场机制不够完善，市场对服务组织的激励和约束作用不足。这些问题影响了社会化服务体系的灵活性和可持续性。

8.4.2.2 存在问题

我国林下经济发展的社会化服务体系存在多方面的问题需要解决。为了促进林下经济的可持续发展和提高农民的收益和生产积极性，需要加强社会化服务体系的建设和管理，为农民提供更好的服务和支持。具体而言，可以通过增加服务组织数量、丰富服务内容、提高服务质量、建立灵活机制等方式来完善社会化服务体系的建设和管理。同时，也需要政府和社会各界的支持和投入，推动社会化服务体系的持续发展。

(1) 服务组织数量不足。我国林下经济发展的社会化服务组织数量相对较少，无法满足广大农民的需求。这导致农民在生产中遇到的问题无法得到全面、及时的解决，从而影响了生产效益。同时，由于服务组织的数量不足，也导致服务质量参差不齐，一些农民可能无法获得高质量的服务。

(2) 服务内容单一。现有的社会化服务组织主要提供技术推广服务，而市场信息、金融服务等相对较少。这使得农民在生产中难以获得全面的信息和支持，从而影响了生产效益。同时，由于服务内容单一，也使得一些农民在寻求综合性服务时面临困难。

(3) 服务质量不规范。部分社会化服务组织的服务质量有待提高，如技术指导不规范、市场信息滞后等。这使得农民在接受服务时难以获得实际帮助，甚至会受到损失。

同时，服务质量的不规范也影响了农民对服务组织的信任度和满意度。

（4）服务机制不灵活。现有的社会化服务组织的服务机制不够灵活，难以适应市场的快速变化和农民的多样化需求。这使得农民在寻求服务时常常面临困难，甚至无法获得及时有效的支持。同时，由于缺乏灵活的服务机制，也使得服务组织难以有效地与市场对接，影响了服务的有效性和针对性。

（5）缺乏有效的协调机制。社会化服务体系中的各个组织之间缺乏有效的协调机制，导致信息共享不畅、资源整合不足等问题。这不仅影响了服务的效果和效率，也制约了林下经济的整体发展。

（6）缺乏专业人才和技术支持。社会化服务组织中缺乏专业的技术人才和先进的技术支持，导致在技术推广、市场分析等方面的服务能力有限。这不仅影响了服务的水平，也制约了社会化服务体系的发展和提升。

（7）缺乏对农民的培训和教育。社会化服务体系中缺乏对农民的培训和教育，导致农民在生产技能、市场意识等方面的知识储备不足。这不仅影响了农民的生产效益和市场竞争力，也制约了林下经济的长期发展。

（8）资金投入不足。政府和社会各界对于社会化服务体系的资金投入不足，导致服务组织的建设和运营面临资金困难。这不仅影响了服务组织的稳定性和可持续性，也制约了社会化服务体系的发展和完善。

8.4.3 总体思路

健全社会化服务体系的总体思路是以市场需求为导向，以农民需求为基础，以政府引导为支撑，以市场运作为主体，以科技创新为动力，以人才培训为重点，以资金投入为保障，全面提升社会化服务水平，推动林下经济快速发展。

（1）以市场需求为导向。在健全社会化服务体系的过程中，必须以市场需求为导向，深入了解市场需求和消费者需求，根据市场需求和消费者需求的变化及时调整服务内容和方式。通过加强市场调研和分析，及时掌握市场信息，为农民提供准确的市场预测和决策支持。同时，还要根据市场需求的变化，不断优化林下经济产业结构，开发新的产品和服务，满足消费者的多元化需求。

（2）以农民需求为基础。在健全社会化服务体系的过程中，必须以农民需求为基础，针对农民在生产、销售、技术等方面的需求，提供全方位的服务和支持。通过深入基层调研，了解农民的实际需求和问题，为农民提供个性化的服务和解决方案。同时，还要关注农民的收益和权益保护，确保农民的利益得到充分保障。

（3）以政府引导为支撑。在健全社会化服务体系的过程中，必须以政府引导为支撑，发挥政府在政策、资金、技术等方面的引导作用，推动社会化服务体系的建设和发展。政府可以出台相关政策措施，加大对社会化服务体系的投入和支持力度，同时加强监管和评估，确保服务的质量和效果。此外，政府还可以通过搭建平台、提供信息等方式，引导企业和社会组织参与社会化服务体系建设。

（4）以市场运作为主体。在健全社会化服务体系的过程中，必须以市场运作为主体，充分发挥市场机制的作用，推动服务组织的建设和运营。通过市场竞争，激发服务组织的创新和发展活力，提高服务的质量和效率。同时，还要积极培育市场主体，鼓励企业和社会组织参与社会化服务体系建设，形成多元化的服务供给格局。

（5）以科技创新为动力。在健全社会化服务体系的过程中，必须以科技创新为动力，加强科技创新和技术研发，推动科技成果的转化和应用。通过引进先进的科技手段和管理方法，提高社会化服务体系的科技水平和服务能力。同时，还要加强技术培训和人才引进力度，培养一批高素质的技术人才和管理人才，为社会化服务体系的发展提供强有力的人才保障，促进科技创新与产业发展的深度融合。要积极推广应用新技术、新工艺、新品种等创新成果，拓展社会化服务领域，提高服务质量与效益，促进林下经济高质量发展建设；要加强与其他先进地区的交流合作，借力发展本地社会化服务事业，努力学习先进经验和有效做法，加快提升本地社会化服务水平，更好地服务于林下经济的发展。

（6）以人才培训为重点。在健全社会化服务体系的过程中必须以人才培训为重点，加强人才队伍建设和技术培训，提高服务组织的技术水平和专业能力。一方面，技术培训是重中之重，也是提升员工能力的重要途径之一。通过开展技术培训、人才引进等活动培养一批高素质的技术人才和管理人才，为社会化服务体系的发展提供强有力的人才保障。培训可以采取多种形式开展，包括定期的课堂教学、实际操作演示等，提高员工的专业技能和素质水平。另一方面，要积极引进并留住高素质人才，发挥其专业技能，以更好地服务于林下经济发展。同时要建立完善的人才培养机制和管理体系，不断提高员工素质和管理水平，促进社会化服务事业的健康发展。

（7）以资金投入为保障。在健全社会化服务体系的过程中必须以资金投入为保障，加大对社会化服务体系的投入和支持力度。政府可以通过财政补贴、税收优惠等措施吸引社会资本参与社会化服务体系的建设和发展；也可以引导金融机构提供贷款支持和服务保障，推动社会化服务体系的快速发展；还可以拓宽融资渠道，构建多元化融资平台，鼓励金融机构开发适应于本地区的贷款产品等，为农民提供便捷高效的金融服务，保障资金供给，促进林下经济的持续发展。

8.4.4 重点任务

健全社会化服务体系的重点任务包括以下几个方面：

8.4.4.1 提升服务供给能力

一是建设多元化的服务组织。通过引导企业、社会组织和专业大户等市场主体参与社会化服务体系建设，形成多元化的服务供给格局。同时，加强服务组织的规范化建设和能力提升，提高服务组织的整体素质和服务水平。二是培育服务市场。通过政策引导和资金支持等方式，积极培育服务市场，吸引更多的市场主体参与社会化服务体系建设。同时，加强对服务市场的监管和评估，确保服务市场的公平竞争和健康发展。三是提高服务质量。通过加强技术培训和人才引进力度，培养一批高素质的技术人才和管理人才，提高社会化服务体系的服务质量和服务效益。同时，加强服务质量监管和评估，确保服务质量的稳定性和可靠性。

8.4.4.2 加强科技创新支撑

一是引进先进的科技手段和管理方法，提高社会化服务体系的科技水平和服务能力。同时，加强科技创新和管理创新的融合，推动社会化服务体系的现代化发展。二是推广应用新技术、新工艺、新品种等创新成果，拓展社会化服务领域，提高服务质量与效益。三是加强科技创新与产业发展的深度融合，推动科技创新与产业升级相互促进。四是加强科技创新的国际合作与交流，推动科技创新成果的共享和转化应用。

8.4.4.3 优化政策法规环境

一是出台相关政策措施，加大对社会化服务体系的投入和支持力度。二是完善相关法律法规，规范社会化服务体系的发展，保障各方的合法权益，维护公平竞争的市场环境。三是建立完善的社会化服务监督评估机制，监督和管理资金的运行情况，确保资金使用的透明度，并最大限度地发挥出资金的效益。

8.5 加强市场流通体系建设

8.5.1 市场流通体系的概念

市场流通体系是指商品和服务在生产、流通和消费环节中形成的相互关联、相互作用的整体。在林下经济领域，市场流通体系主要包括林下经济产品的生产、收购、运输、储存、加工和销售等环节。市场流通体系的建设旨在实现林下经济产品的高效流通，促进林下经济的持续发展。对林下经济产品的生产、流通、销售等环节进行管理和规范，可实现资源的优化配置和信息的共享，达到提高市场效率和保障产品质量安全的目的。

在林下经济领域，市场流通体系的建设具有至关重要的作用。首先，市场流通体系是连接生产与消费的桥梁和纽带，能够将林下经济产品的生产者与消费者有效地连接起来，实现林下经济产品的流通和销售。其次，市场流通体系的建设可以提高市场的透明度和公正性，减少不良行为和市场操纵现象的发生，保障消费者的权益。此外，市场流通体系的建设还可以提高市场的竞争力和创新力，推动林下经济的发展和升级。

8.5.2 市场流通体系现状分析

林下经济市场流通体系建设是促进林下经济发展的重要一环。当前，这一体系建设取得了一定的进展，但同时也存在一些问题。下面从市场流通体系的现状出发，对这些问题进行深入分析。

8.5.2.1 市场流通体系建设初见成效

近年来，政府对林下经济市场流通体系的建设给予了高度重视。在政策扶持和市场机制的共同作用下，这一体系建设初见成效。具体表现在以下几个方面：

(1)市场交易平台逐渐完善。在林下经济领域，各种类型和规模的市场交易平台逐渐完善，包括线下的批发市场、集贸市场以及线上的电商平台等。这些平台为林下产品的生产者和消费者提供了便利的交易渠道，有效地推动了林下经济的发展。

(2)物流配送体系逐渐健全。随着物流业的快速发展，林下经济市场的物流配送体系也逐渐健全。物流企业通过优化配送线路、提高配送效率等措施，为林下经济产品的及时送达提供了保障。同时，先进的物流配送技术如物联网、无人机等的应用，也提高了物流配送的效率和准确性。

(3)信息传播体系逐渐建立。政府部门、行业协会和相关企业通过建立信息服务平台、加强与媒体的沟通合作等方式，及时发布林下经济产品的市场动态、政策法规等信息，提高了市场的透明度。

8.5.2.2　市场流通体系建设存在的问题

尽管林下经济市场流通体系建设取得了一定的成效，但仍然存在一些问题需要解决，主要包括：

(1)市场流通体系各环节衔接不够紧密。尽管市场交易平台、物流配送体系和信息传播体系在林下经济市场中逐渐建立起来，但各环节之间的衔接还不够紧密。例如，市场交易平台与物流配送体系之间缺乏有效的信息共享，导致产品供需信息无法及时传递给物流企业，影响了物流配送的效率和质量。此外，信息传播体系中各类信息服务平台之间的互联互通也存在一定的困难，导致信息传播不够顺畅。

(2)物流配送成本较高。由于林下经济产品的特殊性，如保鲜期短、运输难度大等，导致其物流配送成本相对较高。一些偏远地区的林下经济产品生产者难以承担高昂的物流费用，限制了林下经济产品市场的拓展。同时，部分地区缺乏专业的林下经济产品物流企业，也增加了物流配送的成本和难度。

(3)信息传播体系中信息质量参差不齐。尽管信息传播体系已逐渐建立起来，但由于缺乏有效的信息筛选和评估机制，导致部分信息的可靠性和准确性不足，无法为生产者和消费者提供准确的决策依据。

8.5.3　市场流通体系建设的意义和目标

8.5.3.1　市场流通体系建设的意义

在林下经济领域，加强市场流通体系建设具有非常重要的意义。

(1)促进林下经济产品的流通和销售。林下经济以森林、林木、林地等森林资源为基础，以特色林下经济产品为依托，具有绿色、环保、可持续等优势。然而，由于市场流通体系不完善，这些优势往往难以转化为实际的经济效益。通过加强市场流通体系建设，不仅可以打通林下经济产品从产地到销地的通道，提高产品的流通效率和销售量，还能够满足消费者对绿色、有机、健康食品的需求。

(2)提高林下经济产品的附加值。林下经济产品具有较高的营养价值和生态价值，但在传统的流通体系中，这些价值往往被低估或忽视。通过加强市场流通体系建设，可以引入更多的人才、技术和资金等资源，对林下经济产品进行深加工和精加工，提高产品的附加值。这不仅能够增加农民的收入，也能够带动相关产业（如食品加工业、包装业等）的发展。

（3）加强市场流通体系建设可以促进国际贸易合作。随着全球气候变化和生态环境的恶化，越来越多的人开始关注生态保护和可持续发展。中国作为林业大国，具有丰富的林下经济发展资源和发展潜力。通过加强市场流通体系建设，可以加强与国外企业的合作与交流，推动林下经济产品的国际贸易合作。这不仅能够拓展国际市场，也能够为全球生态保护和可持续发展作出贡献。

（4）加强市场流通体系建设可以提高市场竞争力。在传统的流通体系中，林下经济产品的销售往往受到中间商的限制和影响。通过加强市场流通体系建设，可以减少中间环节，降低成本，提高产品的市场竞争力。同时，也可以通过建立品牌、推广营销等方式提升产品的知名度和美誉度，进一步增强市场竞争力，实现销售畅通无阻，让农民得到实惠和甜头，让消费者能买到放心的绿色有机食品。

（5）在加强市场流通体系建设的过程中还可以促进产销对接和信息共享。互联网技术的不断发展及电商平台的不断完善，为林下经济产品的产销对接提供了便利的条件和可能，通过线上与线下相结合的方式，对产品的生产销售渠道进行拓展，对产品的营销策略进行创新，并让农民和消费者都能随时了解林下经济产品的最新动态及供求信息，实现信息共享。

8.5.3.2 市场流通体系建设的目标

林下经济市场流通体系的建设目标是建立一个高效、透明、便捷的市场流通系统，以促进林下经济产品的流通和销售，提升林下经济的发展质量和效益。

（1）建设多元化市场交易平台。建设多元化的市场交易平台是林下经济市场流通体系的重要目标之一。通过建立大型的林下产品批发市场、中小型的林下产品集贸市场以及在线交易平台等不同层次的市场交易平台，可以满足不同类型和规模的林下经营主体的需求。同时，这些平台可以为林下经济产品的生产者和消费者提供便捷的交易渠道，促进产品的流通和销售。

在建设多元化市场交易平台的过程中，需要注重以下几个方面：一是增强市场交易平台的互联互通。加强市场交易平台之间的信息共享和业务合作，促进各类市场主体之间的信息交流和贸易合作。例如，可以建立信息共享平台，及时发布林下经济产品的市场动态、政策法规等信息，提高市场的透明度和公正性。二是提升市场交易平台的智能化水平。运用互联网、大数据、人工智能等技术手段，提高市场交易平台的智能化水平。例如，可以通过数据分析对市场行情进行预测，为生产者和消费者提供决策支持。同时，可以利用人工智能技术提高交易平台的自动化水平，降低交易成本。三是拓展在线交易平台的市场份额。鼓励和支持在线交易平台的发展，拓展其在林下经济市场中的市场份额。通过优化用户体验、提高服务质量等方式，吸引更多的消费者和商家使用在线交易平台。同时，要加强在线交易平台的监管力度，保障市场的公平竞争秩序。

（2）加强物流配送体系的建设。物流配送体系是林下经济市场流通体系的重要组成部分，加强物流配送体系的建设对于保障林下经济产品的及时送达和降低运输成本具有至关重要的作用。需要通过建立完善的物流配送网络，推广先进的物流配送技术，加强物流配送的绿色化建设等措施来提高物流配送的效率和准确性。

加强物流配送体系建设的具体措施包括：一是优化物流配送网络布局。根据林下经济产品的生产分布情况和市场需求，优化物流配送网络布局。加强产地和销地之间的物流基础设施建设，提高物流配送的效率和覆盖面。同时，要合理规划运输线路，减少迂回和空驶等现象的发生。二是推广先进的物流配送技术。积极推广先进的物流配送技术，如物联网、大数据分析、人工智能等。通过应用这些技术手段，可以提高物流配送的自动化水平，降低成本和提高效率。例如，可以利用大数据分析技术对运输需求进行预测，对运输线路进行优化等。三是加强绿色物流配送建设。加强绿色物流配送建设是指在物流配送过程中采取环保和可持续发展的措施，旨在减少对环境的影响。通过优化物流配送网络、使用环保材料和技术设备、开展回收再利用工作、制订科学合理的废弃物处理方案、推广使用新能源车辆以及强化企业社会责任等多种措施，可以降低物流配送过程中的能源消耗和排放，减少对环境的污染，提高资源利用效率，促进可持续发展。加强绿色物流配送建设不仅可以保护环境，还可以为企业带来良好的经济效益和社会效益，提高企业的竞争力。

8.5.4 市场流通体系建设措施

8.5.4.1 建设现代化市场流通体系

建设现代化市场流通体系是加强林下经济产品市场流通体系建设的关键。可以通过以下几个方面实现：一是建设大型综合市场，吸引更多的经销商、采购商、消费者等参与到林下经济产品市场中来，提高市场的集聚效应和影响力。二是鼓励林下经济产品企业开展电子商务，拓展销售渠道，扩大市场范围。三是加强冷链物流建设，确保林下经济产品的品质和食品安全。四是加强品牌建设，提高林下经济产品的知名度和美誉度。五是建立市场信息平台，提供价格信息、供求信息、市场动态等，帮助生产者和消费者更好地了解市场情况。

8.5.4.2 加强产品质量监管

加强产品质量监管是加强林下经济产品市场流通体系建设的重要保障。可以通过以下几个方面实现：一是制定林下经济产品质量标准，确保产品质量符合标准要求。二是加强质量检测，对不合格的产品进行处罚和召回。三是建立质量追溯体系，实现对产品的全程追溯和监控。四是加强质量宣传，提高消费者对林下经济产品的质量安全意识。

8.5.4.3 加强人才培养

加强人才培养是加强林下经济产品市场流通体系建设的重要支撑。可以通过以下几个方面实现：一是制订人才培养计划，加强对林下经济产品市场流通领域人才的培养和引进。二是增加人才培养资金投入，为人才培养提供保障。三是加强人才培养机构建设，提高人才培养质量和水平。四是加强人才培训和交流，提高人才的综合素质和业务能力。

8.5.4.4 加强政策支持

加强政策支持是加强林下经济产品市场流通体系建设的重要推动力。可以通过以下几个方面实现：一是加大财政支持力度，为林下经济产品市场流通体系建设提供资金支持。二是给予林下经济产品企业税收优惠政策，降低企业的税负压力。三是提供金融支持，为林下经济产品企业提供贷款、担保等金融服务。四是给予林下经济产品企业政策支持，为企业提供更好的发展环境。

8.5.4.5 加强合作机制建设

加强合作机制建设是加强林下经济产品市场流通体系建设的有效途径。可以通过以下几个方面实现：一是建立林下经济产品合作组织，加强企业之间的合作和交流。二是加强与国际市场的合作，引进国际先进技术和管理经验。三是建立合作机制，促进企业之间的资源共享和优势互补。

8.6 强化日常监督管理

强化日常监督管理在林下经济领域是指通过加强质量安全管理、市场秩序管理、环境保护管理、法律法规的制定和执行、社会监督以及信息化管理等方式，对林下经济产品的生产、加工、流通、消费等各个环节进行全面、科学、有效的监督和管理，以保障林下经济产品的质量安全，维护市场秩序，促进环境保护，推动林下经济的可持续发展。

8.6.1 日常监督管理的内容

林下经济领域的日常监督管理涵盖多个方面的内容，这些内容相互关联、相互促进，共同保障林下经济的健康发展。以下是日常监督管理的主要内容：

8.6.1.1 质量安全管理

质量安全管理是日常监督管理的重要内容之一。具体包括：一是根据国家和地方的相关法规和标准，结合行业特点和市场需求，制定适合林下经济的质量安全标准，并严格落实执行。二是建立健全质量安全监管机制，明确各环节的责任主体和监管职责，确保每个环节的质量安全得到有效控制。三是加强对林下经济产品的生产过程管理，特别是对农药、化肥等投入品的使用进行严格监管，确保产品的绿色、有机、健康。四是建立完善的质量检测体系，对林下经济产品进行定期的质量检测和抽检，确保产品质量符合标准要求。五是建立健全林下经济产品的追溯和召回制度，对于不符合质量安全标准的产品及时追溯来源和原因，并采取相应的召回措施，以保障消费者的权益。

8.6.1.2 市场秩序管理

市场秩序管理是保障公平竞争和消费者权益的重要手段。在林下经济领域，市场秩序管理主要包括以下内容：一是加强对市场主体的监管，规范其市场行为，防止垄断和不正当竞争行为的发生，维护市场的公平竞争。二是加强对市场价格的监管，防止价格垄断和恶意竞争，维护市场的稳定和秩序。三是加强对市场上假冒伪劣产品的打击力度，防止对正规生产经营者造成不公平竞争，维护市场的正常秩序。四是加强对市场交易行为的监管，防止虚假宣传和欺诈行为，保障消费者的合法权益。同时，建立健全消费者投诉举报机制，及时处理消费者投诉案件。五是积极推动行业自律机制的建设，加强行业协会的作用发挥，引导行业主体自觉遵守市场规则和法律法规，维护良好的市场秩序。

8.6.1.3 环境保护管理

环境保护管理是强化日常监督管理的重要任务之一。在林下经济领域，环境保护管理主要包括以下内容：一是加强对林下经济产品生产、加工、流通和消费等环节的环境保护管理，防止过度开采和环境污染。特别是要加强对农药、化肥等投入品使用的管理，防止对环境造成污染。二是积极推行绿色生产方式，促进林下经济的可持续发展。鼓励使用有机肥料和生物防治措施，减少对环境的负面影响。三是加强对林下经济产品生产过程中废弃物的处理和管理，促进资源的循环利用和减少浪费。同时，推广生态种植、养殖模式和农林复合经营模式等生态友好型生产方式。四是加强对林下经济活动区域的生态修复和保护工作力度，确保生态系统的平衡与稳定，推进生态文明建设，实现经济发展与环境保护的双赢。此外，还可以积极开展森林抚育和公益林保护等项目，提升森林质量和生态功能。五是对于新建或改建的林下经济项目需要进行环境影响评价和分析，确保其在实施过程中对环境产生的影响可控。

8.6.2 日常监督管理的方法

为了实现有效的日常监督管理，需要采取一系列的方法和措施。

（1）建立完善的监管机制。建立完善的监管机制是日常监督管理的基础。在林下经济领域，需要建立健全从生产到消费全链条的监管机制，明确各环节的监管职责和责任主体，确保每个环节的质量安全得到有效控制。同时，要建立跨部门、跨领域的协调机制，加强沟通与协作，形成监管合力，提高监管效能。

（2）制定和执行严格的法律法规和标准。制定和执行严格的法律法规和标准是日常监督管理的关键。国家应出台相关法规和政策，明确林下经济发展的基本原则、标准和规范等。各级政府和相关部门应结合当地实际情况，制定具体的实施细则和操作规程，并严格落实执行。同时，鼓励企业制定高于国家标准的企业标准，推动行业整体水平的提升。

（3）加强质量检测和抽检。加强质量检测和抽检是日常监督管理的重要手段。建立完善的质量检测体系，配备先进的检测设备和仪器，对林下经济产品进行定期的质量检测和抽检。同时，鼓励企业建立自检实验室，加强内部质量控制。对于不符合质量安全标准的产品，及时追溯来源和原因，并采取相应的召回措施，以保障消费者的权益。

（4）推行信息化管理。推行信息化管理是提高日常监督管理效率的重要途径。通过建立信息化平台，对各环节的数据信息进行整合和分析，实现信息的实时共享和传递。这样可以提高监管的准确性和及时性，减少人为因素的干扰，同时方便企业和政府部门之间的信息交流与协作。

（5）加强社会监督。社会监督是日常监督管理的有力补充。政府应建立健全社会监督机制，鼓励消费者、媒体和社会组织等参与林下经济的监督和管理。通过设立举报电话、网络平台等渠道，方便消费者投诉和举报。同时，加强与媒体的沟通合作，及时公开相关信息，回应社会关切。对于存在问题的企业和产品，及时进行处理和曝光，并追究相关责任人的责任。

（6）加强培训和教育。加强培训和教育是提高日常监督管理水平的重要措施。政府应加大对从事林下经济工作人员的培训力度，提高他们的专业素质和技术水平。同时，通过开展宣传教育活动，增强消费者的安全意识和环保意识，引导他们正确消费和使用林下经济产品。通过培训和教育，可以增强企业和消费者的法律意识和安全意识，提高行业的整体素质和水平。

（7）实施信用管理。实施信用管理是日常监督管理的有效手段之一。政府应建立完善的企业信用管理体系，将企业的信用信息纳入监管范围之内并实施分类管理，对于守信企业给予相应的政策支持和激励，对于失信企业则进行严格的惩戒。这样可以有效地提高企业的自律意识，促使其遵守相关法律法规和标准。同时还可以增强消费者的信心和对行业的信任度，推动林下经济的持续发展。

（8）开展国际合作与交流。开展国际合作与交流可以帮助我们了解国际先进的日常监督管理经验和做法。可以与相关国家地区的政府、企业以及国际组织合作，共同探讨林下经济领域的发展问题，并相互学习借鉴经验做法。同时，还可以引进国际先进的理念和技术，推动我国林下经济的持续发展。

（9）建立应急预案。建立应急预案是为了应对可能出现的突发事件或危机情况。在林下经济领域，政府和企业应建立健全应急预案体系，明确应急响应程序和处理措施，对于可能出现的疫情、病虫害等突发事件要及时预警并采取有效措施，防止事态扩大对林下经济造成不利影响。同时，还要对应急预案进行定期的演练和修订，确保其有效性。

8.7 提高林下经济发展水平

8.7.1 提高林下经济发展水平的重要性

提高林下经济的发展水平，不仅有助于推动市场紧缺品种的发展，还能够通过改善林下经济的结构布局，有效提升相关企业的管理与运营能力。随着经济的快速发展和人们生活水平的不断提高，消费者对产品的需求已经不仅仅局限于种类的多样化，更注重产品的质量和附加值。因此，对于林下经济产品而言，实现多元化发展并不仅仅意味着增加产品种类，更重要的是对现有资源进行高效利用和创新管理，尤其是发展食用菌、中药材等市场紧缺品种。积极进行林下经济产品的深度加工，是提升产品质量和附加值的核心。通过深度加工，可以将原材料转化为更高价值的商品，例如将林下种植的中药材提炼成高附加值的中药。这种转化不仅提高了产品的市场价值，还为农民和企业带来了更大的利润空间。深度加工还可以延长产品的产业链，增加就业机会，促进地方经济的发展。持续扩展产业链，大力发展林业循环经济，是实现可持续发展的关键路径。林业循环经济强调在生产过程中最大限度地减少资源消耗和环境污染，通过循环利用资源，实现经济效益和生态效益的双赢。例如，利用林下经济产品加工过程中产生的副产品作为其他产业的原料，这样既减少了资源浪费，又降低了生产成本，实现了资源的高效循环利用。开展林下经济产品生态原产地保护工作，是确保产品品质和生态价值的关键措施。通过这样的保护措施，能够确保产品从源头上就符合生态和质量标准，从而获得消费者的信任和市场的认可。完善林下经济产品标准和检测体系，是保障产品使用和食用安全的基础。一个健全的标准和检测体系能够确保产品从生产到销售的每一个环节都符合安全和质量要求，这不仅能够增强消费者对林下经济产品的信任，还能为整个行业树立起正面的形象。通过标准化生产和严格的质量控制，可以有效避免不合格产品的出现，保障消费者的权益。

8.7.2 提高林下经济发展水平的措施

为了切实提高林下经济发展水平，可以采取以下重要措施：

8.7.2.1 支持开发市场短缺品种

通过深入的市场调研，全面掌握当前市场需求的缺口，分析消费者的偏好和潜在需求，有针对性地选择和发展市场上供不应求的林下经济产品。这不仅能够填补市场空白，还能显著提升林下经济的经济效益，增强市场竞争力。例如，对于中药材、食用菌等林下种植，需要深入市场调研，收集和分析大量数据，包括销售数据、消费者反馈、行业趋势、竞争对手分析等，以确保林下种植的科学性和准确性。在调研过程中，可以通过问卷调查、实地走访、专家咨询等多种方式进行，力求获取最真实、最全面的市场信息。同时，与当地农民和企业建立紧密的合作关系，深入了解他们的生产能力和资源状况，掌握第一手资料，以便更好地匹配市场需求和供给能力。政府和相关机构在这一过程中应发挥积极的引导和支持作用，比如提供财政补贴、技术培训、市场准入便利等政策扶持，降低农民和企业的风险，增强他们的信心，鼓励他们积极参与到短缺品种的开发中来。

8.7.2.2 优化林下经济结构

必须合理配置和充分利用林下资源，推动林下经济向多元化、高效化、可持续的方向发展。在调整林下种植结构方面，应考虑引入具有较高市场价值和生态效益的作物，以实现林下资源的高效利用。珍稀药材和特色林果的种植，不仅能够提升林地的生态多样性，还能增加农民的经济收入。在调整林下养殖方面，要充分利用林地的自然条件，促进生态与经济的良性互动。通过科学管理和技术创新，提高生产效率，从而提升整体经济效益。在相关产品采集加工方面，应注重珍稀药材、野生食用菌、森林果蔬等林下资源的采集与加工。通过建立规范的采集标准和加工流程，确保产品的质量和安全。还可以利用现代科技手段，如生物技术、纳米技术等，对林下产品进行深加工和综合利用，进一步提升其经济价值和生态效益。在森林景观利用领域，可以开发森林浴、森林徒步、森林冥想等森林康养项目，利用森林的自然环境和生态资源，为游客提供身心放松和康复的场所。

8.7.2.3 提高相关企业经营管理水平

为增强企业在运输、储存、加工、营销等环节的管理效能，企业可采取以下策略：首先，构建健全的内部控制体系，规范业务流程。引进先进的管理工具，优化资源配置，以提升效率。重视员工培训，增强团队的专业性和执行力，同时培育积极向上的企业文化。在运输管理方面，优化运输路线，运用如GPS定位和智能调度系统等先进的物流技术，以减少运输成本，提升运输效率；加强与运输服务商的合作，建立长期稳定的合作关系，确保运输服务的质量和稳定性。在储存方面，注重仓库布局和管理，确保库存物品的安全、整洁和有序。采用现代化的仓储管理系统，实现库存的实时监控和预警，避免库存积压和短缺现象的发生；加强对库存物品的保养和维护，延长其使用寿命。在加工方面，注重生产流程的优化和工艺改进，提高生产效率和产品质量。通过引进先进的生产设备和技术，实现自动化、智能化生产，降低生产成本；加强对员工的技术培训和质量意识教育，确保生产过程的规范化和标准化。在营销方面，注重市场调研和消费者行为分析，了解市场需求和竞争态势。采用多元化的营销策略和手段，如线上营销、社交媒体营销等，扩大品牌知名度和影响力；加强与客户的沟通和互动，建立良好的客户关系，提高客户满意度和忠诚度。此外，政府和行业协会的支持也至关重要。政府可出台相关政策，鼓励企业参与培训和学习。行业协会则可组织行业内的专家和资深人士，为企业提供定制化的培训课程和咨询服务，帮助企业提升管理效能。

8.7.2.4 积极推动林下经济产品的深度加工和林业循环经济的发展

深度加工林下经济产品是提升产品品质和附加值的有效策略。通过引入和普及先进的加工技术，对林下经济产品进行精细化和多样化处理，开发出更多具有高附加值的产品，例如有机食品、保健品等，增强产品在市场上的竞争力，拓展产业链，实现资源的最优化利用。同时，发展林业循环经济有助于构建林下经济与生态环境和谐共存的新模式。通过推广资源循环利用的技术和模式，减少资源的浪费，降低生产成本，同时维护生态环境，实现经济和生态效益的双重收益，促进林下经济的持续发展。

8.7.2.5 建立林下经济产品标准和检测体系

建立林下经济产品标准和检测体系需从以下几个方面入手：第一，应建立全面的林下经济产品分类标准，明确不同林下产品如食用菌、中药材等的分类依据和质量要求。第二，制定具体的产品质量标准，包括产品的外观、成分、安全指标等，确保产品符合国家和行业标准。第三，建立和完善林下经济产品的检测体系，包括建立专业的检测机构和配备先进的检测设备，确保检测结果的准确性和权威性。第四，加强林下经济产品生产过程的监管，确保生产者按照标准进行生产，对不符合标准的产品进行严格处理。第五，开展林下经济产品标准和检测体系的宣传培训工作，提高生产者和经营者的标准意识和检测意识，使他们能够主动按照标准生产和接受检测。第六，鼓励和支持科研机构和企业开展林下经济产品的技术创新和标准研究，推动林下经济产品的标准化和品牌化发展。第七，建立林下经济产品追溯体系，实现从生产到销售的全过程可追溯，保障产品质量安全，增强消费者信心。

8.7.2.6　开展林下经济产品生态原产地保护工作

随着市场需求的不断增长，林下经济产品正面临过度开发和破坏生态环境的风险，因此，实施生态原产地保护工作变得极为迫切。开展林下经济产品生态原产地保护工作，第一，需建立和完善相关法律法规体系，明确保护范围、标准及责任主体，为保护工作提供法律支持。第二，应加强林下经济生态原产地的生态环境监测，定期进行生态状况评估，确保林下经济活动不超越生态承载力。第三，应积极推广生态林下种植和林下养殖技术，尽量减少化肥、农药使用，提倡有机林业，以保护林地和水源免受污染。第四，应积极进行林下经济产品地理标志产品认证，通过地理标志以保护产品特有的品质、声誉或其他特性，确保产品与特定地理环境的关联性，提升产品市场竞争力。同时要加强品牌建设，通过品牌效应引导消费者选择生态原产地保护产品；通过引导公众参与和宣传教育，提高社会公众对林下经济产品生态原产地保护重要性的认识，鼓励消费者选择生态环保产品，形成良好的市场导向；通过加强与科研机构的合作，开展林下经济产品生态原产地保护的科学研究，为保护工作提供技术支持。政府应建立跨部门协调机制，整合林业、农业、环保、市场监管等相关部门的资源和力量，形成保护工作的合力。通过政策扶持、资金投入、技术指导等措施，支持林下经济产品生态原产地保护工作的深入开展，确保林下经济的可持续发展，为社会提供更多的生态产品。

第 9 章　促进林下经济发展的保障措施

9.1　资金投入

9.1.1　资金投入的来源

资金投入是推动林下经济发展的重要保障。随着社会经济的发展和人们生活水平的提高，对林下经济产品的需求也越来越高。林下经济的发展需要大量的资金投入，资金投入来源主要包括政府资金、金融机构贷款、社会资本和合作组织的资金。

9.1.1.1　政府资金

政府是推动林下经济发展的主要力量，可以通过设立专项资金为林下经济的发展提供资金支持。例如，政府可以投入资金用于林区道路、水利、电力等基础设施建设，改善林下经济的生产条件和生活环境，提高林下经济的生产效率和市场竞争力；也可以投入资金用于引进和培育优质的种苗，进行技术研究和开发，提高林下经济产品的产量和质量，推动林下经济的科技创新和产业升级；还可以投入资金用于推动乡村振兴和城乡一体化发展，促进农村地区的基础设施建设、环境保护和文化传承等方面的发展。

9.1.1.2　金融机构贷款

金融机构可以为林下经济的发展提供贷款支持，解决农民和企业资金短缺的问题。政府可以采取以下措施鼓励金融机构参与林下经济的发展：

(1) 政府担保贷款。政府可以设立担保基金，为农民和企业提供贷款担保，降低金融机构的风险，鼓励金融机构为林下经济的发展提供贷款支持。

(2) 优惠利率贷款。政府可以与金融机构合作，为农民和企业提供优惠利率的贷款，降低贷款成本，提高农民和企业参与林下经济发展的积极性。

(3) 延长还款期限。金融机构可以针对林下经济的生产周期和市场需求，合理设置还款期限，为农民和企业提供更加灵活的贷款支持。

9.1.1.3　社会资本

社会资本可以为林下经济的发展提供更多的资金支持。政府可以通过以下措施吸引社会资本参与林下经济的发展：

(1) 投资补贴。政府可以给予投资林下经济的企事业单位和个人一定的投资补贴，降低其投资成本，提高其参与林下经济发展的积极性。

(2)税收优惠。政府可以采取税收减免等措施,鼓励企事业单位和个人投资林下经济,推动林下经济的快速发展。

(3)项目合作。政府可以通过与企事业单位和个人合作,共同推进林下经济的发展,实现互利共赢的目标。

9.1.1.4 合作组织的资金

合作组织是农民自己建立的一种组织形式,可以为林下经济的发展提供资金支持。合作组织可以通过会员缴纳会费、政府补贴和项目资助等方式筹集资金,为农民提供资金支持和技术服务等方面的帮助。同时,合作组织还可以与金融机构合作,为农民提供更加灵活的贷款支持。

这些资金的投入可以促进林下经济的快速发展,提高其市场竞争力,同时也可以带动相关产业的发展,推动乡村振兴和城乡一体化发展等目标的实现,促进农村地区的经济发展和社会进步。然而要实现有效的资金投入,需要政府、社会和市场各方共同努力。

9.1.2 投入资金的分配

在林下经济项目中,需要根据实际需求将资金分配到不同的方面,如基础设施建设、种苗采购、人工费用、市场营销等方面。在分配资金时,要充分考虑各环节的需求和实际情况。

在资金分配过程中,需要注重以下几点:

(1)基础设施建设。基础设施是林下经济发展的重要基础,包括道路、水利、电力等方面。要确保基础设施完善,能够满足生产和生活的需要。

(2)种苗采购。优质种苗是林下经济发展的重要基础,因此需要投入一定的资金用于采购优质种苗。同时,为了确保种苗的成活率和生长质量,还需要提供相应的技术和管理服务。

(3)人工费用。林下经济发展需要大量的劳动力支持,因此要合理安排人工费用,吸引更多人参与项目。同时,还要提供相应的培训和福利,提高工人的积极性和工作效率。

(4)市场营销。市场营销是林下经济项目成功的关键之一,要投入一定的资金用于品牌建设、市场推广和销售渠道拓展等方面。同时,还可以采用线上、线下相结合的方式,扩大产品的知名度和影响力。

此外,在林下经济发展过程中,会面临诸多风险,如自然灾害、市场风险等。因此,需要制订完善的风险管理计划,对可能出现的风险进行及时预警和应对。

9.1.3 投入资金的用途

(1)种苗培育。林下经济需要培育优质的种苗。种苗的培育包括种子的选购、培育、筛选等过程,需要保证种苗的质量和适应性。

(2)生产资料采购。林下经济需要采购一定的生产资料，如饲料、兽药、林下经济用品等。

(3)劳动力成本。林下经济的生产过程需要人工投入，如林下种植、林下养殖、相关产品采集加工、森林景观利用等。

(4)研发费用。林下经济的发展需要不断进行技术研发和创新，以提高生产的效益和产品质量。

(5)市场开拓。林下经济的产品销售需要开拓市场，如参加展览、建立销售渠道等。

9.1.4 投入资金的管理

如何科学、合理、有效地管理投入资金，是每一个林下经济项目必须面对的重要问题。

(1)确定投入资金的需求。在确定投入资金的需求量时，需要根据项目的实际情况，充分考虑各种因素，如项目规模、资源状况、市场前景等。同时，还要制订相应的资金使用计划，确保投入资金能够得到合理的分配和使用。

(2)多渠道筹措资金。为了满足投入资金的需求，需要通过多种渠道筹措资金，包括企业自筹、政府补贴、银行贷款、社会投资等。在筹措资金时，要充分考虑各种渠道的利弊和可行性。例如，企业自筹需要企业有足够的实力和信誉；政府补贴需要项目符合政府的政策导向；银行贷款需要项目有一定的营利能力和还款能力；社会投资需要项目有一定的市场前景和社会效益。

(3)合理分配投入资金。在分配投入资金时，要充分考虑各环节的需求和实际情况。例如，基础设施建设是林下经济发展的基础，需要投入一定的资金用于道路、水利、电力等方面的建设；种苗采购是林下经济发展的重要环节，需要投入一定的资金采购优质的种苗；人工费用是林下经济发展中必不可少的支出，需要合理安排人工费用，吸引更多人参与项目；市场营销是林下经济项目成功的关键之一，需要投入一定的资金用于品牌建设、市场推广和销售渠道拓展等方面。

(4)加强投入资金监管。为了确保投入资金得到合理的使用和管理，需要加强监管力度，包括建立完善的财务管理制度、加强内部审计和监督检查等方面。在财务管理方面，要建立完善的制度体系和管理流程，确保资金的审批和使用符合规定；在内部审计方面，要加强内部审计工作，确保资金的合规性和合理性；在监督检查方面，要加强与政府部门的合作，加强对资金的监督和管理。

综上所述，林下经济发展资金投入保障需要政府、金融、投资等多方面的支持。政府应该增加对林下经济的投资，并引导企业和个人投资林下经济领域，同时要加强资金管理和监管，为林下经济发展提供全方位的支持和保障。同时，企业和个人也应该加强对林下经济的投资和管理，提高林下经济的效益和竞争力，实现林下经济的可持续发展。

9.2 政策扶持

近年来,随着生态文明建设的不断深入,林下经济逐渐成为农村经济发展的新亮点和新业态。为了推动林下经济的健康发展,政府应出台相应的政策扶持措施。

9.2.1 财政资金支持

财政资金支持是政府为推动林下经济发展而采取的一项重要措施。财政部门通过预算安排、专项资金等方式,为林下经济提供资金支持。

财政资金支持的范围包括林下经济基础设施建设、林下经济品种选育和种苗培育、技术研发和推广以及示范基地和园区建设等领域。财政资金支持的方式包括以下几个方面:

(1) 无偿拨款。政府通过无偿拨款的方式,为符合条件的企业和机构提供资金支持。

(2) 财政补贴。政府根据政策规定,对从事林下经济的企业和机构给予一定的财政补贴。

(3) 税收减免。政府对从事林下经济的企业和机构实行税收减免政策,以减轻其负担。

(4) 政府采购。政府通过采购政策,对符合条件的林下经济产品实行政府采购,以促进林下经济的发展。

9.2.2 税收优惠政策

税收优惠政策是国家为了促进林下经济的发展而制定的一项政策。通过减免税收或其他优惠措施,鼓励企业和个人从事林下经济活动,促进林下经济的健康发展。

林下经济税收优惠政策主要包括减税、免税、延期纳税等几种类型。

(1) 减税。对从事林下经济的企业和个人,根据政策规定减少其应纳税额的一部分,以减轻其税收负担。

(2) 免税。对从事林下经济的企业和个人,根据政策规定免除其应缴纳的全部税款,以鼓励其从事林下经济活动。

(3) 延期纳税。对从事林下经济的企业和个人,根据政策规定允许其延迟缴纳应纳税款,以缓解其资金压力。

林下经济税收优惠政策可以起到以下作用:一是降降低企业和个人的成本,提高其收益水平。二是增加企业和个人的投资,扩大林下经济的规模和效益。三是提高企业和个人的市场竞争力,促进林下经济的发展。四是推动林下经济产业升级和转型,提高其附加值和市场占有率。

9.2.3 科技支撑政策

科技支撑政策是政府为了促进林下经济发展而采取的一项重要措施。通过加强科技研究和开发，推广先进的科技成果，提高企业和个人的科技水平，从而推动林下经济的可持续发展。

林下经济科技支撑政策主要包括以下几种类型：

(1)科研支持。政府支持科研机构和高校开展林下经济相关研究，包括品种选育、种苗培育、技术研发等方面。

(2)技术推广。政府组织推广先进的科技成果，将科研成果转化为实际生产力，提高企业和个人的生产效率和质量。

(3)技术培训。政府组织开展技术培训，提高企业和个人的科技素质和技能水平，推动科技成果的普及和应用。

(4)科技奖励。政府设立科技奖励制度，对在林下经济领域作出突出贡献的个人和团队进行奖励，鼓励自主创新，激发人才活力。

9.2.4 市场开拓政策

林下经济市场开拓政策是政府为了帮助企业和个人更好地进入市场、扩大销售渠道和提高市场占有率而采取的一项重要措施。通过市场信息提供、展览推介、销售渠道建设和出口促进等支持政策，可以帮助企业和个人更好地开拓市场，增强可持续发展能力。

林下经济市场开拓政策主要包括以下几种类型：

(1)市场信息提供。政府提供市场调查和信息收集服务，帮助企业和个人了解市场需求、竞争状况和消费者行为，以便其更好地制订销售策略。

(2)展览推介。政府组织林下经济产品生产企业参加各种展览会、交易会等活动，为林下经济产品提供展示和推广的平台，提高品牌知名度和影响力，吸引潜在客户和合作伙伴。

(3)销售渠道建设。政府协助企业和个人拓展销售渠道，包括线上和线下渠道，如电商平台、专卖店、超市等，提高产品覆盖面和销售额。

(4)出口促进。对于出口型林下经济产品，政府提供出口退税、出口信贷等支持政策，鼓励企业扩大出口规模，提高国际竞争力。

9.3 金融支持

在林下经济发展过程中，金融支持是推动其发展的重要因素之一。

9.3.1 林下经济对金融支持的需求

林下经济，这个充满活力和潜力的领域，正在逐步成为我国林业经济发展的新业态和新引擎。然而，要实现林下经济的持续、健康、快速发展，金融支持无疑是一个关键因素。

9.3.1.1　金融支持在林下经济发展中的重要性

金融支持在林下经济发展中发挥着至关重要的作用。林下经济作为一项充满潜力的新兴产业和朝阳产业，其发展离不开金融资源的合理配置和有效支持。

(1)金融支持可以为林下经济提供必要的资金保障。林下经济的发展需要大量的资金投入，包括基础设施建设、品种引进、技术培训、市场营销等方面的费用。金融支持机构可以通过提供贷款、投资、担保等金融产品和服务，为林下经济主体提供必要的资金支持，帮助其解决融资难的问题。

(2)金融支持可以引导和优化资源配置。在林下经济的发展过程中，金融支持机构可以通过市场机制和价格机制的引导，将资金投向具有较高收益和发展潜力的领域，促进资源的优化配置。同时，金融支持机构还可以为林下经济主体提供专业的财务规划和风险管理服务，帮助其提高资金使用效率和管理风险的能力。

(3)金融支持可以推动林下经济的结构调整和升级。随着市场经济的发展和竞争的加剧，林下经济需要不断进行结构调整和升级，以适应市场需求的变化。金融支持机构可以通过提供多元化的金融产品和服务，支持林下经济主体进行技术创新、品牌建设、市场拓展等方面的升级和发展，推动林下经济的转型升级。

(4)金融支持可以通过风险管理等服务，降低林下经济的经营风险，提高其可持续发展的能力。林下经济的发展受到自然环境、市场环境等多方面的影响，风险相对较高。金融支持机构可以通过提供风险评估、风险控制、保险等方面的服务，帮助林下经济经营主体降低经营风险，提高其抵御风险的能力，为林下经济的可持续发展提供保障。

9.3.1.2　林下经济对金融支持的需求特点

林下经济作为一种综合性的经济模式，对金融支持的需求具有以下特点：

(1)长期投资的需求。林下经济的发展往往需要长期的资金投入，以支持其缓慢的回报周期。从林下种植、林下养殖到产出产品，再到市场销售，这个过程往往需要数年甚至数十年。因此，金融支持机构需要具备长期投资的理念和策略，以满足林下经济主体对资金的需求。

(2)技术创新的需求。林下经济模式往往需要高技术的支持，如精准农林业技术、生态养殖技术等。这些技术的研发和应用需要大量的资金投入，金融支持机构需要对此类技术提供必要的资金支持和技术咨询服务。同时，技术创新也带来了市场风险，金融支持机构需要具备专业的风险评估和风险管理能力，以降低投资风险。

(3)多元化的服务需求。林下经济涉及林业、农业、旅游等多个领域，因此金融支持机构需要提供多元化的服务，以满足林下经济发展的需求。例如，为林下经济提供贷款、保险、市场信息等服务；为林下经济提供投资、风险管理、财务规划等服务；为林下经济提供融资、支付、结算等服务。

（4）灵活的融资方式需求。林下经济的发展需要多样化的融资方式，以满足不同阶段和不同规模的资金需求。金融支持机构需要提供多种融资方式，如贷款、担保、股权投资等，以满足林下经济主体的融资需求。同时，融资方式也需要具备灵活性和可操作性，以适应不同地域和不同行业的特殊情况。

（5）风险防控的需求。林下经济的发展受到自然环境、市场环境等多方面的影响，风险相对较高。因此，金融支持机构需要建立完善的风险防控体系，以保障投资安全。风险防控体系包括风险评估、风险管理、风险监控等方面，需要运用专业的技术和方法进行综合分析和评估。

（6）信息共享的需求。林下经济的发展需要各方的信息共享和合作机制。金融支持机构需要与政府、企业、科研机构等多方进行信息共享和合作，共同推动林下经济的发展。通过信息共享，可以降低信息不对称带来的风险，提高投资决策的准确性和有效性。

9.3.1.3　如何满足林下经济对金融支持的需求

为了满足林下经济对金融支持的需求，需要从以下几个方面着手：

（1）创新金融产品和服务。针对林下经济的特殊需求，金融机构需要创新金融产品和服务，以提供更加灵活、多元化的金融支持。针对林下经济主体的融资需求，金融机构可以开发针对性强的贷款产品，如林权抵押贷款、林业碳汇质押贷款等，这些贷款产品可以根据林下经济主体的实际情况和需求，提供更加灵活的贷款方式和额度，以满足不同阶段的资金需求；林下经济面临着自然灾害、森林火灾、林业有害生物、疫病等风险，金融机构可以开发针对性的保险产品，如森林保险、养殖保险等，这些保险产品可以降低林下经济主体的风险，提高其抵御风险的能力；针对林下经济的投资需求，金融机构可以开发多元化的投资方式，如股权投资、债券发行等，这些投资方式可以满足不同类型和规模的林下经济主体的需求。

（2）加强政策引导和扶持力度。政府可以通过财政补贴、税收优惠等政策手段，引导和鼓励金融机构加大对林下经济的支持力度。政府可以通过给予金融机构一定的财政补贴，鼓励其加大对林下经济的支持力度，同时政府也可以对林下经济主体给予一定的财政补贴和税收优惠政策，降低其经营成本，增加其收益。例如，对金融机构提供的林下经济相关业务给予一定的税收减免，对森林保险给予一定的保费补贴等。

（3）建立多元化的融资渠道。通过建立多元化的融资渠道，如政府基金、社会资本等，以满足林下经济对资金的需求：政府可以设立专门的林下经济发展基金，通过政府出资引导社会资本投入，推动林下经济的发展，政府基金可以重点支持林下经济的科技创新、品牌建设、市场拓展等方面的发展；通过引导社会资本投入林下经济领域，扩大资金来源。例如，鼓励风险投资基金、私募股权基金等投资机构对林下经济进行投资。

（4）加强风险管理意识和技术。金融机构需要加强风险管理意识，重视对风险的识别和评估，在提供金融产品和服务时，需要对林下经济主体进行全面的风险评估，以降低投资风险。金融机构需要提高风险管理技术,采用现代化的风险管理工具和方法,对风险进行准确的评估和监控。例如,利用大数据、人工智能等技术手段对林下经济数据进行综合分析和管理。同时,政府和金融机构需要共同推动建立完善的风险保障体系,为林下经济提供更加全面的保障服务。例如,通过建立森林保险制度、完善森林防火机制等措施,降低自然灾害和市场风险对林下经济的影响。

9.3.2 金融支持林下经济的方式

金融支持林下经济的方式主要有以下几种:

(1)融资租赁。对于林下经济的初期投入,融资租赁是一个很好的选择。通过这种方式,农民和林业企业可以获得必要的机械设备或工具,而无须一次性支付大量的资金。

(2)小额贷款。对于小规模林业经营者来说,小额贷款是一种非常实用的金融工具。由于其贷款额度较小,通常更容易获得批准,而且还款期限也更加灵活。

(3)政策性贷款。在一些地方,政府会推出针对林下经济的政策性贷款。这些贷款通常具有较低的利率和较长的还款期限,旨在鼓励农民和企业投入林下经济的发展中。

(4)保险。林下经济面临着一些自然风险,如森林火灾、林业有害生物等。为了降低这些风险对农民和企业的影响,保险公司可以推出一些针对性的保险产品。通过购买这些保险产品,农民和企业可以获得一定的经济保障,从而更加安心地投入林下经济的发展中。

(5)资本市场。对于一些发展较好的林下经济项目,可以考虑在资本市场上进行融资。这不仅可以获得大量的资金支持,还可以通过公开的交易平台提高项目的知名度,从而吸引更多的投资者关注。

(6)金融机构与林业企业的合作。通过金融机构与林业企业的紧密合作,可以更好地为林下经济提供金融服务。这种合作可以包括共同开发新的金融产品、提供专业的金融咨询、搭建融资平台等。这种合作模式不仅可以提高金融服务的质量和效率,还可以促进金融机构与林业企业的共同发展。

(7)创新金融产品和服务。针对林下经济的独特性,金融机构可以创新金融产品和服务。例如,推出针对林下经济的专项贷款、担保基金、信用担保等。这些新的金融产品和服务可以更好地满足林下经济的融资需求,提高其发展的可持续性。

(8)完善金融监管体系。为了确保金融支持林下经济的健康、稳定发展,需要完善金融监管体系,包括加强对金融机构的监管、建立风险评估机制、完善信息披露制度等。

林下经济的发展需要金融支持的强力助推。同时,也需要政府、金融机构和企业共同努力。

9.4 基础建设

9.4.1 政策法规建设

林下经济政策法规建设是指政府通过制定和实施一系列政策法规,规范和引导林下经济健康、有序和可持续发展。这些政策法规涉及林下经济的各个方面,包括产业规划、林地使用、税收优惠、财政扶持等。通过政策法规的建设,可以有效地保护森林资源,提高林下经济的效益,推动绿色发展和乡村振兴。

9.4.1.1 林下经济政策法规建设的意义

林下经济政策法规建设是推动林下经济发展的重要基石,具有深远的意义。

(1)保护森林资源,维护生态安全。林下经济是在利用林地资源的基础上发展起来的,因此,林下经济政策法规建设首先着眼于保护森林资源,维护生态安全。通过制定和实施相关的政策法规,可以确保林下经济活动不损害森林资源和生态环境,避免过度开发和非法占用林地。

(2)促进产业升级,提高经济效益。林下经济政策法规建设通过规范企业和农民的林地使用行为,引导他们发展特色产业,推动产业升级和转型。通过税收优惠政策和财政扶持政策等措施,鼓励企业和农民投入林下经济活动,提高产品质量和市场竞争力。在政策法规的引导和推动下,林下经济将逐渐成为重要的经济增长点,为我国经济发展注入新的动力。

(3)推动绿色发展和乡村振兴。林下经济政策法规建设将推动绿色发展和乡村振兴有机结合。在发展林下经济的过程中,注重生态环保和绿色发展,推动生态林业和民生林业深度融合。政策法规的建设将促进农村基础设施建设、公共服务提升以及科技创新等方面的发展,提高农村经济的整体水平。同时,林下经济的发展也将带动农民增收致富,助力乡村振兴战略的实施。

(4)规范市场秩序,保障公平竞争。林下经济政策法规建设通过制定市场监管政策,加强对林下经济市场的监督和管理。通过规范市场行为,防止不正当竞争和欺诈行为,维护市场秩序。同时,政策法规的建设也将保障公平竞争,鼓励企业和农民通过创新和优质服务赢得市场。在规范的市场环境中,林下经济将实现良性发展,进一步提高整体竞争力。

(5)实现可持续发展,促进生态文明建设。林下经济政策法规建设着眼于实现可持续发展,促进生态文明建设。通过引导企业和农民发展绿色、生态、环保的林下经济,推动绿色产业的发展和生态环境的改善。同时,政策法规的建设也将促进公众参与社区发展,推动生态文明建设的全面推进。在可持续发展理念的指导下,林下经济将为人类社会和自然环境的和谐共生作出积极贡献。

(6)加强国际合作与交流,展示我国生态文明建设成果。林下经济政策法规建设不仅在国内具有重要意义,也将对国际合作与交流产生积极影响。随着全球对生态文明建设的关注度不断提高，我国在林下经济政策法规建设方面的成果将受到国际社会的瞩目。通过加强与国际组织和友好国家的合作与交流，可以引进国外先进的理念和技术，同时展示我国在生态文明建设方面的成果和经验。这将进一步提升我国在国际舞台上的形象和影响力。

9.4.1.2 林下经济政策法规建设的内容

（1）林下经济规划政策。政府应制定林下经济规划政策，明确林下经济的发展方向和重点领域，引导企业和农民合理利用林地资源，发展特色产业。同时，要加强对林下经济的监督和管理，确保林下经济的规范发展。在制订产业规划时，应充分考虑当地的气候、地形、资源等条件，因地制宜地推动林下经济的发展。

（2）林地使用政策。政府应制定林地使用政策，明确林下经济用地标准和审批程序，规范林地使用行为。在制定林地使用政策时，应充分考虑森林资源的保护和生态环境的平衡。同时，要加强对林地使用的监督和管理，防止企业和农民非法占用林地资源。对于违规行为，应采取严厉的处罚措施，确保林地使用的合法性和效益性。2021年，国家林业和草原局印发了《全国林下经济发展指南（2021—2030年）》，对林地使用范围作了如下规定：

①优先利用的林地。林下经济应优先利用商品林地，在维持森林生态系统健康稳定的前提下，可适度规模化、集约化开展林下经济活动。应科学合理设置必要措施，防止加剧或造成新的水土流失。在国有林地范围开展林下经济活动，应当符合已有的森林经营方案。

②限制利用的林地。包括：自然保护地一般控制区内的林地；除国家一级公益林外的其他公益林；除划定为天然林重点保护区域外的其他天然林；饮用水水源准保护区范围内的林地。

在限制利用的林地内开展林下经济活动的，禁止进行全面林地清理，只能进行小块或穴状整地，禁止施用化学肥料和化学农药。在除国家一级公益林外的其他公益林内，在符合公益林生态区位保护要求、不破坏森林植被、不影响整体森林生态功能发挥的前提下，经科学评估论证，适度发展林下经济。在除划定为天然林重点保护区域外的其他天然林地内，在不破坏地表植被、不影响生物多样性保护的前提下，经科学评估论证，适度发展林下经济。在自然保护地一般控制区内发展林下经济，应严格遵守自然保护地管理的法律法规及政策。在饮用水水源准保护区范围内的林地开展林下经济，应严格遵守饮用水水源保护区管理的法律法规及政策，不造成新的水源环境污染。

③禁止利用的林地。林下种养活动禁止在以下林地内开展：自然保护地核心保护区内的林地；国家一级公益林、林地保护等级为Ⅰ级的林地；划定的天然林重点保护区域内的林地；饮用水水源一级、二级保护区范围内的林地；珍稀濒危野生动植物重要栖息地（生境）及生物廊道内的林地。

9.4.2 产业链建设

林下经济的产业链建设是推动林下经济发展的重要环节，通过优化产业链结构，可以提高林下经济的整体效益和竞争力。

9.4.2.1 林下经济产业链建设的重要性和作用

(1)提高经济效益和产业竞争力。通过加强林下经济产业链建设，可以促进各个环节的有效衔接和协同发展，提高整体经济效益和产业竞争力。例如，通过优化林下种植、林下养殖结构，可以提高林下产品的产量和质量，进而提高市场竞争力。

(2)促进农民增收致富。林下经济产业链的发展可以带动农民增收致富。通过参与林下种植、林下养殖等活动，农民可以获得直接的经济收益。同时，产业链的延伸也可以带动农民参与林下经济产品的加工和销售，进一步增加收入来源。

(3)推动农村经济发展和乡村振兴。林下经济产业链的建设可以促进农村经济的发展和乡村振兴。通过发展林下经济，可以带动农村基础设施建设、公共服务提升以及科技创新等方面的发展，提高农村经济的整体水平。同时，林下经济的发展也将带动农民增收致富，助力乡村振兴战略的实施。

9.4.2.2 林下经济产业链建设的策略和建议

(1)强化政府引导和支持。政府应加强对林下经济产业链建设的引导和支持。通过制定相关政策、加大资金投入、提供技术服务等措施，推动林下经济的全面发展。同时，政府应加强监管，确保产业链的规范发展和良性竞争。

(2)加强科技创新和人才培养。科技创新和人才培养是推动林下经济产业链建设的重要支撑。政府和企业应加强科技创新投入，引进先进的技术和设备，提高林下经济的生产效率和产品质量。同时，应加强人才培养和引进，提高农民的技术水平和专业素养，为产业链的持续发展提供人才保障。

(3)优化产业结构和发展模式。针对不同地区和资源条件，应因地制宜地优化产业结构和发展模式。政府和企业应加强对市场的研究和分析，根据市场需求和发展趋势调整产业结构和发展重点。同时，应注重创新和品牌建设，提高产品的附加值和市场占有率。

9.4.3 道路、水利建设

道路、水利建设能够为林下经济活动提供必要的交通和水利条件，提高生产效率、降低成本，增加林地产出。

9.4.3.1 道路建设

道路是连接林区与外界、林区间以及林下经济产业基地的重要通道。道路建设有助于提高运输效率，降低物流成本，促进林下经济产业的发展。

(1)道路规划与布局。根据林区的分布、林下经济产业的布局以及地形地貌特点，科学规划林下经济道路的布局，确保道路能够覆盖主要的林下经济产业基地，满足生产和运输的需求。

（2）道路建设标准。根据林区的特点和生产需要，合理确定道路的建设标准。对于主干道，应按照农村公路建设标准进行修建，确保能够通行大型车辆；对于连接各产业基地的支路，可以根据实际情况适当降低标准，但应保证基本的通行能力。

（3）道路维护与管理。建立道路的维护与管理机制，定期对道路进行养护和维修，确保道路的畅通和安全。同时，加强道路两侧的绿化工作，提高道路的美观度以及周边生态环境质量。

9.4.3.2 水利建设

水利建设是林下经济发展的重要保障，能够为林下经济作物提供必要的水源，促进作物的生长和产量的提高。

（1）水利设施建设。根据林下经济作物的生长需求和当地的水资源条件，合理规划水利设施的建设。修建水渠、水窖等水利设施，确保林下经济作物能够得到充足的水源。同时，加强对现有水利设施的维护和管理，确保其正常运行。

（2）水资源保护与利用。在发展林下经济的同时，注重水资源的保护与利用。加强水资源管理，合理调配和使用水资源，避免浪费和过度开采。同时，采取节水灌溉等措施，提高水资源的利用效率。加强水域环境的保护，防止水污染和生态破坏。

（3）防洪抗旱措施。针对可能出现的洪涝和干旱灾害，制定相应的防洪抗旱措施。加强河道治理和水库建设，提高防洪能力；加强农田水利工程建设，提高灌溉能力和抗旱能力。同时，建立健全应急预案，及时应对突发的水旱灾害，减少损失。

通过道路、水利建设，可以改善林区的交通和水利条件，提高生产效率、降低成本、增加林地产出。同时，道路、水利建设还可以带动相关产业的发展，增加就业机会，提高农民收入。此外，道路、水利建设还有助于改善林区的生态环境质量，增强生态服务功能。

9.4.4 电力、通信建设

电力、通信建设能够为林下经济活动提供稳定、安全、高效的电力和通信服务，保障生产活动的正常进行。

9.4.4.1 电力建设

电力是林下经济生产活动中不可或缺的能源，为保障林下经济的稳定发展，必须加强电力建设。

（1）电源建设。根据林区的分布和产业特点，合理规划电源建设布局。在林区附近选择合适的位置建设小型水电站或者太阳能、风能等可再生能源发电站，以满足林下经济生产的电力需求。同时，加强与外界电网的连接，确保电力的稳定供应。

（2）输配电网络。建设完善的输配电网络，确保电力能够输送到各个产业基地和用电点。根据林区的特点和电力需求，合理设计输电线路和配电设施，提高电力传输的稳定性和可靠性。加强线路的巡查和维护，防止线路故障和安全隐患。

(3)节能减排。在电力建设中,注重节能减排技术的推广和应用。采用高效节能的电器设备和照明器具,降低能源消耗;推广绿色能源和可再生能源的使用,减少对环境的污染。同时,加强能源产业升级和管理,提高能源利用效率。

9.4.4.2 通信建设

通信建设能够促进林下经济产业的信息化和智能化发展。

(1)通信网络覆盖。加强林区通信网络的建设和覆盖,提高林区的通信能力。建设移动通信基站,实现移动通信信号的覆盖;加强宽带网络的建设,提高互联网的接入速度和稳定性。同时,根据林下经济产业的特点,建设专用通信网络或物联网平台,满足特定信息传输的需求。

(2)信息服务平台。建立林下经济信息服务平台,提供政策法规、市场动态、技术指导等信息服务。通过信息服务平台,林下经济从业者可以及时获取行业信息和政策指导,以便做出科学决策,调整生产计划。同时,信息服务平台也是电子商务平台,可帮助从业者拓展销售渠道,降低交易成本。

(3)信息技术应用。在林下经济活动中,应积极推广信息技术。例如:利用物联网技术对林下经济作物进行实时监测和管理;利用大数据和云计算技术对生产数据进行处理和分析;利用人工智能技术对生产过程进行智能控制和自动化管理。通过信息技术的应用,提高林下经济的生产效率和产品质量。

9.5 组织保障

组织保障对于林下经济至关重要,是确保林下经济活动顺利进行的关键因素。通过有效的组织管理,可以整合资源、协调各方利益,提高林下经济的整体效益。同时,组织保障还能促进信息交流、技术推广和市场开拓,为林下经济的发展提供有力支持。因此,建立健全的组织保障体系是推动林下经济持续健康发展的重要保障。具体措施如下:

9.5.1 地方各级人民政府的重视与政策支持

(1)列入重要议事日程。地方各级人民政府应将林下经济的发展视为重要议题,并将其列入日常的议事日程中。

(2)明确目标任务。政府需制定明确的林下经济发展目标,并为实现这些目标制订相应的任务和计划。

(3)完善政策措施。为了更好地促进林下经济的发展,政府需出台和完善相关的政策措施,如财政补贴、税收优惠等。

9.5.2 领导负责制与激励机制的建立

(1)实行领导负责制。为确保林下经济的顺利发展,应实施领导负责制。

(2)完善激励机制。通过建立和完善激励机制，鼓励更多的主体参与林下经济活动，提高其积极性。

(3)层层落实责任。从上至下，各级部门和单位需明确自身的责任，确保各项任务和措施得以有效执行。

(4)纳入干部考核内容。将林下经济的发展成果纳入干部的考核内容，使其成为评价干部工作绩效的重要指标。

9.5.3 基层组织的积极参与与村级集体经济的发展

(1)充分发挥基层组织作用。基层组织在林下经济的发展中扮演着重要的角色，能够直接与农民接触，了解其需求和问题，从而提供更有针对性的支持和帮助。

(2)增强村级集体经济实力。通过发展林下经济，可以有效增强村级集体经济实力。

9.5.4 各有关部门的协同合作与支持

(1)各有关部门依据职责进行监督检查。林业、农业、环保等部门应依据各自的职责，对林下经济的活动进行监督检查，确保其合法、合规。

(2)监测统计工作的开展。对林下经济的发展进行定期的监测和统计，以便及时发现问题、调整策略。

(3)信息沟通与共享。各部门之间应建立有效的信息沟通机制，确保信息流畅、资源共享，提高工作效率。

(4)形成共同支持的合力。各部门应充分发挥其管理、指导、协调和服务职能，共同支持林下经济的发展，形成合力，为其提供全方位的支持。

综上，为了确保林下经济的持续、稳定发展，需要从政策、组织、基层参与和部门合作等多个层面进行综合保障。

第 10 章　林下经济发展典型案例

林下经济发展典型案例选自 2021 年国家林业和草原局发改司组织遴选的一批林下经济发展典型案例，案例共分"高位推进，科学布局"、"生态优先，绿色发展"、"立体经营，释放潜能"、"拓展链条，提升价值"、"融合发展，综合收益"、"定产定销，宣传推介"、"标准生产，打造品牌"、"利益联结，助农增收"8 个部分，收录了贵州省黔东南州高位推进林下经济等二十多个典型案例。

10.1　高位推进，科学布局

10.1.1　贵州省黔东南州高位推进林下经济典型案例

10.1.1.1　发展背景

近年来，黔东南州委、州政府把发展林下经济作为推动"绿水青山"转化为"金山银山"的根本路径，作为深入推进农村产业革命、打赢脱贫攻坚战的重要支撑，作为推动全州经济高质量发展的重大战略来抓，探索出了一条符合黔东南实际的林下经济发展新路。截至 2020 年底，全州林下种植和养殖利用林地面积累计达 101.53 万亩，总产值 21.89 亿元，带动农户 30.91 万户（含 20.87 万建档立卡户）。

10.1.1.2　经验做法

（1）全面加强统筹协调。组建两级专班，成立由主要领导担任组长的州、县两级林下经济领导小组，组建州、县两级林下经济发展专班，确保工作有序推进。坚持高位推动，坚持每季度召开高规格林下经济观摩会，参会人员为州四大班子领导、县（市）委书记、县（市）长，切实高位推动、强力推进。强化考核问责，各县（市）党委政府签订林下经济产业发展目标责任书，把各县（市）林下经济产业的发展成效纳入年终目标管理重要内容，开展一季一考核，将考核结果在全州每季度召开林下经济现场推进会上进行通报，工作较好的两个县（市）的县（市）委书记作交流发言，工作滞后的两个县（市）作表态发言。对林下经济推进情况进行适时调度、评估、督查，对不作为、慢作为的严肃追责问责。

（2）积极培育市场主体。招商引进一批，抢抓东西部扶贫协作杭州市对口帮扶黔东南州机遇，建好林下经济产业招商项目库，对接杭州市优强林下经济龙头企业，引进一批全产业链龙头企业落户黔东南州。培育壮大一批，通过"一企一策"、并购重组、参股控股等形式，分类扶持壮大一批林下经济市场主体，对前景好、竞争力强、带动面大的龙头企业给予重点扶持，并引导其申报省级以上龙头企业，助推企业做大做优做强。转型发展一批，大力推动一批国有企业转型发展林下经济，对实力较弱的林场、公园、园区等经营主体，科学进行产业布局和生产运营，或以入股方式帮助其做大做强。

（3）倾力打造特色品牌。定好产品标准，成立州林下经济标准制定领导小组和四大林下经济标准制定工作组，联合制定标准化生产技术规程，加强种苗培育、生产加工、病虫害防治、加工包装等标准全过程全链条管理。制定了《雷山乌杆天麻生产技术规程》等多项地方标准，启动制定《林下食用菌生产经营管理规范》等11项地方标准。建好溯源体系，探索建立林下经济产品质量分级、产地准出和市场准入制度，将林下经济产品纳入追溯范围。塑好金字招牌，实施林下经济品牌振兴计划，重点打造"苗侗山珍"品牌，统一品牌包装、统一产品标识、统一质量标准、统一宣传口径，强化品牌运营，统筹好产品开发、包装设计、品牌策划、市场推广和营销服务，唱响黔东南州林下经济大品牌，着力扩大黔东南州林下经济品牌影响力。

（4）着力助推黔货出山。政府搭建平台，瞄准长三角、珠三角以及粤港澳大湾区等大宗市场，实施订单合作，大力推动林鸡、林菌等林下经济产品进机关、进学校、进社区、进医院、进超市、进军营等。2020年，全州向粤港澳大湾区销售林下经济产品0.89万吨，销售额0.84亿元；校农结合采购林下经济产品1.67万吨，采购金额1.51亿元；林下经济产品进入大型商超0.54万吨，销售额0.75亿元。拓展线上渠道，完善电商扶贫服务体系发展，发展"私人定制"林下经济产品，推动"黔货出山"。2020年，实现林下经济产品电子商务交易额4.59亿元。完善流通体系，以县域物流网络为重点，布局集贮藏、冷链、运输于一体的林下经济产品物流配送网络。

（5）切实完善利益联结。土地流转有租金，按照依法、自愿、有偿原则，与农民签订土地流转协议，明确租用年限，按照租金每五年递增一次、一次付清的方式，确保土地流转农户持续增收。入股经营有股金，推行"龙头企业+农户"、"合作社+农户"等模式，以土地、资金、技术等资源量化入股，农户年终参与分红。如榕江县林下经济产业2020年实现分红1012.68万元，覆盖农户8493户，户均分红约1200元。基地就业有薪金，明确基地经营主体带贫减贫责任，优先考虑建档立卡贫困户到基地劳动务工，促进建档立卡贫困户变为产业工人，获得长期性工资收入。2020年，全州林下经济产业支付务工工资4.1亿元，覆盖农户3.26万户。

10.1.1.3 主要成效

（1）产业布局更合理。科学规划林下经济产业布局，因地制宜发展林菌、林药、林禽、林蜂等产业。林菌主要布局在剑河县、三穗县、凯里市、岑巩县、雷山县，重点发展香菇、木耳、猴头菇等品种。积极开展林草中药材仿野生栽培，在剑河县、黎平县、从江县、凯里市等地重点发展钩藤、石斛、天麻、黄精、草珊瑚等品种。在全州范围发展林鸡养殖，重点布局在天柱县、黄平县、榕江县。林蜂养殖重点布局在黄平县、麻江县、台江县、雷山县。

(2)示范引领更明显。大力实施村有百亩、乡有千亩、县有万亩的"百千万工程",合理布局、新建、改造、提升一批林下种植、养殖示范基地。各县(市)在积极推进"百千万工程"过程中,绝大部分县(市)都形成了一批具有代表性的林下经济示范点,全州在建(含建成)万亩基地21个、千亩基地202个、百亩基地2255个。全州林下经济种植和养殖利用森林面积达101.53万亩,总产值21.89亿元。

(3)技术服务更到位。分别与中国林业科学研究院、南京林业大学等20多家高等院校、科研机构建立了合作关系。近年来,省、州、县派出三级科技特派员1.27万人,开展技术服务和指导6.17万人次,组织生产技能培训6513期,培训贫困农户7.55万人。

(4)利益联结更有效。通过优化"公司+合作社+农户"、"公司+基地+农户"等合作模式,充分调动群众参与发展林下经济的积极性,让农户通过林地流转、资源入股、劳务收入、效益分红等渠道增收致富。全州林下经济产业累计覆盖农户34.26万户,其中建档立卡户22.06万户。积极推行适度规模经营的家庭林场发展模式,让广大农民在林下种植和养殖环节成为主体,切实激发农民发展动力,最大化节省发展成本。

10.1.2 贵州省兴仁市"八个一机制"发展林下菌药典型案例

10.1.2.1 发展背景

兴仁市林地面积141万亩,森林覆盖率53.22%。近年来,兴仁市深入贯彻落实"绿水青山就是金山银山"发展理念,按照省委省政府、州委州政府的安排部署,通过"八个一机制"大力发展林下菌药产业,全面拓展富农增收新渠道。

10.1.2.2 经验做法

(1)落实一批党组织引领。强化党建引领,把党组织建立在产业发展项目上、产业链上、合作社上。充分发挥基层党组织的战斗堡垒作用和党员干部的先锋模范作用,构建"1415"林下菌药指挥体系,即1个党总支部,4个临时党支部,1个项目建设现场指挥部,5个作战片区,统一步调、统一口径,及时分析研判、安排部署林下菌药产业发展有关事项,解决发展中存在的困难和问题,党员带头在种植一线抢进度、抓质量、创增收。

(2)成立一个专班。成立了以市委书记、市长任组长,市人大常委会主任、市委副书记任常务副组长的林下菌药产业发展专班。专班下设综合协调、资金筹措、配套基础设施保障、技术服务、就业联结、产销对接、宣传报道、后勤保障8个工作组,负责指挥调度和统筹协调全市林下菌药产业发展各项工作。近年来,召开市委常委会、市政府常务会、专题会议、现场推进会等会议39次,开展实地督导、安排部署相关工作200余次,推动林下菌药产业发展中的水、电、路、通信等基础设施建设,以及菌棒供给、群众就业等,研究解决资金、技术等方面存在的困难和问题,有力推动了各项目标任务落地落实。

(3)改造一个菌棒加工厂。市林下经济产业运营有限责任公司与有关企业合作,对菌棒厂三个生产点进行改造，提升规模化生产和销售的能力，单个生产点日生产能力达 2 万棒，合计日产 6 万棒以上，生产的香菇品种为优等品种，菌棒主要销往市林下经济产业运营有限责任公司和周边农户。与农户签订购销回收协议保底收购，带动周边农户发展。

（4）主抓一个产品。为选准选好主导产品，多次同贵州大学等科研院校食用菌专家以及食用菌企业进行沟通交流，邀请其到种植核心区进行现场调研，并组织召开专题会议，对种植品种进行专项评审。经过多方考证，确定全市主推品种为羊肚菌、黑皮鸡枞，同步发展大球盖菇、薏仁菇。截至 2020 年底，全市食用菌种植面积 6300 余亩，其中主导产品 3367 亩。

（5）抓实一个示范基地。通过招商引资引进企业与市林下经济产业运营有限责任公司组建混合制公司，启动兴仁市梨树坪林场林菌示范基地建设，以林下仿野生食用菌种植开发为主，全力推动林下食用菌标准化、绿色化、集约化发展。同时，建立"基地+公司+农户"利益联结机制，带动更多农户受惠。聘请 20 多名技术助理进行管理，划分责任区域，严格按照技术标准规范种植，根据管理效果发放工资，确保种植成效。通过土地流转、务工、分红等方式带动受益农户 3000 余户，带动就业 2.22 万人次，其中贫困人口 1.38 万人次，发放工资 173.52 万元。

（6）组建一支技术团队。与古田县为民食用菌研究所、贵州大学等科研单位合作，组建由科研院校专家组成的技术团队，聘请技术业务能力强的专家长期到基地服务，采取集中培训与重点指导相结合的方式，深入林下中药材种植区域实地开展技术指导，共培训农户 4000 余人次，总计带动农户就业 5.97 万人次。建立了 200 亩科普培训基地，努力在破解技术难题、技术推广运用、优质品种培育、病虫害防治等方面建立长效机制，推动林下菌药产业持续健康发展。

（7）选准一个合作伙伴。联合多家州级以上龙头企业，组成林下菌药产业发展合作经营主体，各企业运行良好，组织方式合理紧密。林下菌药产业总计投入资金 1.1 亿元，其中政府投入资金 8179 万元，企业投入资金 2931 万元。强化产销对接，根据市场的需求趋势，以销定产。采取试种的形式，引进林下菌药新品种在科普培训基地进行试种，对生长周期、产品质量、亩产等进行监测，确定种植品种。充分运用和拓展现有农产品销售渠道，积极与有关企业对接协商，全力打通菌药销售关口，产品产销率达 100%。

（8）建好一个机制。成立市林下菌药产业项目建设现场指挥部，现场指挥部下设 10 个工作组，从市委办、市政府办、市林业局等市直有关部门及乡镇抽调 17 名精兵强将，明确现场指挥部办公室的职责分工，落实专人负责日常调度、项目推进、资料报送等工作，全市林下菌药产业发展工作稳步推进。创新推行"11815"扶贫利益联结机制带动群众增收，即 1 亩地年平均用工 100 个、就业创收 8000 元、包吃包接送 1 条龙服务、公司收益 5000 元。

10.1.2.3 主要成效

（1）入股分红得股金。通过整合土地、林地等资源及扶贫资金量化入股，在解决产业发展资金难题的同时,进行保底分红,让贫困户共享林下菌药产业发展红利。

(2)土地流转得租金。由种植区域涉及的乡镇(街道)牵头,积极流转种植区域土地,进行林下菌药产业规模化经营,保障贫困群众土地流转租金收入。

(3)出售产品得现金。积极引导龙头企业为贫困群众提供种苗和技术支持,对产品进行保底收购,帮助贫困群众应对市场、自然灾害等各类风险,增强群众参与林下菌药产业的积极性,保障贫困群众获得稳定的销售收入。

(4)基地务工得薪金。紧盯种植、采摘等环节用工需求,开展技术培训及专项技能培训,重点组织易地搬迁群众务工,多劳多得,每人每天务工收入不低于80元。种植结束后,将林下食用菌区域按每200~400亩作为一个单元进行管理,由贫困户承担日常管护任务,按月领取报酬。截至2020年底,全市林下菌药产业带动5.97万人次就业,其中贫困户2.47万人次。

10.1.3 广东省广宁县发展林下经济典型案例

10.1.3.1 发展背景

广宁县森林面积303万亩,森林覆盖率82.18%,森林生态良好,适宜发展林下种植和养殖。广宁县是革命老区、重点山区、广东省重点生态区域,是"中国竹子之乡"和"广宁红花油茶"的原产地,2013年纳入全国油茶发展重点县。近年来,广宁县高度重视林下经济发展,实施创新驱动发展战略,构建起了以合作社为主体、市场为导向、产学研融合发展的林下经济发展新格局,取得了明显成效。

10.1.3.2 经验做法

(1)科学规划。县委、县政府高度重视林下经济发展,制定出台了《广宁县林下经济发展规划(2021—2025年)》、《广宁县林下经济示范基地建设作业设计》、《广宁竹海国家森林公园总体规划(2020—2029年)》、《广宁县森林康养基地建设方案(2018—2025年)》等系列文件,积极探索多种林下复合经营模式,结合"一镇一业、一村一品"同步推进,着重培育南药、茶、竹荪、灵芝等林下种植,竹笋、竹虫等采集加工业,林下养禽畜和蜜蜂等养殖业,发展森林康养,全方位发展林下经济产业。

(2)转变服务方式。制定了林下经济发展工作方案,将林下经济发展列入林长制考核范围。成立了以县长为组长的专责领导小组,建立了由县政府分管领导为召集人,县发展改革、财政、农业农村、林业、文广旅体等部门为成员的联席会议制度。切实转变政府职能,以市场为导向、企业为主体,强化服务意识,落实金融、信息、技术、资金等扶持政策。机构改革后,县林业局增设了科技与产业股,积极履行职责,积极向上申报争取国家级、省级、市级荣誉和政策、资金扶持。

(3)狠抓重点工程。狠抓总投资2350万元的省级林下经济示范县建设和1.5亿元的省级油茶现代农业产业园建设项目,截至2020年底,砂仁、仿野生灵芝、竹荪、牛大力、金花茶、七星山南药、竹笋,以及油茶种植、加工和旅游等多个项目已完成建设,示范带动效应凸显。着力推进总投资8.57亿元的广宁县国家森林康养基地建设项目前期工作，抓好广宁竹海国家森林公园规划建设和自然保护地优化整合等工作，提升森林康养和森林旅游品位。完成竹海大观、万竹园、罗锅观竹亭改造提升项目，建成赤坑绿美古树乡村、红花油茶主题公园，完成11个省定贫困村绿化美化工程，持续打造森林休闲旅游网红打卡点，扩大森林旅游知名度。

（4）探索新机制。积极探索和大力支持农民林业专业合作组织、家庭林场建设，发展社会中介组织和相关专业协会，提高农民发展林下经济的职业化水平和抗风险能力。大力推广"龙头企业+专业合作社+基地+农户"运作模式，形成龙头企业、专业合作组织、家庭林场辐射带动，千家万户共同参与的林下经济发展格局。2020年，全县涉林下经济的企业有172家、专业合作社428家、省级林业龙头企业1家、省级林业专业合作社1家、省级家庭林场1家、"南粤人家"4家，已初步形成"公司+基地+农户"、"专业合作社+基地+农户"、"企业+合作社+农户"等组织形式，部分基地创新细化出"基地+分包农户"管理适用模式，由公司、合作社提供种苗、肥料和技术，保底收购，免费技术培训，广泛推动农户发展林下种植和养殖。

10.1.3.3 主要成效

截至2020年底，全县油茶种植面积6.25万亩、肉桂5万亩、砂仁3.5万亩、竹笋丰产基地1.5万亩、南药基地0.5万亩，林下经济总产值达12.92亿元，其中林下种植1.35亿元、林下养殖1.16亿元、采集加工4.26亿元、森林景观利用6.15亿元，林下经济从业人员达8.29万人，企业和合作社带动农户1.65万人，其中扶贫户980人。广宁县被认定为首批国家森林康养基地、省林下经济示范县，获得省市财政扶持资金2000万元，6个村获"国家森林乡村"称号。多家企业、合作社获得省级林下经济示范基地、省级林业专业合作社和省级示范家庭林场称号。

10.1.4 广西融水苗族自治县发展林下经济典型案例

10.1.4.1 发展背景

融水苗族自治县是原国家深度贫困县，森林资源丰富，林地面积556.7万亩，森林覆盖率81.77%。境内有2个国家级自然保护区和1个自治区级自然保护区，设有2个国有林场，素有"杉木王国"和"毛竹之乡"之称。近年来，融水县委、县政府着力发展林下灵芝、香菌、茯苓等中药材，推进林下养殖、林下产品加工，结合产业示范区发展森林康养休闲、森林休闲体验旅游等特色林下经济产业，既保住了绿水青山，又实现了农民增收、林业增效，先后被认定为"国家林下经济示范基地"、"广西林业产业发展十强县"等称号。

10.1.4.2 经验做法

（1）加强领导，高位推进。融水县委、县政府高度重视林下经济发展，县、乡、村主要领导亲自抓，分管领导具体抓，形成一级抓一级、层层落实责任的推进机制。成立了以县委副书记为组长，分管林业的副县长为副组长，林业、农业、畜牧、财政、发展改革等部门主要领导为成员的林下经济领导小组。县林业局在推进林下经济发展中发挥主力军作用，局长亲自抓、负总责，分管副局长狠抓目标任务落实，县林业局产业办、乡镇林业站强化联动，确保林下经济工作全面落实。

（2）科学规划，政策推动。紧紧围绕以林为主、多业并举的发展思路，实现了"近期得利与远期得林"目标。出台了《关于林下产业的实施意见》、《"十三五"产业扶贫规划》等系列文件，明确了林业产业的发展思路、发展目标和重点。成立了林下经济产业项目领导小组，分片包乡提供全方位技术指导服务。截至2019年底，争取上级林下经济产业项目资金430万元，共建设了11个示范点。2020年，争取自治区专项资金100万元、柳州市专项资金150万元，用于建设林下中草药示范基地2500亩。

（3）加大宣传，调动积极性。为使示范项目得以顺利实施，县林业局和县财政局共同组成工作组，利用少数民族坡会和节日等机会到各乡镇开展广泛的宣传活动，加大宣传发动力度。组织种植和养殖户到先进地区参观学习，以鲜活的案例使农民意识到不砍树也能致富。近年来，全县共发放林下经济宣传册2万多册，印制宣传衫5000多件，深入乡村举办培训班15场次。同时，进村入户介绍发展林下经济的好处，向广大群众讲解林业改革政策和传授林下种植技术，提高群众对林下经济的认识，不断激发群众发展林下经济的积极性。

（4）加强科技培训和技术指导。年初做好全年培训方案，安排技术培训和推广人员抓好各个生产环节的培训工作，将主要技术力量向贫困村（户）及扶贫项目倾斜，实行全程跟踪指导，免费为贫困户提供种植技术培训和技术指导。每年发放《竹荪高产栽培技术》、《木耳袋料栽培技术手册》、《灵芝、香菇、中草药高产栽培技术》等资料1.5万册。邀请合作社及种植户代表到生产基地跟班免费学习，培养林下经济实用技术骨干。菌种前期培育由专业人员把好技术关，农户只负责后期田间管理，结合多次的培训和指导，让所有的种植户都能独立操作，掌握林下经济实用种植技术。

（5）实施产业振兴，建设美丽乡村。结合示范区建设，打造食用菌观光体验休闲产业，建设森林康养休闲观光中心，配合政府打造乡村文化，做好农（林）、文、旅有机结合，建设美丽乡村。开展竹荪和木耳等食用菌种植生产示范基地建设，通过产业带动，促进乡村振兴。持续采取入股、投资等方式，与合作社合作发展竹荪、木耳等食用菌种植项目，村集体经济每年可从中增收5万元。

10.1.4.3 主要成效

（1）让贫困农民富起来。2019年，全县林下种植灵芝菌种350万棒，林下种植灵芝5100亩，年产干灵芝菌350吨，产值1.5亿元。以该县白云乡小坤食用菌种植合作社为代表，带动农户378户，其中贫困户286户，通过发展灵芝，农户每亩年均增收2.7万元。

（2）解决了农村劳动力就近就业。以融水悦创农业有限公司为代表，该公司林下中草药种植面积3100亩，组建农民专业合作社5个，带动了融水镇、怀宝镇、大浪镇、汪洞乡、杆洞乡、白云乡、同练乡等乡镇10个合作社共510户农户参与林下种植中草药0.8万亩，农民人均收入6500元，户均年收入2.2万元。

(3)解决了种植户的后顾之忧和销售难题。以该县永富农业公司为代表，采取"公司+合作社+基地+农户"的模式，发展林下种植竹荪、木耳产业，带动了6个乡镇7家企业、合作社，12个行政村513户1530人参与林下种植竹荪、木耳产业。依托公司完善的销售网络，农户不用担心产品销售问题，实现户均增收1.5万元以上。

10.1.5 江苏省新曹农场有限公司发展林下经济典型案例

10.1.5.1 发展背景

新曹农场位于东台市东北部，隶属于江苏农垦集团。总面积16.6万亩，其中耕地近10万亩，林地1.4万亩。总人口1.7万人，其中在职职工3600人，退休职工7300人。2011年，根据江苏农垦集团农业资源整合要求，农场的耕地资源全部划转流出，农场面临社会稳定、经济转型和职工增收三重压力。面对人口多、资源少、产业弱的场情实际，新曹农场聚焦林地资源，调整林地布局，发展林下经济，深挖林业潜力，走出了一条集体增效、职工增收、农场增美的"三赢"路子。

10.1.5.2 经验做法

(1)做好统一规划，唤醒林地资源，奠定林下经济基础。农场原本有大量条田林带，70~80米宽的长条形农田两边各有10~20米宽的树木，不利于林地资源的高效综合利用。为此，农场通过整体规划，将分散的条田林带全部统一迁移至路边，实现农田规模化、林地成片化。在迁移、更新林带时，根据立地条件，合理配置生态林、景观林、经济林，提前为发展林下草鸡养殖、林木竞价管护、林地规模套种、林间休闲康养等经济模式创造运作空间。

(2)发展草鸡养殖，唤醒林下资源，带动职工群众致富。为了让农业职工安心转岗，农场大力推广林下草鸡养殖。第一，建设玉谷草鸡选育场，示范引领林下草鸡养殖。每年林下草鸡存出栏100万羽，带动100多户养殖户创业，近千名职工依托林下草鸡产品运输和销售实现自主就业。第二，发起组建玉谷草鸡专业合作社，对养殖户实行"六统一"(统一鸡苗、统一饲料、统一防疫、统一生产周期和管理、统一收购、统一销售)标准化服务，做到产前、产中、产后全程跟踪。第三，加强品牌创建，"玉谷"牌林下草鸡、草鸡蛋获江苏省著名商标、江苏省名牌农产品、中国国际农产品交易会金奖、绿色食品、农垦农产品质量追溯等十多项荣誉和认证，年产值近亿元，成为农场的一张金名片。

(3)实行管护分成，唤醒林工资源，提高林业管理质效。农场深化林权制度改革，实行"管护分成"经营模式。凡是不占耕地资源的职工，均可报名参与林地承租和树木管护竞价活动。竞价成功者负责树木的日常管理，前三年树冠较小时以耕代抚，缴纳一定的套种租金，即可在林间套种农作物获取耕种收益，第四年起地下蝉蛹孵化破土，管护人员可捉幼蝉售卖，每年每亩净收益400元。树木销售后，管护人员与农场按比例分享收益。"管护分成"模式既为树木找到了贴心的"管家"，又使管护人员有了稳定的收入，还实现了林业生产"以短养长"。

(4)开展立体经营,唤醒林间资源,提升林业综合效益。农场利用林地资源和林下空间,进行长中短有机配置、上中下综合开发、林农牧复合经营,推动林地立体开发、综合利用,构建了生物多样、产出多元的森林经营系统。目前,已发展出林粮、林苗、林瓜、林药、林蔬等套种模式和林禽、林畜、林蝉、林蜂等种养模式。以林苗为例,东方杉套种中山杉,短短四年,年均净收益每亩4275元。除了利用林下空间进行林下开发外,农场还利用生物习性进行互补组合,如油用牡丹"春开花、夏打盹、秋发根、冬休眠",而薄壳山核桃"春萌芽、夏长枝、秋结果、冬落叶",两者套种既合理利用了温光资源,又大大提高了土地利用率与产出率。再如,多年生灌木大马士革玫瑰3月抽枝、5月开花,每年有长达10个月的生长空档期,农场将纯种土鸡散养其间,培育纯生态玫瑰香鸡,每只售价200元,效益显著。

(5)融入区域战略,唤醒林景资源,助力垦地联动发展。农场北接大丰麋鹿国家级自然保护区,南邻黄海国家森林公园,东靠世界自然遗产黄(渤)海候鸟栖息地核心区,距离长三角(东台)康养小镇项目建设地点仅15公里。农场积极策应区域发展战略,依托林地资源,沿东台河打造了千亩十里花海,成为344国道线上的最佳观光入口,被市政府纳入旅游一号线。伴随区域发展战略纵深推进,农场正在加快布局森林景观,打造森林观光、林下采摘等园区,满足消费者回归自然的多样化需求,让绿荫结出绿色GDP,推动形成绿色消费、绿色生活。

10.1.5.3 主要成效

(1)形成了绿色产业。林业天然具有绿色经济的特质。经过近十年的发展,农场已形成"林业+"产业形态。从纯林业角度看,农场拥有各类可销售苗木20万株,活立木蓄积量3万立方米,林木总价值1.3亿元,年收入近600万元。从泛林业角度看,林业衍生出林下经济、林下民生,每年关联产业近亿元,成为新的经济增长点。"一片林"正成为农场名副其实的"绿色银行"。

(2)带动了职工增收。无论是利用林地空间形成的立体种养模式,还是利用林业周期形成的价值互补模式,都有效增加了就业岗位和职工收入。带动"失地"职工走进林地"掘金致富",是农场转移富余劳动力、优化人力资源配置、促进现代农业发展、提升林业经济效益的成功实践。"一片林"撑起了农场人致富增收的"半边天"。

(3)美化了农场环境。经过不断调整优化,农场已形成田在林网中、渠在林带中、路在林荫中、家在林景中的格局。田、林、路、渠、房井井有条、浑然一体。置身其中,大田平如毯、绿树蔽白日、道路直无头、农渠波浪清、住房精而美,职工居民生活其间,获得感和幸福感与日俱增。"一片林"谱写出"大美田园、步入森林"的田园牧歌。

10.2 生态优先，绿色发展

10.2.1 内蒙古自治区阿拉善盟发展肉苁蓉产业典型案例

10.2.1.1 发展背景

阿拉善盟是肉苁蓉的道地产区和传统产区，出产的肉苁蓉以油亮、体重、肥厚、质柔润、味甘而闻名。近年来，阿拉善盟通过支持人工造林、加大科研攻关力度、打造地域公共品牌、培育龙头企业等方式大力推进梭梭—肉苁蓉产业发展，提升了广大农牧民造林护林的积极性，延伸了产业链，提高了附加值，真正实现了生态产业化和产业生态化的可持续发展。

10.2.1.2 经验做法

(1) 摸清家底、系统规划、科学布局。2013 年，委托中国科学院地理科学与资源研究所制定了《阿拉善盟沙生植物资源研发与产业化规划》，对全盟各类沙生植物进行了本底调查和产业规划。一方面，明确了梭梭人工造林的区域范围，主要布局在立地条件合适的三大沙漠周边和"握手"之处，既能有效地改善生态，又能推动产业发展，从而极大地提高造林资金的使用效率。另一方面，明确了产业发展的重点方向和先后次序，有的放矢地出台相关政策，明确各部门职能作用，为企业和农牧民提供发展方向和指导。

(2) 统筹利用各项政策，大力扶持非公主体参与造林。通过统筹"三北"重点防护林、天然林保护、退耕还林(草)和野生动植物保护及自然保护区建设四大工程及造林补贴项目，制定了《阿拉善盟重点城镇营造防护林优惠政策》，明确了"谁造林谁受益"的原则，极大调动了非公主体参与生态建设的积极性，由"要我造林"转变为"我要造林"。截至 2020 年底，非公主体人工造林面积占全盟人工造林面积的 90%以上，成为生态建设的主力军。其中，又以扶持广大农牧民造林为重点，占比高达 90%，在实现生态保护的前提下，提升了农牧民的收入，并为其后续发展肉苁蓉产业，实现可持续收入奠定了重要基础。

(3) 加大科技攻关力度，突破产业发展瓶颈。首先，阿拉善盟与中国科学院签订院地合作协议，依托当地苁蓉龙头企业内蒙古阿拉善苁蓉集团有限责任公司的科研平台，成立了阿拉善沙产业研究院和院士专家工作站。其次，积极争取国家重点科技项目，"内蒙古干旱荒漠区沙化土地治理与沙产业技术研究与示范项目"、"沙区生态产业技术推广模式及政策研究项目"、"中药肉苁蓉大品种开发与产业化项目"先后获得了国家重点研发计划支持。通过各项科研项目的实施，在梭梭规范化种植，及肉苁蓉休眠打破、良种选育、高效接种、分级提取、产品开发等方面均取得重要突破。2019 年，成功推动肉苁蓉列入药食同源名录，为肉苁蓉产业发展进入快车道奠定了重要基础。

(4) 积极打造区域公共品牌，提高产品竞争力。首先，通过肉苁蓉标准化项目，建立健全了肉苁蓉基础通用标准、产地环境标准、种植生产技术标准、加工技术标准、质量检测和分级标准,以及产品包装、标识、贮运标准,推进标准之间相互衔接配套,形成了完善的肉苁蓉质量标准体系。其次,加强产品认证工作,阿拉善肉苁蓉先后获得农产品地理标志认证和地理标志证明商标,内蒙古阿拉善苁蓉集团有限责任公司获得有机产品认证、生态原产地产品保护认证、道地药材认证、7S道地保真管理体系认证、中国森林认证。最后,组织盟内企业积极参与各类展会,借助大数据、云计算、移动互联等现代信息技术,拓宽品牌流通渠道,增强品牌知名度。目前,"阿拉善肉苁蓉"品牌已经成为大众购买肉苁蓉的首选,增强了市场竞争力。

10.2.1.3 主要成效

(1)取得了明显的生态成效。"十三五"期间,阿拉善全盟新增梭梭人工林面积450万亩,在乌兰布和沙漠北缘、腾格里沙漠东缘形成了带片结合的防护林体系,阻挡了沙漠蔓延扩展,遏制了三大沙漠进一步"握手",保护了当地生产生活安全,对改善沙区生态环境、抵御并减轻自然灾害的损失、减少沙尘暴的发生发挥了重大作用。

(2)促进了牧民增收和牧区产业转型。首先,牧民通过承担梭梭人工造林项目,依据立地条件不同,每亩收益可达40~80元。其次,梭梭成活后接种肉苁蓉,肉苁蓉的收益每亩可达200元。阿拉善盟地广人稀,户均草场面积过万亩,牧户种植肉苁蓉的收入普遍超过每年10万元,部分种植大户可达每年50万元。在大面积实施国家重点公益林和草原生态奖补的政策背景下,整体压缩了阿拉善的载畜量,但当地牧民通过大力发展肉苁蓉产业,反而增加了收入,有效地保障了国家重大生态保护政策的实施。

(3)实现了生态产业化和产业生态化的可持续发展目标。一方面,有了肉苁蓉的收入保障,阿拉善盟人工营造梭梭林的积极性高涨,近年来,每年新增造林面积均超过百万亩,并且为了提高肉苁蓉的接种成功率,林区的后续管理也有了保障,从根本上解决了造林易、护林难的问题。另一方面,通过大力发展肉苁蓉产业,极大地改善了阿拉善地区经济发展主要依托煤炭和盐碱化工的依赖性,在当前环境治理和生态保护的大背景下,实现了绿色发展。此外,在荒漠区营造梭梭林,发展肉苁蓉产业,除了荒漠化治理的功效外,未来还可以在碳交易市场中大有可为,为我国碳达峰碳中和作出积极贡献,更可为"一带一路"有关沿线国家提供可借鉴的发展模式。

10.2.2 天津市静海区忠涛蚯蚓养殖专业合作社发展林下经济典型案例

10.2.2.1 发展背景

天津市静海区毗邻渤海湾,西部和南部与河北相接,属暖温带半湿润大陆性气候。近年来,天津市静海区大力发展林下蚯蚓养殖,忠涛蚯蚓养殖专业合作社作为天津蚯蚓养殖行业的龙头企业,带动了天津市三区五镇林下蚯蚓养殖行业发展。

10.2.2.2 经验做法

(1)重科技,促发展。2011年,天津市静海区大丰堆镇孙玉涛等5位村民投资20万元,利用8亩林地成立了合作社。起初完全采用人工养殖蚯蚓,每人只能养殖2亩,亩均经济效益1200元,与农田作物种植区别不大。要想提高收益,必须降低成本、扩大规模，提高自动化养殖水平。2013年，合作社与天津农科院合作研发利用菌糠、农业秸秆秧蔓等废弃物养殖蚯蚓，使养殖成本降低了三分之一，亩均效益增加了10倍。2014年，合作社将养殖规模由8亩扩大到了600亩。2015年，合作社与天津机械研究所等单位共同研发了骑床式蚯蚓双投机，实现了物料和蚓种的机械投放，效率提高了120倍。同时，针对蚯蚓收获难度大、蚓粪分离效率低下的难题，研发了自走式蚯蚓收获机，节约了大量劳动力。2016年，合作社筹建了自己的实验室，引进专业实验器材，建成了一整套有机肥料生产线，并获得有机肥料生产登记证书。

（2）重节能、保生态。养殖蚯蚓的饲料主要是畜禽粪污和农业废弃物，养殖过程中还可改良土壤。同时，蚯蚓粪可以制作有机肥，能够极大提高农作物的品质。静海区是畜牧大县，每年产生畜禽粪污达85万吨，合规处理与资源化利用难。合作社与畜禽养殖户合作，将养殖场的粪污与农业秸秆和林木的枯枝落叶、落果进行复混，通过一系列预处理，制成蚯蚓养殖饲料，既净化了环境，又解决了畜禽养殖中的难题。此外，静海区是退海地，含碱量大，导致10多万亩经济林果品口感不佳。蚯蚓粪有"有机肥之王"的美誉，是极佳的土壤改良剂。为此，合作社与果农合作在果树下养殖蚯蚓，既满足了阴凉潮湿的环境需求，果园的枯枝落叶和落果又提供了饲料来源。同时，蚯蚓养殖清除了果园废弃物，养殖喷淋设施也为果树进行了浇灌，实现了一水两用，节约了成本，改良了土壤，提升了果品品质，实现了生态和经济双增，亩均增收8000元。

（3）强培训，促创收。合作社在林业部门的指导下，建立了"企业+农户"的发展模式，探索出一条成熟的林下蚯蚓养殖体系。组建帮扶团队，现场讲授林下蚯蚓养殖技术、苗木管理技术、蚓床越冬管理措施等实用新技术，累计培训3000多人次。筛选并推广蚯蚓优良品种，向养殖户提供蚯蚓幼种和养殖设备，保证养殖成功率，同时以市场托底价回收，解除了养殖户对技术和市场销售的后顾之忧。目前，林下蚯蚓养殖实现产值8000万元，利润达3000万元，农民人均增收3万余元，带动解决了农村的剩余劳动力2100人。

10.2.2.3 主要成效

（1）促进了绿色生态节能。林下蚯蚓养殖是绿色修复产业，是绿色环保产业。首先，林下蚯蚓养殖可彻底将畜禽粪污无害化处理，转化成无臭无味的蚯蚓粪有机肥，极大地促进畜禽养殖业发展。其次，林下蚯蚓养殖极大改变了林下土地闲置、林地养护投入大、经济收益低和农民增收难的现状，实现了林业和养殖业的生态循环优势互补。最后，林下蚯蚓养殖可以处理农作物秸秆、枯枝落叶、畜禽粪便、餐厨垃圾等，可有效改善生态环境，对生态建设具有重要意义。

（2）促进了产业融合。2015年以来，合作社通过科技帮扶与示范推广，在天津市三个区建立示范养殖户24户，推广蚯蚓养殖面积3000亩，年营收9600万元。合作社与北京某药企达成战略合作，对蚯蚓进行深加工，提取溶栓类药物原材料蚓激酶。目前蚓激酶市场价格极高，仅此一项每年可增收680万元。积极拓展渠道，强化处理畜禽粪污、农业废弃物的第三产业，年处理畜禽粪污、农业废弃物6万吨，年产蚯蚓粪有机肥1.5吨，年改良农田面积1万亩，实现了经济效益和生态效益的双赢。

10.2.3 北京市大兴区北臧村镇发展林下经济典型案例

10.2.3.1 发展背景

北臧村镇位于北京市大兴区西部，面积46.9平方公里，背依大兴机场凤凰展翅之力，东乘"中国药谷"生物医药产业基地蓬勃发展之势，西借母亲河永定河补水康养之机。自2012年第一轮百万亩平原造林绿化建设工程实施以来，累计造林近2万亩，森林覆盖率位居全区前列，发展林下经济具有得天独厚的天然优势。近年来，北臧村镇紧抓平原造林机遇，科学绘制林下经济发展蓝图，坚持"产业+生态"双轮驱动，开启了林下经济与社会发展和谐共赢的良好局面。

10.2.3.2 经验做法

(1) 坚持规划引领，开拓镇域发展新思路。通过深入调研和研讨，精心编制镇域和村庄规划，将17个村分为两部分借势发展。临近生物医药基地的村庄大力发展"村庄公寓"，逐渐消除城乡结合部村庄治理、安全隐患等问题。临近永定河岸的6个村庄，大力发展林药、林旅、林宿等模式，为镇域产业转型升级、经济高质量发展开辟新路。

(2) 发展"林游模式"，创建林下旅游新业态。立足"品牌打造、文化赋能、招商引资"，大力发展林下旅游新模式。一是整合资源、丰富功能。将永定河绿色港湾园分割为不同主题区域，修建多功能大型广场，完善基础设施，为承办各类活动提供空间。打造10公里闭环式骑行步道，沿路栽种56种100万株郁金香，种植40余亩海棠，点缀百日草、七彩凤仙，打造四季景观。二是文化赋能、厚植底蕴。依托乡情陈列室、美丽乡村巴园子村等，承办中国武术、汉服创城等主题活动，营造浓厚文化氛围，彰显文化自信。三是举办活动、打造品牌。成功举办"春之运"郁金香花节，筹办户外帐篷节，发展"夜经济"，拉动本地村民就业，被新华网、北京电视台等20余家媒体报道，成为京南户外郊游热门之选。

(3) 创新发展"森林研学模式"，打造"林下课堂"。成功获批北京市园林绿化科普基地。申办了青少年实践教育基地，建立了青少年素质拓展基地，成为大兴区大课堂资源单位绿色城市类资源单位之一、郊野公园类资源单位之一。累计有5000余名中小学生到基地开展实践教育和户外学习。2021年4月，获批首都全民义务植树基地。2021年植树节期间，基地接待区内各委办局、企事业单位50余家，累计参与义务植树3000余人。

(4) 重点发展"林宿模式"，打造精品民宿产业。秉持"优环境·创产业"理念，建设以医养、健身、康复、非物质文化遗产为特色的民宿聚集区。一是创新发展模式。大力发展沿河民宿，邀请专家出谋划策，通过引入社会资本和专业力量，形成"投资者与村集体签约、村集体与村民洽谈、投资者向村集体缴费"的发展模式。二是完善基础设施。结合人居环境整治、创城创卫创森、美丽乡村建设等工作，在道路硬化、村庄环境整治、小微湿地建设等方面加强投入，打造村庄靓、庭院美的村庄景观和留得住乡愁的特色小镇。三是打造典型示范。截至2020年底，62家风格迥异的民宿陆续建成，诸葛营村的当归小院、诸葛美庐，桑马房村知鱼乐庭等11家民宿正在办理营业手续，另有多家民宿开始试营业。

(5)探索发展"林药模式"，服务"中国药谷"建设。深入调研生物医药基地企业中药材需求，精心选择经济价值高、观赏性强、适合本地种植的名贵中药材，确保有药种、产能销、销有利。聘请专家进行土壤肥力分析，逐步改良永定河冲积平原沙地，进行大规模、订单式、多元化中药材种植，着力打造"中国药谷"背后的中药材生产基地。种植的麦冬、丹参、黄芪等中药材基本被预订完毕，部分品种每亩产值4万元。

10.2.3.3 主要成效

(1)生态环境持续向好。自2012年第一轮百万亩平原造林绿化建设工程实施以来，建设有平原造林、占补平衡、留白增绿、临时绿化、小微绿地、郊野公园、城市森林共7种造林类型，累计造林近2万亩，森林覆盖率从29%提升到51%。同时，逐步提升改造并对外营业永定河绿色港湾，西至永定河堤床内，东临左堤路，北至生态林，南至庞各庄镇界，区域内造林面积累计达3857.6亩。如今，这里绿树成荫，环境整洁，空气清新，宛似一个天然大氧吧，成为重要文化旅游观赏地之一。

(2)机制向稳，初步实现多方共赢。积极发展"生态+大健康"产业，助力绿色康养小镇发展，以林养人、富民兴民、增加村民就业机会，通过养护林地和种植中草药，解决本地农民就业61人。在帐篷节期间邀请大型企业参观镇情镇貌，20余家企业围绕建地上市、民宿产业、村庄公寓等项目进行洽谈合作。郁金香花节期间，大力引进康养重点项目，与多家单位、公司签署合作框架协议。与北京道桥集团积极洽谈，预计引入税源企业5家，林企互动效果明显。

(3)生态产品品牌价值逐渐显化。深度挖掘永定河绿色港湾资源优势，2020年成功举办"春之运"郁金香花节，接待游客38.5万人次。2021年开展为期18天的郁金香艺术文化节，营造集吃、购、娱、乐、赏于一体的京郊花园体验，累计收入90万元，网络点击量532万次，一度位居北京市景点排名第12名。7月，为期9天的绿色港湾永定人家消夏啤酒节，成为镇域发展"夜经济"的成功样板，吸引消费人群2万人次，总收入80多万元。此外，首都高校永定河马拉松、北京马拉松公开赛等20多场户外活动在永定河绿色港湾成功举办。绿色林逐步变为富民的产业林、幸福林。

10.3 立体经营，释放潜能

10.3.1 广西国有七坡林场发展林下经济典型案例

10.3.1.1 发展背景

广西国有七坡林场创建于1952年，是广西壮族自治区林业局直属林场、正处级公益二类事业单位。经营面积68.1万亩，森林蓄积量381.5万立方米，森林覆盖率82.1%，是南宁市重要的生态屏障，是全国森林经营试点单位、是以"森林经营"为主题的国家级林业科技示范园区、自治区层面重点推进的环绿城南宁森林旅游圈项目的主要组成部分。近年来，七坡林场充分利用公益林改造过程中形成的良好林下空间，构建多元经营模式，创新发展林下"立体经济"，促进公益林提质增效。2020年，成功举办自治区直属国有林场林下经济发展暨森林经营质量提升工作现场会，在首届广西"两山"发展论坛上作专题报告，为践行"绿水青山就是金山银山"理念做了有效探索。

10.3.1.2 经验做法

（1）坚持保护发展，构建多元经营模式。依托广西林科院、广西大学、广西科学院、广西药用植物园等科技单位强有力的技术优势，结合"一场一品"，按照因地制宜、科学规划、合理布局、突出特色、讲求实效的原则，积极探索以"鸡血藤+"为核心内容的多元立体经营模式，实现短、中、长合理搭配，达到以长带短、以短养长的科学种养格局，形成了"上中下、短中长"立体经营格局，既提高了林地综合利用效率、生物多样性和多元立体高效的经营效益，又推动实现了经济社会发展与森林资源保护双赢。截至2020年底，已实施"林林"模式5万亩、"林药"模式2000多亩，并实践总结出"林+林"、"林+林+藤(草)"、"林+林+藤+草"、"林+林+藤+草+菌"等二元、三元、四元、五元高效立体栽培模式。

（2）坚持抱团发展，构建共享经营模式。以示范区为重点，积极探索共享林下经营模式，通过与制药公司共同打造合作基地、与专业合作社共同进行林下种植、个体户承包等方式，推行认购、认种、认养新模式，进行产品或产量分成，达到共同扩大规模、共同提高产量的目的，实现抱团发展、利益共享、合作共赢，逐步走出一条共建共享融合的发展之路。结合森林人家建设，全面推行市场化运作、企业化经营、农民参与，逐步建立"龙头企业+基地"的经营模式，推动林下经济产业化规模化经营，辐射带动周边农户就业增收，真正走出一条"不砍树也致富"、"青山"转化为"金山"的路子。

（3）坚持融合发展，构建药企合作模式。2020年5月，七坡林场与国内知名制药企业——广西仙茱中药科技有限公司签订产业融合发展战略合作协议，按照"龙头企业+基地"的合作模式，进行林下中草药订单式种植1万亩，以销定产，建立稳定的产销关系，实现合作共赢的产业化生产经营。与广西大学、广西林科院和广西仙茱中药科技有限公司共同开展林下中药材种植基地环境及中草药质量安全防控监测，建立以示范园为基础的农业环境评价因子指标体系和环境适宜性评价，逐步建立优质中药材无公害生产基地，实现创收目标的同时，促进生态环境可持续发展。2021年，启动实施公益林"7个5"提质增效工程，即在现有林下经济发展的基础上，计划用5年时间，实现5万亩规模化产业化种植，采取"封、种、改、提、升"5种方式，实施林林、林药、林菌、林花、林菜等5种经营模式，充分发挥好"1、3、5、7、10年"5个阶段性产品效果，打造5个特色品牌，力争实现年收入5000万元的目标，成为林场主要的经济增长点。

10.3.1.3 主要成效

七坡林场独特的多元立体经营模式受到各级领导、专家的高度重视与充分肯定，国家林草局和广西壮族自治区有关领导以及中国工程院院士尹伟伦、沈国舫和张守攻等专家曾莅临指导，得到社会的广泛认可和高度评价。获得过《中国绿色时报》、《广西日报》等主流媒体的专题报道，被自治区政府门户网站、中国林下经济网站等刊登宣传。2020年，建成以林下经济为主导产业的自治区级现代特色农业示范区，累计接待区内外考察团55批次，近2000人（次）到园区参观考察。2021年，先后被命名为第五批全国林草科普基地、广西第二批中药材示范基地、广西第三批自治区级中小学生研学基地等，多次承办中国东盟林业科技研讨会等国际和全国性现场会。"十三五"期间，林下经济总产值累计达4亿元，带动周边农民就业达5000人次，促进农民增收近5000万元。

10.3.2　江苏省东台市新街镇发展林下经济典型案例

10.3.2.1　发展背景

江苏省东台市新街镇位于盐城市东南端，镇域面积103平方公里。新街苗木自清末状元、实业家张謇1912年来此移民垦荒植树起步，经百年发展，如今种植面积近4万亩，品种70多个，拥有"新街苗木"集体商标和"新街女贞"国家农产品地理标志，成为东台市"一棵树"产业富民示范区。该镇从苗木生产投入大、见效慢、周期长的实际出发，将林下经济作为林业高质量发展的突破口，合理利用林下资源，因地制宜推进立体种养，不断提高生态富民综合效益。2020年，新街镇作为典型案例，成为江苏省林木种苗和林下经济高质量发展现场推进会观摩现场。

10.3.2.2　经验做法

（1）新街林下经济模式赢人。林下种植丰富多彩，在套种搭配上，有"林+药"，种植贝母、藏红花等；"林+菜"，种植韭菜、荠菜、青菜、大蒜等；"林+苗"，种植大叶黄杨、瓜子黄杨、海桐、红叶石楠等；"林+粮油"，种植蚕豆、黄豆和油菜等。在时间搭配上，利用冬春落叶林下抢种一熟粮油，计算移栽定植行间距和光照周期安排套种。在规模搭配上，小到庭院树下套种蔬菜解决家常所需，中到三五亩林下套种特色经济作物实现以短补长，大到规模苗圃套种形成规模收益。林下养殖主要有意大利杨林养金蝉、林下养草鸡、林缘池塘边养鸭鹅等。

（2）新街林下经济产业富人。实行长套短、高套矮、乔套灌、落叶套常绿，推广多种立体复合种植模式，实现资源共享、优势互补、循环相生和协调发展，不断提高综合效益，实现增产增效目标。全镇林下经济利用林地面积8328亩，其中林下种植7444亩，林下养殖884亩。现有苗木经纪人600多人，专业从事苗木种植、管理、采挖、销售和施工等一条龙服务人员8000多人，300多户电商发展苗木网上直销。发展苗木总部经济，拓展周边镇村苗木基地10多万亩，成为东台市"一棵树"产业富民示范区和华东耐盐苗木集散地，"一棵树"富民案例被盐城市、东台市两级推广。

（3）新街林下经济生态怡人。身在林中，居在景中，立体景观令人心情舒畅。紫薇林、香橼林、银杏林等让人们在此打开心扉。道路沿线展示高低错落、色彩变化、乔灌搭配的绿色风景，方塘河、新陈河风光带编织出两岸绿树、河水倒影的水绿画卷。玉佛名寺九莲寺、得德智慧健康岛和方东特色田园乡村展示了最美镇村的风采。新街生态苗木示范园被认定为"全国休闲农业与乡村旅游示范点"和"江苏省四星级乡村旅游区"，新街镇被确认为"江苏省特色旅游景观名镇"。

10.3.2.3　主要成效

（1）发展模式类型多样。依托丰富的林业资源，因地制宜、因林制宜、因户制宜，发动村民、大户、经纪人、林技员和社会资本等多方参与，不断尝试、积淀、丰富、创新"林下+"立体种养方式，"林下+"由最初的6种模式发展到如今的六大类32种模式，推进了林业持续高质量发展，"多彩林下"成为新街林业发展的新时尚，产业振兴是乡村振兴的重点和基石，新街镇依托"一棵树"产业不断拓展林下经济新模式，增加林业发展的空间、厚度和多样性，为村民致富提供了更多选项，为生态立镇夯实了产业根基，着力谱写了"幸福新街"新篇章。

（2）推进措施精准有效。实行奖补推动、现场带动、大户领动相结合，技术培训、林下指导、观摩交流并举，打造林下经济示范带、立体苗圃、美丽庭院。苗木市场、苗木展示馆、苗木电商会客厅、林下经济示范区等四大载体成为"多彩林下"的培训场、交流台、示范地和实践所，依靠群众、发动群众、致富群众，专家请进来、大户走出来、信息聊起来、林下动起来，"心动+行动"，加快了林下经济的推进步伐。

（3）实施效果精彩纷呈。发展复合种植有利于推行目标种植，大行距、高品质、巧套种打开了"新街女贞"等主打品种品相提升的新空间，标准化立体化女贞林木成为苏鲁豫皖十大苗木市场的样品女贞。复合种养有利于增加农民收入，长短期相结合、资源充分利用，开创了新街农民利用摇钱树致富的新空间，立体复合种植平均增收25%以上。复合种养有利于实现融合发展，卖苗木加上卖风景，村民共享转为村民与游客共享，林下休闲、体验、康养打开了林业提质增效的新空间，客流量年增加12万人以上。

10.3.3　贵州省锦屏县"五林经济"模式发展林下经济典型案例

10.3.3.1　发展背景

锦屏县位于贵州省东部，森林覆盖率72.18%，拥有"中国南方林区皇冠上的明珠"的美誉。近年来，锦屏县多措并举盘活林业资源，创新林上种石斛，林中养蜂，林下养鹅、种中药材，林内发展森林康养、休闲旅游，林外实施林产品加工的"五林经济"发展模式，写活林文章，形成"一种（石斛）一养（生态鹅）"的综合特色产业链，走出一条"一二三产高效联动、林文旅深度融合、生态环境持续向好、民生福祉全面增进"的林业经济绿色发展之路。

10.3.3.2　经验做法

（1）探索林上活树种石斛，培育富民"仙草"。通过招商引资引进龙头企业，采取"龙头企业+国有实体公司+合作社+贫困户"的组织方式发展林上活树石斛种植。建成万亩林业（石斛）综合产业园、龙池石斛田园综合产业园和三江便团石斛种植产业园，实现了石斛组培、驯化育苗、大棚种植、搭架种植、活树近野生种植一体化产业发展。截至2020年底，建成石斛驯化育苗基地400余亩，培育苗木1500万株。全县近野生种植石斛达1.27万亩，规模位居全国前列。计划到2025年种植石斛5万亩以上。

（2）探索林中发展养蜂，酿造"甜蜜"事业。锦屏县生态环境优良，境内石斛花、乌柏花、五倍子花等蜜源丰富，当地群众长期以来就有人工养殖蜜蜂的传统。近年来，锦屏县凭借优越的资源优势，大力发展林中养蜂产业，通过企业带动、合作社组织、农户参与的方式，组织开展养蜂技术培训，推动养蜂产业基地化、规模化、规范化发展。全县现有中蜂养殖合作社6家、个体专业户120余户，养殖中蜂1.1万余箱，年产优质蜂蜜150余吨，年产值达1500余万元。

（3）探索林下综合种养，拓宽增收渠道。充分利用林地资源，采取"林+N"林下经济发展模式，实施林下套种淫羊藿、魔芋等，林下发展养鹅、养鸡等产业，有效提高林地资源利用率和经济效益。截至2020年底，全县发展林下经济利用森林面积76.5万亩，建成林下经济百亩村示范基地153个、千亩乡镇13个，万亩产业示范园1个。林下中药材面积达10.53万亩，林下生态鹅存栏26万羽，种鹅产蛋60万枚，育雏鹅苗116万羽，出栏110万羽，年销售额2000余万元，锦屏林下养鹅规模位居全省前列。

（4）探索林内休闲康养，多产业融合发展。深入推进锦屏县万亩林业（石斛）综合产业园、龙池多彩田园森林康养基地、春蕾省级森林公园等旅游资源开发。以创建"森林乡镇"、"森林村寨"、"森林人家"为抓手，实施"大花园、大果园"项目，免费向群众发放香榧、樱花等花卉果苗40余万株，打造美丽风景、美丽经济和美丽文化。成功举办了锦屏石斛花节等活动，推动林文旅融合发展。2020年森林观光收入达8亿多元。

（5）探索林外精深加工，提升林产效益。依托龙头企业，大力推进石斛啤酒、石斛饮料、石斛日化用品和鹅肉加工、羽毛球制作等精深加工，进一步拓展石斛和生态鹅两大产业链，提高产品附加值。截至2020年底，锦屏县已建成商品鹅屠宰场、1.8万立方米冷冻物流仓储，实现羽毛球月产30万打，年产值达2.88亿元。

10.3.3.3 主要成效

（1）社会经济效益凸显。锦屏县的林药、林菌、林畜等"林+N"产业初具规模，通过"一种一养"综合特色产业链带动，2019年"五林经济"总产值达8.6亿元以上，稳定就业2219人，辐射带动就业2.5万余人，依靠产业实现分红1769.43万元，1.78万户、7.18万名贫困人口共享产业发展红利，实现了产业发展、企业增效、贫困户增收多方共赢，进一步激发了群众内生动力，增强了群众发展产业的信心和决心，有利于巩固脱贫攻坚成果，推进乡村振兴。

（2）产业集聚效应明显。通过实施示范带动工程、优化营商环境、创建特色品牌、国有实体公司合作、组建服务队伍等五大措施，助推"五林经济"发展。截至2020年底，招商引资到位资金76亿元，国有资金累计投入超过4亿元，开展有机认证面积9.71万亩，获得魔芋、茶叶等产品有机证书25张，创建了"贵枫堂石斛"等一系列特色品牌，形成了"村有百亩，乡有千亩，县有万亩"林业产业格局。

（3）品牌效应逐步形成。2019年12月，贵州贵枫堂农业开发有限公司被国家林草局铁皮石斛工程中心、铁皮石斛产业国家创新联盟认定为"全国近野生铁皮石斛示范基地"。2020年11月，锦屏县被中国林学会授予"中国近野生铁皮石斛之乡"称号，被中国林学会林下经济分会授予"全国林下经济产业示范县"称号。2021年2月，贵州铁枫堂生态石斛有限公司荣获"全国脱贫攻坚先进集体"称号。

10.4 拓展链条，提升价值

10.4.1 安徽省池州市九华府金莲智慧农业有限公司发展林下黄精产业典型案例

10.4.1.1 发展背景

近年来，全国野生黄精资源逐渐减少，而食用、药用需求量增多，林下黄精成为深受市场欢迎的稀缺货。由于黄精人工栽培近几年刚起步，因此发展黄精种植具有广阔的前景。安徽省池州市属亚热带湿润气候，是安徽省重点林区。优越的自然条件为黄精种植提供了林地资源优势及立体小气候优势。

池州市九华府金莲智慧农业有限公司地处安徽省池州市贵池区涓桥镇，专业从事黄精种植、加工、销售10余年。2019年加工黄精1500吨，2020年加工黄精3000吨。公司于2020年被认定为农业产业化省级重点龙头企业、优秀农业经营主体公司。公司旗下"九华府"品牌获得省商务厅2019年度"年销售额超100万元农村电商品牌"荣誉称号。

10.4.1.2 经验做法

（1）创新发展经营模式。通过建立新型的林业产业化模式，与专业院校、科研院所合作，打造集黄精种植、收购、加工、销售于一体的全产业链全新食药两用经营模式，实现了黄精产业规范化、集约化。依托"公司+基地"、"合作社+基地"、"农户+基地"的模式，自2019年以来在池州市贵池区自建黄精规范化种植基地3000余亩，成熟后年产黄精约2300吨。公司累计投入资金1000多万元，与贵池区5个镇890户脱贫户合作种植黄精3720亩，提供就业岗位200多个。

（2）夯实发展基础。以池州市九华府金莲智慧农业有限公司为中心，负责总协调，把初加工基地发展到各个乡镇，且设立黄精鲜货代收点。培育池州市满南轩农业有限公司、安徽省元亨农业有限公司、安徽省徽泽农业有限公司等数十家黄精初加工企业生产加工黄精干，为九华府公司提供优质原料。与池州市和众黄精种植专业合作社合作打造黄精规范化种植基地，通过合作社聚合当地农户大力发展黄精林下种植。

（3）推动产品提档升级。依托安徽中医药大学、温州医科大学、池州市九华山黄精研究所等科研机构，在里山街道白洋村设立了生产及研发基地，专注于研究古法养生，传承并创新古法黄精的九蒸九晒工艺，开展黄精相关产品的研发，生产黄精茶、黄精蜜饯、黄精糕点等20多种产品，尤其是黄精类糕点，是全国各地各类养生馆的常备产品。深耕技术领域，制定黄精加工标准。开展"三品一标"认证生产全程溯源体系。

（4）提升营销渠道建设水平。公司采用"线上+线下"相融合的销售模式，并开启电商直播新模式，解决黄精市场问题，助力推广全国市场。依托"九华黄精"地理标志的优势，打造差异化特色品牌。公司拥有"九华府"、"适四时"、"如是心"、"坐隐居"等品牌。"九华府"、"适四时"为委托加工品牌，以质量和价格打造市场。"如是心"为黄精制品代理品牌，以公益养生文化形象传播品牌。"坐隐居"为黄精制品品牌，与江苏省电视台合作开发黄精食疗文化推广。四个品牌互为犄角，拓展了黄精知名度，大大提高了产品的附加值。

10.4.1.3 主要成效

（1）生态效益明显。黄精全产业链项目林下黄精规范化种植基地建设，在调节小气候、净化空气、改善环境等方面效益明显，具有显著的生态效益。

（2）社会效益显著。通过采用"公司+基地"、"合作社+基地"、"农户+基地"等模式，带动了周边10余家小型黄精加工厂和近300户农民创业。开发生态旅游，既满足了附近市民对生态休闲旅游的需要，也为中小学校外科学教学实习提供了平台。

（3）经济效益可观。直接经济效益包括产品销售，主要产品包括黄精果、黄精茶、黄精丸、黄精粉、黄精膏、黄精酒等，年销售收入达1.2亿元。间接经济效益主要是生态旅游、自然教育等，间接带动地方年增收200万元以上。

10.4.2 广西中港高科国宝金花茶产业有限公司发展林下经济典型案例

10.4.2.1 发展背景

金花茶是珍稀植物，是自然界中营养、药用价值最丰富的植物之一。金花茶浑身都是宝，花、叶、枝条、种苗、树及其深加工产品等均受市场欢迎。近年来，广西中港高科国宝金花茶产业有限公司（以下简称"中港高科"）全力推进金花茶全产业链发展，取得良好成效。

10.4.2.2 经验做法

（1）扶持农户做强做大。中港高科在广西较早采用农户入股分红合作模式，由公司提供种苗、技术指导、收购，农民占大头、公司占小头，销售金花茶花、叶、树木盆景等收入的70%~80%归农户、20%~30%归公司。这一模式得到农户强烈支持，许多农户热情高涨，实现脱贫致富。金花茶5年后成林结花，每年可以摘花、叶、修剪扦插枝条销售，每棵树收入达1000元。目前，许多种植户年收入几十万元以上，大户年收入百万元。充分利用林地坡地，创新合作种植模式，发展林下立体套种，打造"金花茶+沉香"、"金花茶+八角"的双珍创新合作种植模式，将资源变成财富，并结合乡村振兴、产业示范区和生态文化旅游等建设，带动广大山区农民走上可持续富民之路。

（2）创建现代特色示范区。2016年，中港高科投资7379万元建设了防城港市防城区大南山金花茶产业示范区，面积1.85万亩。建成了示范区园区道路、观光步道10公里，新建、美化、改造民房56栋，建设水利水网灌溉系统8公里，完善了电力通信、休闲广场、停车场等基础设施。示范区以"经营组织化、装备设施化、生产标准化、要素集成化、产业特色化"为标准，立足金花茶特色，有效带动了种植业、加工业、流通行业发展。据初步统计，示范区金花茶产业实现产值1亿多元。

（3）研发合作，拓展链条。中港高科坚持全球化视野，采用"国际化与本土化策略并举"的运作理念，实施"金花茶全产业链布局、金花茶大健康产业、金花茶国际化"的发展战略，将金花茶从传统农副产品提升到现代工业产品。与广西亚热带作物研究所、普元生物公司、澳大利亚莫纳什大学医学—生物学实验室、中国药科大学、南京理工大学、海南大学进行产学研合作开发，并与国家"863计划"金花茶课题组研发团队联手，开发系列适用于亚健康人群的保健及功能产品，提高产品核心竞争力。积极推进国内外市场拓展，与上海翼码科技进行战略合作，搭建中港高科移动微营销平台；与谷歌广西体验中心进行全球战略推广合作，依托谷歌全球化资源及其在全球互联网和数字经济的领先优势地位，提升金花茶的国际影响力。正在谋划与高铁动车、中石油和中石化加油站便利店签署战略合作协议，进行销售推广。

10.4.2.3 主要成效

2008年以来，中港高科依托工业园生产加工基地及年产能100万株的金花茶标准化育苗基地，实施"金花茶产业扶贫"兴边富民行动，以"公司+基地+合作社+农户"经营模式，在防城港市多个乡镇种植金花茶3万亩，成为目前全国规模较大的金花茶种植企业之一和带动广大山区农民脱贫致富的龙头企业。2015年，中港高科种植基地被国家林业局认定为"国家林下经济示范基地"。

10.5 融合发展，综合收益

10.5.1 安徽省滁州市南谯区发展"枫叶+"典型案例

10.5.1.1 发展背景

南谯区位于安徽省滁州市和江苏省南京市之间，距滁州市17公里，离南京40公里，森林茂密、物种丰富、人文荟萃，生态环境良好，是长三角经济圈快速崛起的东向发展"桥头堡"。近年来，南谯区章广镇依托丰富的山地资源、景观资源、文化资源，以及皖东抗日根据地的红色资源，围绕岭区治理、绿色发展和乡村振兴目标，凝心聚力发展枫树产业，全力打造中国第一枫园品牌，推动"枫叶+"林旅融合发展，书写了江淮岭上的绿色传奇。

10.5.1.2 经验做法

（1）规划引领，使江淮岭脊"绿起来"。五尖山地区三天一小旱、七天一大旱，生态脆弱。章广镇党委和政府穷则思变，提出"广种枫树摇钱树"的发展思路，选择有地方特色、耐干旱瘠薄和市场潜力大的乡土树种——枫树，作为破解生态困局的"金钥匙"。至今，枫树种植面积超过2.5万亩，成为全省第一家专业培育枫树苗木的产业基地，使荒山秃岭"绿起来"。

(2)创新机制,使岭区治理"快起来"。创新土地流转模式,坚持"依法、自愿、有偿"原则,推动土地向龙头企业、合作社和种植大户有序流转,促进规模化经营,土地流转率达90%。加快农民组织化,吸引2370户农户参与成立枫业合作社,流转土地收"租金"、就近打工领"薪金"、种植枫树分"股金"。五保户朱永忠自愿到枫园打工,每年薪金2.3万元,每天都是"笑口常开"。集中整治园区环境,整合涉农资金1.3亿元用于道路硬化、灌溉设施建设。创新多元融资模式,建立政府扶持、企业出资、农户自筹和林权抵押等多元投入机制,通过"劝耕贷"等年融资7500万元,增强企业"造血功能"。推行服务管理机制创新,按照"市场化运行、规范化管理、社会化服务"的原则,成立了元松林业服务公司和合作社党支部,开展劳务输出、技能培训和林业论坛,集中智慧共建共享。

(3)科学谋划,使枫树品牌"强起来"。打造现代林业展示平台——枫树名品园,汇集日本、美国、欧洲和中国本土枫树品种22个,开展园艺化栽培和景观化打造,提供"停车坐爱枫林晚"的文化体验。五角枫园林下套种红叶石楠、紫薇花等灌木,有效提升土地利用效率。三角枫盆景园集盆景制作、鉴赏、观光为一体,打造一盆盆"无声的诗、立体的画"。北美彩叶树种园引进多种彩叶苗木,占领苗木市场制高点。枫叶大道连接沪陕和滁淮高速,建成长15公里、宽20米的枫树生态廊道,展示"枫情小镇"形象。

(4)复合经营,使林下经济"活起来"。利用林下空间套种三角枫小苗、红叶石楠球、滁菊中药材、孔雀草等矮干花卉,养殖胡羊、乌骨鸡,开展果蔬采摘、林事体验和生态餐桌,亩均增收1500~2000元。

(5)多业并举,探索林下经济新业态。探索"合作社+基地+农户"模式,创建省级林业合作社1家,引进企业和大户38个,年销售收入1.5亿元。推进产业化经营,以企业为龙头,建基地、带农户、拓市场,形成从栽培、技术、市场到物流的完整产业链条。促进林旅融合,依托万亩枫园和山地自行车公园,骑单车、辨枫叶、踏草坪、听松涛,开展枫叶节、桃花节、山地自行车大赛8次,年促销林下经济产品8000多万元,建成集产业示范、田园风光、休闲旅游、农家体验为一体的多功能生态园区,打造安徽省森林旅游和体育运动小镇,进一步丰富和拓展林下经济新业态。

10.5.1.3 主要成效

(1)生态环境得到有效治理。坚持走"节水型、生态化、可持续"绿色发展之路,改造低产湿地松8000亩、退化林地修复1.2万余亩,有效改善了生态退化、效益弱化和服务低能等突出问题。2020年,章广镇全面禁止工业项目入驻,森林覆盖率提高到54%,地表水水质均达到Ⅱ类,空气质量达国内优质标准。

(2)产业成规模上水平。通过高起点规划,走园区化发展模式,入园企业13个,构建枫树名品园区6个,园区面积2.5万亩。同时,通过打造"中国第一枫园"品牌,整合林业、水利、交通、美丽乡村和江淮分水岭治理等各类项目资金、技术和信息要素向园区集聚,使每座山头、每处山洼、每个企业都实现了路通、水通、电通、网通,有效提升了苗木生产销售保障能力，推动实现"规模化、产业化和品牌化"发展。

(3)林业效益和农民收入"双增长"。2020年，章广镇苗木销售总收入突破2.4亿元，经营周期由30年缩短到5~8年，林地经营效益提高8~10倍。此外，新引入上市企业1家、文化城1处、浙商产业园1个，通过土地流转、苗木种植、林养殖、节赛旅游，新增就业岗位850个。农民人均年纯收入达到2.15万元，实现了林业效益和农民收入"双增长"。

10.5.2　湖南省湘潭盘龙生态农业示范园有限公司发展林下经济典型案例

10.5.2.1　发展背景

湘潭盘龙生态农业示范园有限公司(以下简称"示范园")是湖南省百强企业——湖南盘龙投资集团旗下的子公司，地处长株潭城市群绿心区域，拥有林地面积约4000亩，森林覆盖率达65%。公司累计投资25亿元，相继建成了杜鹃、樱花、荷花、兰草、玫瑰园等十大主题花卉园，一年四季鲜花盛开，风景如画。示范园先后荣获"国家林下经济示范基地"、"国家AAAA级旅游景区"、"国家林业重点龙头企业"、"国家重点花文化基地"、"中国人居环境范例奖"、"全国中小学生研学实践教育基地"等殊荣。近年来，示范园依托丰富的生态资源、林业资源和旅游资源，围绕生态良好、产业兴旺和乡村振兴，探索出了一条以生态旅游为主线、大力发展林下种植与森林康养的"一主两翼"成功之路，取得了良好的经济效益、社会效益和生态效益，实现了林业经济转型发展的华丽转身。

10.5.2.2　经验做法

(1)依托地域优势，大力发展生态旅游。示范园依托湘潭红色文化旅游集散中心的区位优势及长株潭城市群绿心资源优势，每年吸引上百万国内外游客纷至沓来。从2010年起，示范园利用荷塘乡花卉苗木种植基地的平台及资源，流转土地2000余亩，先后建成十大主题花卉园并对外开放，增加了赏花观景、餐饮住宿、休闲垂钓、水果采摘、文化体验与花木展示等服务功能。示范园建有中南地区最大的勇士拓展基地、湖南省两型科技馆等休闲游乐场地，配套有千人餐厅等餐饮场所，林中建有火车客栈等住宿产品，形成了"吃、住、行、游、娱、购"一体化格局，为大力发展生态旅游打下了坚实的基础。特别是2018—2019年实施的盘龙大观园创5A提质改造工程，累计完成投资8000万元，实施项目建设改造23项，完成了游客中心增容扩建，增补了内外部视觉导视标识系统，建设了游客游步道、观光车站点、无障碍通道、憩息场所等公共服务设施，新建了房车小院、木屋别墅区、木桶屋、紫藤旅行等住宿场所，以及芝樱西餐厅、芝樱烧烤场、紫藤中餐厅等餐饮场所，丰富了国学文化、休闲游乐、科普教育等旅游产品，进一步完善了园区及周边服务配套设施。近年来，通过林业产业带动的经营性收入逐年增加，2020年生态旅游收入1.08亿元。

(2)立足资源特色，着力发展林下经济。示范园因地制宜、因势利导，采取市场驱动、示范带动等措施，建立了以"林下养殖+森林康养"为基础的林下经济发展格局，形成了立体林业循环经济发展模式。依托示范园内 80 亩葡萄园，每年投入 5000 多只鸡雏进行喂养，喂养饲料采用掉落的有机葡萄、有机蔬菜等，实现良性发展。2020 年，示范园喂养的"葡萄鸡"实现经济收入 99 万余元。示范园在荷花园种植观赏荷的同时，在莲下养殖鸭子、鲢鱼、泥鳅等水禽、鱼类，延长了林下经济产业链，2020 年实现经济收入 60 余万元。同时，示范园建有百果园、蔬菜博览园、农耕园等，按水果成熟季开展水果采摘、水果 DIY 等体验活动，建设了林中无烟生态烧烤场、林中餐饮等项目，2020 年新增开心农场项目，吸引了家庭活动、企事业单位开展团队建设。结合湖南省中小学生研学实践教育活动，开展中小学生动植物科普教育、森林保护等科普教育活动，探索出了一条产业发展的新路子。

（3）加强规划建设，极力促进融合发展。将林业发展与生态旅游、林下经济相结合，将农民增收与乡村振兴相结合，推进一二三产业融合，实现多元化产业发展。制定园区发展规划，明确项目开发方向。每年利用媒体专栏、互联网等形式广泛宣传发展生态旅游和林下经济对增加农民收入、吸引农村劳动力资源和加快新农村经济发展的重要意义，积极引导当地农民走林业产业多元化发展之路。坚持以科技为引领，通过与湖南农业大学深度合作，加强林业景观修复以及高端花卉苗木种植与培育，吸引了广大市民来园观光旅游。此外，通过校企合作，普及推广林下种植、养殖技术知识，做到"讲给农民听、做给农民看、带着农民干"，潜移默化地改变农民传统式农业生产与种植观念。

10.5.2.3 主要成效

（1）增加农民收入，带动农户致富。示范园地处湘潭市岳塘区荷塘乡指方村，指方村是市级贫困村。十多年前，指方村交通闭塞，基础设施落后，村里很多年轻人外出务工，当地农民靠传统农业养家糊口，没有稳定的经济收入。示范园林下经济产业的发展，改变了农民过去依靠砍树增收的木材经济，有效解决了当地农民就业和增收致富的突出问题，带动当地农民发展农家乐、农事体验等特色服务，增加了示范园以及当地农民经济收入。截至 2020 年底，当地农民开办农家乐 70 余家，带动花木产业经营户 110 余户，农民年均收入从 0.5 万元增加至 6 万元。

（2）改善基础设施，建设美丽乡村。示范园全面加强对当地基础设施的改造升级。新修柏油路 36 公里，新修和整治渠道、水库山塘、排灌等水利设施 30 多处，新架和改造电网 20 多公里，平整农田 200 多亩，新建森林防火隔离带 20 多公里。对于被拆迁农户，示范园集中规划安居点，统一设计风格，水泥路、路灯、有线电视、网络等基础设施统一到户，居住条件得到了根本改善。现在，村庄与景区交相辉映、和谐和美，描绘了一幅"村在园中、人在景中"的美丽画卷。

10.5.3 黑龙江省伊春市九峰山养心谷发展林下经济典型案例

10.5.3.1 发展背景

九峰山养心谷位于黑龙江省伊春市金林区，建于 2014 年，为国家 AAAA 级景区。近年来，累计完成投资 2.5 亿元，完成了由单一的生态观光游模式向"吃、住、行、游、购、娱、养、研"综合要素齐备、康养主题鲜明的功能型景区的转型升级。现已发展成为以森林康养产业为主导，林下经济产业、现代农业齐头并进，药膳研发、研学教育、中药资源鉴赏、药用动植物科普等多业态融合的综合型景区。

10.5.3.2 经验做法

（1）严守生态红线，以短养长。景区在开发建设过程中，始终把"绿水青山好空气"作为发展的最优资本和最大优势，严守生态红线不逾越，既利用资源优势、生态价值创造"金山银山"，又保护住这一片"绿水青山"。近七年来，景区从景观公路两侧入手，一直到浅山区，清林、透光、抚育2.1万亩，树木生长环境得到极大改善，林相观感大幅提升。造林、补植树木2万株，培育红松、云杉绿化苗木8万株，园区内近15公里游步道两侧全部按照分区特色栽植绿化树。

（2）多产业融合发展，开创林下经济循环体系。基地按照"森林+"多产业布局，全链条实现自给自足循环发展。"森林+康养"，依托丰富的生态资源、适宜的物候特性，首创"九养"文化理念（环境养、饮食养、运动养、经络养、情志养、音药养、辨证养、细胞养、顺时养），尤其运用药食同源蔬菜研发的药膳及健康产品，受到广大游客的认可。"森林+中药"，利用林下空间，仿野生种植林下参、赤芍、玉竹、百合等中药材，品质可与野生中药材媲美。种植的寒地甜百合、蒲公英、桔梗，除具有优良的观赏性、食用性、药用性，也成为森林花海和保健养生食材的最佳选择。"森林+农业"，以体现农耕文化为目标，建有8栋冷棚、3栋温室和1.3万平方米的农业观光区，生态种植油桃、大樱桃、葡萄、蓝莓、雪莲果、红秋葵、枸杞菜等功能型蔬菜和特色水果，配合老式农机展示，尽享乡村情怀。"森林+养殖"，饲养火鸡、乌鸡等禽类近2万只，鸵鸟、孔雀等珍禽800只，梅花鹿200只。林下散养减少了树木的虫害问题，同时，禽畜排出的粪便经统一收集处理后可发酵成为有机肥料提升地力，种植出的高品质蔬菜和中草药的茎叶，又粉碎变成禽畜的优质饲料，形成了绿色、高效、节约的循环体系。"森林+教育"，作为省研学实践教育营地，依托丰富的物种资源，开设自然教育课堂，增强了学生爱护自然、保护自然的意识。为小兴安岭野生动物救护繁育研究中心设置了自然教育园，承担野生动物救护安置的社会责任。"森林+体育"，在白桦林下建有森林太极道场、森林瑜伽馆、森林漫步道、森林骑行路，可开展森林步行浴、坐浴、睡浴、运动浴等森林养生运动项目。"森林+旅游"，开发了森林生态漂流、森林高空观景台和高空水滑、森林冰瀑景观、小兴安岭植物研学路、林下花海等丰富的观光体验项目，为全龄游客提供精品旅游线路和产品。

10.5.3.3 取得成效

随着林下资源的有序开发，林地综合效益得到大幅提升，基地总收入2018年为1391万元，2019年2680万元，2020年受疫情影响，总收入仍然达到3009万元。基地先后获得了"国家'十三五'重点研发专项任务——赤芍生态种植关键技术研究及示范推广试验示范基地"、"东北森林区生态保护及生物资源开发利用试验示范基地"、"全国森林康养基地试点建设单位"、"国家青少年自然教育绿色营地"、"黑龙江省中医药健康旅游示范基地"等多项荣誉称号。作为创新发展、合理利用林地资源发展林下经济的特色基地，九峰山养心谷安置林业职工和农民共计193人，人均月工资由2018年的2400元增长到2020年的2900元，实现年均10%以上的增长。接待游客人数由2018年15.8万人、2019年22.2万人，增长至2020年22.5万人。

10.6 定产定销，宣传推介

10.6.1 湖北资丘飞鸡生态农业有限公司发展林下经济案例

10.6.1.1 发展背景

近年来，长阳土家族自治县深入践行"绿水青山就是金山银山"发展理念，依托丰富的森林资源和林下空间优势，带动山区农民大力发展林下经济。以"资丘飞鸡"品牌为代表的林下养殖，已成为长阳县乃至宜昌市林下经济发展的典型，帮助建档立卡贫困户发展生态鸡产业，带动一方百姓精准脱贫致富。

10.6.1.2 经验做法

（1）实行生态放养，发展立体林业。在发展初期，面对土鸡不乐于出去觅食导致肌肉变肥、口感变差的困境，公司谋划出利用林地天然优势训练土鸡上树的思路。公司负责人说，"我们这么大的树林，上面的野果比较多，可以让它上去吃野果，等它吃得正欢的时候，我们人为吓一吓，使它们慌忙飞走，用这种方式训练它们飞"。经过这种训练，土鸡不仅自身免疫力大大提高，身价也得到提升。一只普通"走地鸡"价格一般在120元左右，而经过训练的"飞鸡"能卖到168元一只。土鸡上树啄食野果、下地生鸡蛋，既提升了肉质、提高了身价，又能收集鸡粪做成肥料，在不破坏森林生态环境的情况下，通过发展林下生态养殖，林地的利用率、产出率得到大幅提升。

（2）推广标准模式，化解农户风险。通过长期摸索，公司掌握了一套规模化"553"生态土鸡放养技术（即每群不超过500只，每亩不超过50只，饲养300天左右）。对于既有发展愿望又有发展能力的建档立卡贫困户，推行"五个统一"的养殖模式，即统一鸡苗、统一防疫、统一模式、统一回收、统一销售。实行四个定向，即定单生产、定责饲管、定质把关、定价回收。实现了"1221"生态放养，即建1栋标准化鸡舍、配套2亩放养林地或果茶园地、养200羽鸡、年收入1万元。通过一系列标准化、模式化、统一化的操作，鸡肉、鸡蛋的品质得到有效保证，有效化解了入社农户的技术风险和市场风险，坚定了农民发展养鸡产业的决心和信心。

（3）心系地方百姓，合作带动致富。始终将精准扶贫作为企业的社会责任，走"合作社+基地+社员"发展之路，带动当地农民养鸡增收，公司从资金、选种、养殖、防疫、饲料等方面手把手帮扶，对入社农民进行业务培训和技术指导，讲解现代农业发展理念，坚定广大农户养鸡的决心和信心。公司确立以生态禽蛋为主的发展方向，充分发挥绿色食品A级产品金字招牌效应，使绿色食品产业成为集资源、生态和经济优势于一体的低碳型扶贫产业，实现小微民企帮村扶户产业富民目标。

(4) 严控产品质量，打造绿色品牌。公司倡导自然健康、生态环保、安全放心的经营理念，"飞鸡"生长和加工的任何环节，都没有人工饲料、催长激素，上市产品均经过严格的检疫检验，确保"舌尖上"的安全。公司取得了"生态养鸡生产方式"、"畜禽产品质量安全示范基地"、"无公害农产品"、"绿色食品"等多项认证。努力创建"资丘飞鸡"生态品牌，推动资丘镇乃至长阳县家禽产业向集约化、标准化、规模化方向持续迈进，实现林业增效、农民增收。

(5) 线上线下同步，扩大品牌营销。公司建立了多家实体店和电商平台，推进线上线下全渠道营销。建立网点 207 家，以"实体店+网店"的营销模式触"电"升级。邀请消费者走进核心基地，亲身体验"资丘飞鸡"生长环境，现场品尝"资丘飞鸡"美味，带"资丘飞鸡"旅游产品回家。2021 年 1 月，由公司直接投资、逐家谈判、牵头组建的宜昌市名优特农产品精品馆在三峡果蔬交易中心开业，馆内有新型农业经营主体共 124 家，全覆盖宜昌名优特农产品，极大地方便了采购商。开业的半个月里，展馆就签约了 4 个团购大单。

10.6.1.3 主要成效

(1) 带动效果显著增强。公司累计投资 500 余万元建设长阳"资丘飞鸡"禽类专业合作社，并陆续建立两个养殖基地，发展贫困养殖户 295 家。全市 7 个县 32 个行政村 2867 户农户加盟"资丘飞鸡"，年销土鸡 5 万只、鸡蛋 380 万枚，年销售额突破千万元。公司这种"合作社+基地+社员"以及标准化养殖的模式，解决了当地老百姓不敢养、不会养、销不掉的难题，为促进山区群众脱贫致富作出了积极贡献。

(2) 林地效力明显提升。通过林下养殖经营林地，林地资源利用率、产出率、生产率明显提升。通过发展林下养鸡，每亩山林的年收入增幅超过千元，一些农民依靠林下养鸡增加的年收入占其总收入的 50%以上。林地效力的提升，不仅有效保护了清江流域的生态环境和森林资源，广大农民也由此获得了更多实实在在的收益，每年人均增加 4800 多元。

(3) 品牌形象极大提高。目前，"资丘飞鸡"、"资丘飞鸡蛋"已成为长阳县家禽产业注册商标，"资丘飞鸡蛋"于 2016 年 1 月被审定为"绿色食品 A 级产品"。2017 年，"资丘飞鸡蛋"在第十四届农业博览会荣获金奖。2018 年，公司被全国农业重大技术协同推广计划——湖北省畜牧产业项目设为农业科技示范基地，公司事迹在中央电视台《致富经》、《农广天地》、《科技苑》等栏目予以报道。

10.6.2 大兴安岭林业集团公司加格达奇林业局那都里林场发展森林养殖典型案例

10.6.2.1 发展背景

"那都里"一词在鄂伦春语中意为水草丰盛的地方，天蓝、水清、草丰，是天然的大牧场，畜牧业发展自然禀赋优良。近年来，那都里林场坚持绿色融合发展，积极发展森林马养殖及其综合性配套产业项目，牢牢抓住项目考察设计、构建产业发展布局、强化马种选择改良、完善配套产业等关键环节，实现了森林马产业从无到有、从弱到强、从粗到精的发展历程。那都里林场马匹养殖基地现已建成800平方米标准化马舍，有森林马487匹，为职工增收、产业发展找到了一条可行之路。

10.6.2.2　经验做法

（1）多方论证，完善项目顶层设计。通过项目前期综合论证，那都里林场的饲草、气候、地理条件等都非常适宜发展森林马养殖。借助国家相关产业政策，发展森林马前景广阔。因此，那都里林场将发展森林马产业作为替代产业纳入重要日程。为做好项目落地实施，2019年，林场组织专人深入黑龙江省和内蒙古自治区相关地市进行实地考察学习，重点考察当地牧场、交易市场以及产品销售市场，与养殖户、放牧人、经纪人、经营户等进行深入交流，摸清了黑龙江、吉林、辽宁、内蒙古等周边重点养马区域产业发展情况。精选马种为产业发展筑牢发展根基，邀请业内专家学者对中国马业整体布局和那都里林场综合条件进行实地考察论证，最终选择了耐寒抗病的森林马作为发展重点。在购入马匹过程中，邀请专业人士协助参与马匹选择，坚持精挑细选、宁缺毋滥，严把马匹质量关、防疫关，购入马匹种群优良、个体强壮，实现了选精马、养精马、育精马的目标。

（2）严格管理，实现马群改良升级。成立专业合作社，职工自愿入股加入，切实减少职工投资风险，极大调动了职工参与的积极性和主动性。充分发挥市场导向作用，大力发展现代育马产业、饲草料产业、旅游产业、文化产业等，培育壮大马产业链。加强科学化管理，向专业科研和畜牧部门求教，在放养、饲草、防疫等环节建立健全各项具体措施，提升马匹饲养科学化水平。同中国科学院黑龙江兽医研究所开展研发合作，开展森林马疾病防治和良种繁育。通过对辖区现有草场进行综合性踏查评价，科学规划轮作放牧区域，保证草场恢复性增长，确保放牧区域草场质量，多余牧草可收割加工出售。

（3）宣传推介，勾勒出马经济发展蓝图。加大专项宣传推介力度，开展"走向我们的小康生活"大型新闻采访活动，知名媒体深入那都里林场进行专题采访。《小康路上的"弼马温"》等稿件被"学习强国"学习平台、《中国绿色时报》、人民日报网、黑龙江经济网采用，全方位、多角度、全景式展示了那都里森林马产业发展情况，扩大了那都里森林马产业的认知度和美誉度。专注新媒体平台，形成立体的传播渠道，充分利用抖音、快手等多个新媒体平台，及时发送关于森林马养殖、放牧饲养、骑乘训练等相关视频，吸引大量粉丝关注、转发、评论，形成新的关注热点和焦点。融入国家战略，谋划森林马发展蓝图，认真贯彻落实《全国马产业发展规划（2020—2025年）》，进一步探索森林马产业在助力乡村振兴、促进农牧民增收、培育体育和文旅产业新业态中的作用，形成那都里林场融合发展新路径、新亮点。

10.6.2.3　主要成效

（1）生态效益明显。坚持从保护生态和综合利用的角度出发，因地制宜发展畜牧养殖业，推动马匹养殖产业化、标准化、规范化发展，通过大力发展草饲料、草经济，可有效防止种群退化问题，种群恢复后能起到涵养水源、防止水土流失、保护生态环境、恢复森林植被的作用，生态效益显著。

（2）经济效益可观。基地马匹品种适应能力强、抗病耐寒、生长速度快、效益高，受到全国各地客户的喜爱，现有森林马487匹，出栏337匹，存栏150匹，实现产值337万元，利润168万元，经济效益十分可观，为林区发展大型森林草食动物养殖提供了借鉴经验和示范引领作用。

（3）社会效益显著。那都里林场在打造畜牧养殖业高品质品牌的同时，带动企业和个人积极参与生产经营活动，创造了更多就业机会，增加了职工收入，变资源优势为经济优势。同时，通过森林马养殖拓展了产业链，形成了集骑射、观光、游玩、美食于一体的旅游业态，带来了良好的知名度和社会效益。

10.6.3 大兴安岭林业集团公司阿木尔林业局红旗林场党建引领林下经济典型案例

10.6.3.1 发展背景

阿木尔红旗林场始建于1978年。木材停伐之前，林场以木材生产为主，1988—2009年累计生产木材133万立方米。2014年全面停止商业性采伐后，红旗林场主动适应新形势，充分利用区位优势和资源优势，按照"绿水青山就是金山银山"和"冰天雪地也是金山银山"发展理念，大力发展林下经济，走出了一条绿色发展的新路子，成为林场转型发展的一面旗帜。

10.6.3.2 经验做法

（1）党建引领，当好职工群众的"引路人"。积极发挥党员干部模范带头作用，党员服务队义务献工达1000多人次，建成200亩沙棘基地。5名有帮带能力的党员与7名困难职工结成帮扶对子，补种黄芪籽100余公斤，打造野生黄芪抚育基地2000多亩。在黑木耳下地时期，专门安排2名有种植经验的党员作为种植顾问进行免费技术指导，帮助种植户解决种植过程中存在的问题。冬季气候寒冷，用烧材或燃煤取暖的食用菌养殖育菌室，温度不好控制、养殖成本高，林场主要领导经过多方考察，帮助养殖户购置了4台电力热风机，在解决养殖取暖的同时，每万袋为养殖户节省成本500余元，有效带动了职工干事创业的热情。

（2）生态兴业，奏响转型发展的"交响乐"。打造红旗茶坊，积极盘活固定资产，将闲置房舍改造成加工厂，购买消毒机、揉茶机、烘干机、包装机等制茶设备，注册了"红旗茶坊"，设计了以红旗林场"Logo"为主基调的产品标识。经过多次尝试，已开发出黄芪、桦树叶、蒲公英等6大类15种茶饮产品，并在淘宝网开办了"红旗私房茶"网店。加强扶持，为发展产业职工协助贷款累计82万元，举办培训班22期，通过挖掘本地人才，鼓励党员带头创业，林场先后发展起森林猪养殖、白酒酿造等特色产业，多项举措激发职工创业热情，掀起了红红火火的创业热潮。动员职工参与发展林药种植，充分释放生态效益，变资源优势为经济优势，建立了占地面积5000余亩的黄芪种植基地。

(3)网红经济，打造兴企富民的"增长极"。大力发展网红经济，充分利用良好的基础设施和生态环境，借助"互联网+"，将闲置的400平方米房舍改造成集餐饮、住宿、休闲观光等功能于一体的"红旗民宿"。在网红的影响和带动下，红旗林场有30余名职工群众利用互联网平台创业，发展电商、旅游民宿等多种产业。丰富旅游内涵，在红旗人家、红旗民宿、居民区主街巷道，以红色文化为底蕴，以红色文化教育为核心，倾力打造红色文化冰雪乐园，吸引返乡亲戚朋友及外地游客到红旗林场观赏夜景雪景，拍照分享朋友圈，对外宣传红旗林场特有的红色旅游资源。相继开展了"红色冰雪之旅，圆梦多彩少年"主题研学、"毛主席诗词联诵"、"苦战严寒守初心、强身健体担使命"投弹邀请赛等系列活动，为推进旅游产业增添动力。

10.6.3.3 主要成效

(1)林下种植稳步推进。近年来，共种植黄芪籽200公斤，并依托天然路形修建了两条2000余米的环形栈道，用于游客观光旅游，准备用3~5年时间，将基地打造成集技术推广、良品种植和观光旅游为一体的综合性示范基地。由职工带动贫困户共同承包经营，林场和34名职工组成经营联合体，采取分红模式，职工年平均增收4000元。利用林场现有200亩土地，引进沙棘良种，种植了2万株沙棘树苗，为红旗茶坊提供原材料，进入丰果期后可销售原果并开发沙棘系列产品，预计5年总产值可达100万元，丰果期后林场净收入20万元。探索利用防火隔离带种植芍药、蒲公英200亩，在美化场区周边环境的同时，不仅节省了费用开支，而且可为红旗茶坊提供原料。

(2)网红经济初见成效。目前，红旗林场已经接待来自陕西、湖南等地的游客500余人次，通过互联网宣传，不仅提升了家乡的知名度和美誉度、拓宽了就业渠道、增加了职工收入，百姓也尝到了网红经济带来的甜头。林下生态产品已经成了市场上的"抢手货"，变成了老百姓手里的"真金白银"，"家家有项目、人人能增收"已成为管护区的新常态。

(3)林场转型初具规模。近年来，红旗林场先后荣获"中华全国总工会工人先锋号"、"全省先进基层党组织"荣誉称号，连续两年在集团公司产业发展评比中榜上有名，"红旗私房茶"系列产品在各类博览会上多次获奖。下一步，红旗林场将以发展林下种植养殖、林草中药材、特色民宿、网红经济等特色经济为主线，继续努力探寻"两山论"的有效实践路径，不断推进林场经济转型发展、高质量发展。

10.7 标准生产，打造品牌

10.7.1 黑龙江省伊春宝宇农业科技有限公司"伊春森林猪"林下养殖典型案例

10.7.1.1 发展背景

伊春宝宇农业科技有限公司始建于2008年，隶属于黑龙江宝宇房地产开发集团。在伊春林区天然林全面停伐，面临产业更替、经济转型的关键时期，公司按照省委"林业经济，林中发展"的战略部署，创建"舍内繁育、林中放养、轮牧生产"的差异化特色养殖模式，利用林区独特的自然生态条件，以"生产优质绿色畜产品"为目标，坚持"养殖差异化、生产规范化、品种良种化、设施机械化、防疫制度化、粪污无害化、环境园林化"，成为新时代林区一道亮丽的风景线。

10.7.1.2 经验做法

（1）创建了林下特色养殖模式。创立了"舍内繁育、林中放养、轮牧生产"的差异化特色养殖模式。母猪空怀、妊娠、产仔等阶段均在标准化猪舍中进行，利用林间空地建立活动圈舍，仔猪断奶后全部转入林中放养。相比圈养猪，森林猪在清澈的山溪中饮水，以各种杂草、山野果、山野菜、中药材为食，在高负氧离子的清新空气中悠闲散步、自然生长，生长期达到12个月。健康的食材增强了猪对疾病的抵抗能力，成活率高达99%。

（2）形成科学的养殖管理体系。建立了一套科学的养殖规程和绿色质量管理体系。制定了严格的出栏标准，在省科学院及市畜牧局专家的指导下出台了《伊春森林猪饲养管理技术规范》、《伊春森林猪胴体与鲜肉分割技术规范》、《伊春森林猪浓缩饲料、配合饲料、生物饲料技术规范》等企业标准，并报经市相关部门审批备案。按照《养殖操作规程指导手册》实施精细化管理，统一制定了各岗位精细化考核标准，覆盖了全部养殖环节和流程。为解决日常饲养和精细化管理问题，公司引入了京东智能化养殖AI系统，实现猪脸识别、个体化管控。不仅能精准控制猪出栏体重，而且在饲料消耗、成活率、人工成本控制等方面节约了一定的成本费用。

（3）建立了质量保证体系。为确保猪肉产品安全，引进了全程可追溯系统，仔猪从出生便佩戴电子耳标，记载猪一生的各种信息。在专卖店销售产品时，消费者通过手机扫描二维码，就可以知道这只猪是吃什么饲料、什么时候屠宰、什么时候进入店面的，实现了"从林下到餐桌"的全过程质量控制，吃着放心，因而受到消费者的追捧，森林猪供不应求。

10.7.1.3 主要成效

（1）初步形成了林下生态养殖特色产业。近年来，公司建设了种猪场、育肥基地、生猪养殖场及林下放牧场，养殖基地面积达7万多平方米。兴建了年屠宰能力30万头的屠宰加工厂，采用国际先进的热缩和气调包装技术。兴建了有机肥生产厂和高标准污水处理厂，节能减排、保护生态。兴建了无抗饲料加工厂，从源头保证猪肉的品质。与省农科院合作成立了伊春森林猪研究院，进行育种、饲养、疾病防治等科学研究。发起成立了伊春市森林猪养殖协会和伊春森林猪产业联盟，初步形成了林下生态养殖特色产业，带动了伊春地区林下生态养殖的发展。

（2）打造形成了绿色生态品牌。公司先后被授予"生猪标准化示范场"、"国际福利养殖金猪奖"，承担的"民猪优异种质特性质遗传机制、新品种培育及产业化"研发课题荣获国家科技进步奖二等奖，通过了ISO9001质量体系、绿色食品A级产品、食品安全管理体系、出口港澳猪肉加工企业资质等多项认证。经检测，伊春森林猪肉不含任何添加剂和激素，重金属和药物残留为零。高品质的猪肉在消费者心中建立了依赖和信任，成为兴安岭顶级美食的代名词，成为能与世界高端猪肉竞争的中国品牌。

(3)实现了安置下岗职工再就业的社会效应。建立了"公司+合作社+农户"发展模式，仔猪断奶后放牧到林下由农户代养，达到出栏标准时由公司统一收回，以此带动下岗职工再就业。经过培训的林场职工在林下放牧饲养，一对林区下岗的夫妇年饲养量可达300头，全年可收入12万余元，让下岗职工实现脱贫致富。据不完全统计，10年来，共安置下岗职工2000余人次，农民工1980人次，带动农户达1200余家。

10.7.2 湖北宜昌众赢药材种植专业合作社发展林草中药材典型案例

10.7.2.1 发展背景

湖北宜昌众赢药材种植专业合作社，是一家从事中药材种植、加工、销售的农民合作组织。2007年11月在工商部门注册登记以来，合作社依托丰富的中药材资源和深厚的中医药文化底蕴，兴建中药材标准化基地，发展道地中药材，以特有的技术优势、出口渠道，带动了农民增收致富，实现了经济价值、生态价值、社会价值全面提升，得到各级政府及林业部门的充分肯定。合作社被认定为省级林业产业化重点龙头企业，荣获"国家农民合作社示范社"称号。

10.7.2.2 经验做法

(1)流转土地建基地，扩大林下药材产业规模。2012年以来，合作社与村集体、周边农户协商，通过流转"四荒地"和林地，加快基地规模化建设步伐，建设了2100亩核心种植基地。同时，对承包地流转入社的农民，优先安排进社务工，农民既得林地租金又得劳动薪酬。为进一步增强产业带动能力，2019年，合作社与宜都市潘家湾土家族梁山村进行产业对接，种植当归、苍术等中药材80多亩，次年还带动了周边农户发展中药材350亩。截至2020年底，先后与宜昌市8个县(市、区)、40多个村、14个合作社、3500多个农户建立了药材种植产销对接关系，中药材种植面积达3万亩。

(2)全程服务强保障，增强产业发展凝聚力。为引导农民开展林下种植，有效降低农民承担的市场波动风险，凡是在合作社登记的贫困户均享受"四统一包"服务，即：统一制订生产计划、统一技术指导、统一供种供苗、统一产量质量标准，产品包回收。具体运作模式为：签订订单合同→免费提供种苗→贫困户种植管理→现款收购药材→集中生产加工→产品统一销售。近年来，合作社实行服务"五免费"政策，即：免费提供价值30多万元的种子种苗；免费提供农药农械58台(套)；免费提供技术资料2万多份；免费组织农民技术培训40多场次1100多人次，基本做到每户每年参训1次以上；免费提供销售服务，每年免费销售支出达30多万元。2020年，合作社为农户供种子3万公斤，供种苗1000多万株，供种供苗率达100%，从农民手中收购中药材产品117.6万公斤，回收率达99%以上。

(3)严格标准保质量，建立产品可追溯体系。合作社对标国际质量标准，建立了质量可追溯体系，全程跟踪药材种植、管理、采收、加工、包装、储存和运输各个环节，与产地共建安全优质药材基地。打好"循环牌"、"集约牌"、"有机牌",严格农药、化肥、植物生长调节剂等使用管理,分区域、分品种制定农药残留、重金属限量标准。建立从选地、种植、加工、出厂的"封闭环",严把土地关、试种关、加工关、出厂关,将安全生产延伸到药材的种植、生长、收获、加工、销售全过程,形成了"产品来源可追溯、去向可查证、责任可追究"的追溯体系,产品质量走在全省乃至全国前列。

(4)加强科技促融合,催生产业内在动力。合作社整合现有技术和研发资源,构建了以合作社为主体、科研院所为基础、各类研发资源为补充的"1+2+N"综合性研发平台。设立中药材研发部,积极探索中药材良种繁育、新品种选育等关键技术,开发出14款具有地区特色的药食同源产品。新建了中药材饲料添加剂生产线,提高畜禽免疫力,降低药物残留,为养殖业可持续发展提供保障。依托高校及科研单位技术优势,持续推进与三峡大学合作的苍术等中药材品种选育与繁育技术研究,与华中农业大学合作的半夏一种多收试验项目,与深圳津村合作的三岛柴胡秋播试验项目,补齐科研短板。2020年底,中医药大健康产业合作项目开工,建设了一条年产3500吨中药材的加工生产线和中药材仓储冷链物流中心,较好地解决了三峡地区道地中药材资源外流、产业内生发展动力不足的问题。

10.7.2.3 主要成效

(1)实现了中药材规模化发展。至2020年底,先后与湖北省内30个合作社、5000多个农户建立了药材种植产销对接关系,覆盖宜昌、恩施等13个市(州),中药材种植面积达3.5万亩,年产中药材1200余吨。公司成长为鄂西地区最大的中药材供应商之一,为中医药市场提供了稳定且高质量的中药材原料,带动了种植业、食品业、制药业、旅游业等相关产业联动发展。

(2)提升了林地生产力。将原来单一的种植方式转变为立体林业种植,林地效力得到很好的利用和提升。以种植杜仲为例,每亩杜仲180株,10年后间伐,亩均收入1940元。如果杜仲林下套种钩藤,3年后即有收益,亩产收益达3890元,单位面积收益率大幅提升。按每个劳动力管理10亩林下中药材计算,合作社能安排1500名劳动力靠林地就业,户均年创收4200元。

(3)提供了大量就业岗位。创办专业公司,带动周边村民成为产业工人,并提供管理咨询、基础配套、交流培训、技术支撑等服务,指导农户适时转型为新型经营实体。目前,已经孵化出14个新型经营主体。2020年,提供固定就业岗位近100个,季节性用工250多人,劳务收入总额达300余万元。合作社及关联公司生产中药材2152吨,营收近亿元,出口额突破6900万元。

(4)优化了农村生态环境。充分利用广袤的林地优势,采用复合种植模式,在提高了林地收益率的同时,促进了林地生态系统良性循环,能有效保持水土涵养水源,维持生物群落的多样性,部分根系发达的中药材可有效防止山区水土流失,对生态环境具有很好的保护作用。此外,发展观赏类中药材,打造中药材基地林旅融合新景观,推动建设美丽乡村与发展康养旅游业融合发展。

10.7.3 浙江省松阳县发展林下经济典型案例

10.7.3.1 发展背景

松阳县位于浙江省西南部，林地总面积170万亩，森林覆盖率80.13%。依托优良的生态环境和丰富的森林资源，松阳县以林下经济为突破口，充分挖掘林间空地、林下资源，摸索出香榧、油茶高效栽培，林下套种黄精、三叶青、白芍等中药材，香榧套种茶叶、脐橙等新模式，为农民增收、林业产业转型升级和乡村振兴作出了贡献。

10.7.3.2 经验做法

(1) 出台激励政策，争取项目建设资金。出台了《松阳县林下经济"两山一类"建设三年行动方案》、《松阳县林下经济(中药材)全产业链区域协调财政专项激励政策2020—2022年建设行动方案》，安排财政激励政策扶持资金420万元，扶持林下经济发展。2018年，争取省农业开发项目资金400万元、省林业资源保护项目资金220万元，实施香榧林下套种黄精集成技术科技推广项目。同时，推动"乡贤回归"，引进工商资本，解决了建设资金问题，为林下经济高质量发展奠定了基础。

(2) 推广生态种植，强化品牌建设。松阳县大力推进标准化基地建设，加强质量安全追溯体系建设，以绿色、有机、高效种植为标准，积极倡导有机、绿色食品认证。截至2020年底，松阳县已通过有机食品、绿色食品、森林食品等"三品认证"17家，完成质量追溯体系22家。强化品牌建设，利用"丽水山耕"公用品牌优势，倡导林业生产主体入驻"丽水山耕"品牌，积极创建丽水市生态精品农产品工程，利用中国义乌森博会和浙江省农业博览会平台，推广该县林产品品牌。截至2020年底，完成入驻"丽水山耕"品牌20家，获得丽水市生态精品农产品51个，生态农产品转化为旅游地商品15个，3年来荣获中国义乌森博会、杭州农博会等博览会金奖9个、优质奖24个。

(3) 加强科研院所合作，加大技术投入。引进浙江农林大学科技特派员团队，与国家林草局香榧工程技术研究中心浙南工作站开展合作，有效提升香榧产业发展空间和标准化生产水平。与浙江省中药研究所、丽水市林业技术推广总站、丽水市林科院等机构合作，建立"四位一体"和"四联机制"科技责任推广体系，建成150人的专业技术队伍，解决服务农民"最后一公里"林业技术服务问题。加强标准制定工作，已完成"茶园套种香榧"、"香榧林下套种多花黄精"等9个地方标准制定和发布。先后开展香榧栽培技术、林下套种多花黄精、林下套种黄菊花等技术培训50多期，培训3000多人次，一大批懂技术、懂管理的技术人才投入产业发展中来。

(4) 建设中药材种子资源库。建立了中药材苗圃基地31.5亩，主要有多花黄精、七叶一枝花、白芨、三叶青等。建立了数字化中药材种苗繁育基地，投入资金700多万元，建设了3000多平方米的数字化玻璃大棚和15亩中药材苗圃基地。通过现代物联网技术，对苗圃基地远程实时监控、远程信息管理、远程设备管理，控温控湿控制水肥，从而达到节约能源、增产增效的目标，解决了种苗后顾之忧。

10.7.3.3 主要成效

(1) 助力乡村振兴成效显著。林下经济不与粮争田、不与林争地，事关农民增收和林业提质增效，是乡村振兴的一项重要举措。截至2020年底，全县发展林下经济近2万亩，从业人数达3000多人。2020年，全县林下经济产值达1.4亿元，惠及林业经营主体156家、农户1200余户，人均增收4500元，解决农村剩余劳动力1500多个，为农民增收、产业扶贫、乡村振兴提供了新路子。

(2) 改善生态环境成效显著。松阳县充分利用林间空地，在香榧、油茶幼林地套种中药材6000余亩，打造生态产业循环经济，带动山区农民增收致富。发展林下经济是保护森林资源、实现绿色增长的迫切需要，是全面深化集体林权制度改革、巩固改革成果的重要抓手，是践行"绿水青山就是金山银山"理念的有效路径。

(3) 促进林业科技创新成效显著。整合资源优势和地方特色，创新性发展了香榧套种茶叶、香榧套种黄精、薄壳山核桃套种茶叶等林下经济发展模式，成为浙江省"一亩山万元钱"典型示范案例向全省推广。通过标准化示范基地建设和推广，创建林产品质量安全追溯体系和"三品认证"，强化源头管控，提升了产品品质。按照"壮大一产、发展二产、培育三产"的思路，培育生产、加工、销售于一体的产业新业态，推进林下种养、产品加工、休闲养生等产业融合，形成了主业特色鲜明、产业链条完整、市场竞争能力较强的现代林业经济发展模式。

10.7.4 海南卓津蜂业有限公司发展林下养蜂典型案例

10.7.4.1 发展背景

永兴镇地处海口市西南羊山腹地，全部是火山喷发后形成的火山熔岩地形，适宜农业耕种的土地很少。但火山岩缝隙中的灰土，深厚肥沃，非常适宜蜜源植物生长，且四季花开不断，养蜂条件优越。海南卓津蜂业有限公司始创于1964年，是海南省农业产业化重点龙头企业。多年来，该公司一直致力于林下蜜蜂养殖生产、蜂产品加工和营销，以优良的品质铸造了卓津蜂产品系列品牌，成长为集蜂业生产科技服务、蜜蜂文化休闲观光、蜂业生产体验为一体的知名企业。

10.7.4.2 经验做法

(1) 深入开展科技攻关。与海南大学食品学院、海南医学院*"全国名老中医辜孔进工作室"、云南省农科院柠檬研究所、海南省农科院水果研究所等多家科研机构合作，开展多项蜜源植物种植、产品研发等科技攻关，研发的水溶蜂胶、营养蜂蜜酒、柠檬蜂蜜、姜蜜、百合睡香蜜等蜂产品深受消费者喜爱。公司基地是"国家蜂产业技术体系蜜蜂养殖试验基地"和"中国养蜂学会蜜蜂生态养殖实验基地"，承担多项公益性科研项目，多次承办国内各种蜂业学术会议和养蜂培训班，多次受国家蜂业组织委托，

---

* "海南医学院"已于2024年5月更名为"海南医科大学"。

接待来自美国、俄罗斯、日本、韩国、加拿大、斯洛文尼亚等国蜂业学者参观考察，为来自亚洲、非洲、拉丁美洲和南太平洋岛国等37个发展中国家的农业技术培训班学员进行养蜂技术示范。

（2）实施标准化生产。为了确保产品质量和食品安全，企业通过了ISO9001：2008国际质量管理体系认证。建设了食品安全质检室，配备了基本完善的蜂产品质量检测设备，全面提高产品质量与食品安全控制技术水平。建立了产品溯源体系，蜂产品来源可溯、去向可查，确保质量安全。切实开展产品认证工作，全部蜂产品通过了"无公害农产品"认证，部分通过了"绿色食品"认证。

（3）深入推进融合发展。公司在做好蜂产品的同时，着力推进一二三产业融合发展。建设了卓津蜜蜂王国乐园，包括蜂产品加工和观光大楼、蜜蜂文化博览馆与蜂产品展销馆、养蜂生产体验区、技术培训与休闲体验区等，学员或游客可以自己动手采蜂蜜、取蜂王浆、育蜂王，学习蜜蜂历史文化和蜜蜂精神，了解蜂产品和食疗养生，参观蜜蜂产品加工过程等，为青少年学习蜜蜂文化、开展科普教育提供了良好场地，是一个集科普、趣味、知识于一体的蜂业生产科技观光园，既能大幅提高综合收益，又能提升企业品牌形象。

10.7.4.3 主要成效

公司以蜜蜂为榜样，脚踏实地地用匠心精神打造过硬产品和品牌。产品先后荣获首届中国国际农业博览会金奖、第六届国际蜂疗保健品博览会金奖，以及第十七、十八、十九届中国绿色食品博览会金奖、海南省名牌农产品、海南省最受欢迎的绿色食品、最受欢迎的"海南老字号"产品等殊荣，45个种类的蜂产品已在全国各大中城市开拓了市场，部分产品远销加拿大、日本、韩国、新加坡和中国港澳台地区，深受消费者喜爱。

10.8 利益联结，助农增收

10.8.1 陕西秦脉农业发展有限公司发展林下养殖典型案例

10.8.1.1 发展背景

略阳县位于秦岭南麓，森林覆盖率77.6%。略阳乌鸡已有1900多年的养殖历史，其山坡放养、药食兼用，具有极高的药用食疗价值。2020年，略阳乌鸡存栏量达200余万只，出栏140余万只，实现产值2.5亿元，全县近2万农户发展乌鸡产业。陕西秦脉农业发展有限公司是集略阳乌鸡繁育、生态养殖、食品开发、餐饮连锁为一体的企业，被国家林草局认定为"国家林下经济示范基地"。公司旗下的餐饮公司，以略阳乌鸡为主要食材，坚持品牌化连锁经营战略，打造了从林间到餐桌的食品安全产业链。

10.8.1.2 经验做法

（1）咬定青山不放松，立根特色产业发展。公司旗下的乌鸡产业园区位于略阳乌鸡的发源地黑河镇，公司采取"大场地、小批量"的家庭农场模式发展略阳乌鸡养殖。"大场地"是指充分利用了农户房前屋后的坡地、林地，为爱运动、喜欢上树的乌鸡提供了自由活动的空间，保证每日12小时户外运动，造就了乌鸡的优良品质。"小批量"养殖方便农户饲料补给，提高了养殖存活率，按照每批100只左右的养殖量，农户每年可进行2批次循环养殖，有效吸纳了农村剩余劳动力，增加了农户收益。

（2）"公司+合作社+农户"打造精准扶贫模式。公司积极参与脱贫攻坚，基于贫困户养殖缺技术、销售缺市场的现状，按照略阳乌鸡地标产品属性，推行了"千户百只"精准扶贫发展战略和"公司+合作社+贫困户"的"2+5"养殖模式。公司与贫困户统一签订养殖收购协议，公司提供100只2月龄乌鸡苗，贫困户利用自家房前屋后的山林坡地散养5个月后，公司以高于市场价20%的价格统一回收。乌鸡养殖合作社负责2月龄乌鸡苗育雏养殖和所有疫苗接种，养殖过程全程提供技术服务。

（3）补齐产业链条短板，全产业链协同创新。公司按照全产业链布局，建立了集乌鸡繁育、标准化养殖、食品研发于一体的科普示范园。以市场为导向，强化乌鸡产品初加工、精深加工，研发鸡肉制品、乌鸡汤品、休闲食品等，加快产品升级，延长产业链，拓展增值空间。致力于传播健康养生文化，以康养产业为契机，普及科学膳食理念，臻选略阳乌鸡、黄精、杜仲、天麻等食药同源的地理标志食材，结合四时养生，以"新传统·慢生活"理念为引领，弘扬中华传统"汤"文化，倡导"食养"健康生活新方式。

10.8.1.3 主要成效

（1）增强造血功能，助力脱贫攻坚。"公司+合作社+贫困户"的"2+5"生态放养模式，不仅减少了养殖对环境的破坏，同时降低了农户的养殖风险，增强了养殖信心，在帮扶贫困户脱贫增收方面取得了良好成效。公司先后与全县20多家乌鸡养殖合作社和30余户家庭农场签订了养殖收购协议，2018年带动138户、户均增收7800元，2019年带动103户、户均增收8000元，2020年带动93户、户均增收2万元。公司负责人等先后获得"陕西省脱贫攻坚奖奋进奖"、"陕西省脱贫攻坚奖奉献奖"等称号。

（2）助推乌鸡产业发展进入"快车道"。公司坚持走产业化、绿色化发展的路子，通过进一步规范略阳乌鸡养殖、生产、加工技术标准，提升了略阳乌鸡品质和市场竞争力，树立了"黑咯咯——中国生态慢生鸡"的品牌形象。同时，进一步改善了养殖标准化程度低、产业链条短、品牌溢价效益较低的短板，让略阳乌鸡实现了全产业链持续发力，略阳乌鸡已经成为农户增收、县域经济增长、乡村振兴产业高质量发展的"金凤凰"。

（3）三产融合，持续助力乡村振兴。公司持续做好产、供、销产业链，着力推动略阳乌鸡一二三产业融合发展，已形成"市场牵龙头、龙头带基地、基地连农户"的产业化经营格局。以康养产业为契机，聚焦"大健康"产业，充分发挥地理标志产品在传承传统文化、做强特色产业、助力精准扶贫和促进乡村振兴中的作用，打造以略阳乌鸡、中药材、食用菌等地理标志性产业为基础的特色乡村振兴新模式，持续带动百姓增收致富。

10.8.2 浙江省庆元县乾宁道地药材有限公司发展林下经济典型案例

10.8.2.1 发展背景

庆元县位于浙江省西南部，森林覆盖率高达 86.12%，是九山半水半分田的林区县，中药材资源位居浙江省前列。乾宁道地药材有限公司于 2018 年作为县政府重点招商企业引入，建设中草药种植基地与康养综合体项目。两年多来，公司流转山地面积近 6000 亩，种植白芨 3000 亩、重楼 200 亩，建成了康养民宿、中药材主题展厅，研发了系列白芨产品，成为浙江省较大的白芨种植基地之一，走出了一条乡村产业带动乡村振兴的新路子。

10.8.2.2 经验做法

(1) 创新利益联结机制，打造产业示范基地。公司围绕"项目见效益、农户有增收"的思路，积极探索项目收益"三联结一促进"发展模式。**村企联结，保底分红**。与张村、澄湖村、库山村签订发展集体经济联建项目合作协议，由村集体投入资金，公司负责运营发展，保底不低于 10%的年收益返回村集体。**社企联结，空间合作**。向合作社(家庭农场)二次流转林地，利用香榧、锥栗林基地林下空间套种白芨等稀缺中药材。公司负责基地施肥、除草等技术服务，香榧和锥栗收益归合作社(家庭农场)，实现了农户种"树"、企业种"药"合作共赢。**户企联结，富农增收**。公司为农户提供种苗资源、技术培训、现场指导等服务，并按市场价或保底价回购白芨药材，解决农户的后顾之忧。

(2) 规范种植经营模式，培育优质道地药材。公司坚持按照道地药材示范基地建设标准，推进种植生态化、技术标准化、质量可溯化。利用原生态环境开展生态化种植，杜绝农药、无机肥，全面推广使用畜禽肥等有机肥，推广种养循环利用模式，确保药材质量。从种苗培育、出苗标准到种植规范、水肥使用、采收时间与药材分档均按标准实施，并开展有机硅肥、生物水肥、畜禽有机肥、木屑肥等分区对比试验。启动种子种苗基地与种植基地视频远程监控、环境气象监测等基础设施建设，从源头上对药材的安全与功效进行实时把关。

(3) 深耕林旅康养领域，谋划全产业链发展。实施中药材主题林旅康养融合发展模式，打造"药香绿谷"。以地方民居风为基本建筑骨骼，保留乡村古朴风格，融入中药材元素，打造庆元县首个集休闲养生、药膳品尝于一体的特色精品民宿，为游客提供高品质的度假旅游环境空间。建设中药材主题研习基地及中药材主题展馆建设，推广养生文化，展示中医药科技成果，推介公司道地药材产品。同时，免费对外开放，成为游客了解中医养生知识、体验养生文化的康养旅游新景点。丰富体验项目，延伸产品链条，借助亲水休闲旅游带、森林康养体验带建设，做好"山"、"水"、"药"融合文章，积极谋划药果采摘、辟谷养生、康养绿道等特色体验项目，促进一二三产深度融合，加快中药材全产业链协调发展。

10.8.2.3 主要成效

(1) 示范带动激发活力。2019 年 3 月，乾宁道地药材有限公司被国家林草局认定为

"国家林下经济示范基地",进一步激发了广大群众发展林下经济的热情。2018—2020年,公司带动全县发展林下中药材1.2万亩。庆元县因势利导,连续出台了《庆元县林下中药材产业发展扶持政策五年计划(2019—2023年)》、《庆元县中药材产业发展规划(2021—2025年)》,预计到2025年,全县中药材种植面积达到6万亩。国家林下经济示范基地充分发挥了示范带动作用,用典型带动全局的有效手段,推动了庆元县林下经济高质量发展。

(2)产品价值快速显现。林、旅、康养融合发展打通了庆元县生态产品价值实现渠道,将生态优势转化为经济优势,实现了生态效益与经济效益的相互促进。2018年以来,已建成白芨基地4000余亩、重楼200余亩、白芨种苗基地50亩,年驯化种苗产能已达1500万株以上。已建成中药材主题展厅、中药材主康养民宿1栋,研发白芨产品4个,产出成品1个。

(3)助农增收成效显著。通过"村企联结,保底分红"、"社企联结,空间合作"、"户企联结,富农增收"等利益联结模式,助力农民增收致富成效显著。公司为当地提供了就业岗位200多个,带动420户农户年均增收超过2.7万元,为60多户本地群众实现了就近就业,为160多户群众增加了林地流转租金收入。此外,公司为种植户提供种苗资源、技术培训、现场指导等服务,并按市场价及保底价回购白芨药材,有效解决了农户的后顾之忧,进一步保障了农民的增收效果。

10.8.3 福建省三明市宁化县水茜镇发展林下经济典型案例

10.8.3.1 发展背景

水茜镇位于三明市宁化县城东北部33公里,为三县八乡结合部,森林面积27.5万亩,森林覆盖率76.28%。近年来,水茜镇积极利用优良的生态优势发展林下经济,培育出绿色经济新的增长点,并大力优化利益联结机制,当地农民增收效果显著。目前,全镇以三叶青、灵芝种植等为主的林下经济面积3000余亩,大力发展林下蜜蜂、月子鸡等特色养殖,林间盛产红菇、野生猕猴桃等生态产品。

10.8.3.2 经验做法

(1)谋好篇布好局,下好"先手棋"。做实科学规划,建立党政班子成员挂钩各村(社区)长效帮扶机制。针对气候、土壤、森林覆盖率等条件,研究制订切实可行的产业发展规划,依据规划发展林下经济。做优政策扶持,制定林下种植奖补政策,以"先种后补"的方式,对连片种植具备一定规模和条件的种植户给予奖补资金;对辖区内林下种植形成规模的,特别是对发展快、规模大、效果好的村和企业,给予资金补助和政策倾斜。做足思想动员,充分利用多种方式进行宣传,从经济效益、生态效益等多方面算账对比,每年定期组织群众到外地参观学习,进一步增强群众发展林下经济的信心和决心。

(2)多尝试巧开发,奏响"前奏曲"。积极发展林下种植,因地制宜开发林果、林菌、林药等模式。引进福州集珍园生物科技有限公司，积极尝试在林下种植三叶青2000余亩，兼具药用和观赏价值，发展前景广阔。适度发展林下养殖，成立林下生态月子鸡养殖公司，充分利用林下空间发展立体养殖，采取"公司+合作社+基地+农户"的生产模式，年饲养月子鸡6万羽，为水茜镇林业产业结构调整、林业增效、农民增收开辟了良好途径。充分利用宋代银杏和清代杉木王群，以及岩石寨国家地质公园等丰富的生态旅游资源，合理利用森林景观、自然环境和林下经济产品资源，大力发展旅游观光、休闲度假、康复疗养等产业，绿色生态效益逐渐显现。

(3)多模式创机制，搭好"多元台"。发挥龙头带动作用，扶持壮大以林下种养为主的6家公司，走"订单种养殖"模式，带动200余农户，使一家一户的小生产通过龙头带动实现了与大市场对接。引进龙头企业，建设了7个百亩林下种植示范基地，利用基地优势对接微信、淘宝等电子商务平台，积极探索"基地托管种植"、"互联网+基地+实体店"等创新模式，建成集三叶青茶、灵芝切片以及食用菌加工于一体的经济融合产业园，发挥典型带动，鼓励家庭承包经营，培育发展林下种养大户，以身边实例增强说服力，带动周边群众发展林下经济。石寮村农民谢治龙承包300亩林地发展林下三叶青种植，亩效益预计可达8万~10万元；水茜村农民杜新高承包100亩林地发展林下月子鸡，综合效益达百万元以上。

10.8.3.3 主要成效

(1)经济效益可观。通过调查发现，林下种养投资小、周期短、见效快、收益大。以种植三叶青为例，与烟叶、水稻相比，三叶青经济价值非常高。每亩地种植三叶青2000~4000株，预计块根干重可达200~300公斤，亩产值可达8万~10万元。而烟叶在收成较好的年份亩产约115公斤，产值4300元；稻谷亩产约550公斤，产值1600元。且林下种植恰好满足三叶青的遮阴需求，免去繁杂的遮阳工作及相应成本，达到省心、省力、增效。

(2)生态效益显著。农户发展林下种植，在作物施肥、浇水、除草、除虫的过程中，林木也得到了管护。在发展鸡、蜂等林下养殖的过程中，畜禽粪便增强了林地的肥力，促进了树木生长。实践证明，农户在发展林下经济时，管护和造林的积极性显著提高，真正实现了近期得利和远期得林的双赢目标。

(3)社会效益良好。水茜镇依托丰富的林地资源，不断发展林药、林菌、林鸡、林蜂等林下经济，让林下遍地"生金"，农民得到了近期实惠的同时，林下经济产业也在不断集聚壮大，为推动全镇实施乡村振兴战略增添了新的动力。目前，全镇发展林下经济总面积达3000亩，实现林下经济产值1390.45万元。15个行政村有10个行政村的农户主动参与发展林下经济，农户人均增收1.42万元，比当地其他农民高20%以上，28户贫困户脱贫致富。

10.8.4 江西省元宝山农业发展有限公司发展林下种植典型案例

10.8.4.1 发展背景

元宝山农业发展有限公司成立于2012年，位于江西省鄱阳县。依托良好的森林资源环境和中药材产业基础，公司从鄱阳县谢家滩镇郭贺村万亩荒山起步，经过多年发展，已实现了林下中药材规模化机械化发展并带动当地贫困群众增收脱贫。同时，公司送温暖、献爱心等扶贫行动被传为佳话，赢得了社会的广泛赞誉。

10.8.4.2 经验做法

(1) 机械化规模化提升经济效益。公司发展之初，一切从零开始，没有合适的机械便自己动手设计改造，后期又购置了挖掘机、推土机、拖拉机、植保无人机、大型圆盘耙、重型铧式犁、开荒犁、大型播种机、挖坑机、施肥喷药机、采摘机、除草机、检测仪、滴灌设备等各式机械，初步实现机械化全覆盖。大力推行适度规模集中连片经营，公司已发展林下中药材基地面积1万亩，集中分布在鄱阳谢家滩镇、柘港乡、芦田乡三个乡镇，最大集中连片基地面积达5000多亩。其中吴茱萸2500亩，是国内最大的单一品种规模化种植基地之一。

(2) 科技化生态化种植保质量。公司组建了一支20人的中医药背景高端专业人才团队，与省林科院、省农科院、江西中医药大学等科研单位建立了密切的合作关系，实现了资源整合、优势互补、信息和技术共享，将科技成果与林下经济无缝对接。种源选择江西道地药材良种，肥料选择有机肥，真正做到从源头上、种植上、生产上各个环节无污染，生产全过程质量监控和监测。建立健全了质量安全追溯体系，确保了林下经济产品质量高标准达标，公司生产的吴茱萸、皇菊、黄精等主要产品均通过了绿色食品认证，抽检合格率达100%。先后获得了江西省无公害农产品产地认定证书、黄精食品生产许可证等证书，"元宝山"黄精获得了"国家创新产业联盟十大黄精金奖"荣誉。

(3) 创新观念争创品牌扩影响。根据公司实际需要，县委、县政府大力支持并批准了谢家滩镇30亩工业用地，新建了科研中心大楼和深加工基地，建筑面积达2万平方米，林下经济产品年加工能力达5000吨。公司研制开发了即食黄精、黄精茶、黄精面、黄精饼干等系列产品，实现年产值2000万元以上。建设了电子商务平台，切实扩大了品牌影响力，提高了产品附加值。

(4) 不忘初心铭记党恩真扶贫。公司牢记企业使命担当，助力鄱阳县脱贫攻坚。2017年，公司投资300万元打造了400亩贡菊产业扶贫基地，吸纳了当地200余户贫困群众就地就业务工，并对有条件的贫困户进行种植技术培训。2018年，在贫困群众掌握了种植技术后，公司将贡菊基地包括房屋和全部设施无偿捐赠给鄱阳镇道汊村作为扶贫产业基地。向谢家滩镇505户贫困户连续三年无偿提供800亩中药材良种种苗，并负责回收产品。2020年，为鄱阳县有关政府部门和谢家滩镇捐献防疫口罩，以及13

批抗洪物资。同时，积极开展"圆梦行动"，向 31 名贫困学子每人捐款 2000 元不等的上学费用，向谢家滩镇扶贫爱心捐款 100 万元。近年来，公司每年就地就近解决贫困人口季节性劳务用工 1.5 万人次，年人均增收 0.3 万元，有效帮助贫困户在家门口实现脱贫。2022 年起，公司计划每年提供 4000 亩菊花种苗，免费分发给村民和集体种植，并免费提供技术培训，提供现场指导和烘干服务，并以保底价回购，解决种植户的后顾之忧，帮助农户持续增收，巩固脱贫成果。

10.8.4.3 主要成效

2016 年以来，公司和个人先后荣获"全国脱贫攻坚先进集体"、"国家林下经济示范基地"、"江西省优秀创业者"和"江西省劳动模范"，以及"中国林业产业突出贡献奖"、"省级林业龙头企业"和"省级农业龙头企业"等称号。

后　记

　　2012年，时任国家林业局农村林业改革发展司副司长江机生牵头，提出了"两学"（即《林权学》、《林下经济学》）的编著工作，并提出了具体写作提纲，在北京林业大学经济管理学院进行了研讨，对《林权学》、《林下经济学》写作进行了分工。并向时任国家林业局赵树丛局长作了书面汇报，赵局长对汇报信作了非常重要的批示："这件事非常有意义，应予支持。"在整个过程中，我国著名经济学家厉以宁先生非常关心我们，并为《林权学》写了序，为《林下经济学》题写了书名，这是对我们的莫大鞭策和鼓励。《林权学》已于2015年由中国林业出版社正式出版，《林下经济学》因多种原因，时至今日也终于完成了写作，真是如释重负，完成了最大夙愿，也是对厉以宁先生的最好报答。

　　《林下经济学》对林下经济的基本理论、原则和方法进行了研究，比较系统地阐述了有关林下经济的各方面知识，具有较强的理论性、政策性和实用性。对农林院校师生、科研人员、从事林下经济的企事业单位和个人、林业主管部门有关人员具有重要的参考价值。

　　在写作过程中，得到了国家林草局发改司，以及北京林业大学经管学院温亚利教授、原广西林业厅彭斌处长、原江西省林业厅秦军处长、中国林业与环境促进会张鑫副主席的大力支持和帮助。在此一并表示衷心的感谢！

　　林下经济是一项兼有生态、经济和社会效益的经济，涉及一二三产业和多部门多行业，研究起来非常复杂，林下经济的实践也在不断探索和深化之中，对林下经济学的研究还任重而道远。本书的出版，无疑是个良好的开端，希望该书能够抛砖引玉，促进林下经济学的交流研究，促进林下经济的发展，让更多的人关注林下经济。希望从事林下经济的同志，多提宝贵意见，使林下经济学更加成熟，更好地为林下经济发展服务。

编著者

2024年6月